Halbleiter-Elektronik
Herausgegeben von W. Heywang und R. Müller
Band 18

W. Heywang

Amorphe und polykristalline Halbleiter

Mit 106 Abbildungen

Springer-Verlag
Berlin · Heidelberg · New York · Tokyo 1984

Dr. rer. nat. WALTER HEYWANG
Leiter der Zentralen Forschung und Entwicklung der Siemens AG, München
Professor an der Technischen Universität München

Dr. techn. RUDOLF MÜLLER
Professor, Inhaber des Lehrstuhls für Technische Elektronik
der Technischen Universität München

CIP-Kurztitelaufnahme der Deutschen Bibliothek.
Amorphe und polykristalline Halbleiter / W. Heywang. –
Berlin; Heidelberg; New York; Tokyo: Springer, 1984.
(Halbleiter-Elektronik; Bd. 18)

ISBN-13: 978-3-540-12981-3   e-ISBN-13: 978-3-642-95447-4
DOI: 10.1007/ 978-3-642-95447-4

Offsetdruck: Weihert-Druck GmbH, Darmstadt
Bindearbeiten: Graphischer Betrieb Konrad Triltsch, Würzburg.

Vorwort

Die faszinierenden Erfolge der modernen Halbleiterelektronik, basie-
rend auf einkristallinem Silizium sowie den einkristallinen III-V-Halb-
leitern, haben den Blick so sehr auf sich gezogen, daß einige andere
Entwicklungen auf dem Halbleitergebiet weniger Beachtung fanden. Gerade neuere Entwicklungen zeigen aber, daß auch diese Sektoren sich
durchaus gesund weiterentwickeln mit wichtigen Nutzungsgebieten für
die Elektronik, insbesondere im Bereich peripherer Systeme, wie
Sensoren, Displays, Elektrophotographie oder aber bei Spezialaufga-
ben, wie der Thermoelektrik oder dem Überspannungsschutz. Es erschien daher sinnvoll, die Buchreihe "Halbleiterelektronik" durch einen Band zu ergänzen, der - ausgehend von den Eigenschaften dieser
Sondermaterialien - deren Nutzung in der modernen Elektronik beschreibt.

Wegen der Vielgestaltigkeit des Inhalts erschien es mir sinnvoll, die
einzelnen Kapitel von den dort genannten Fachleuten gestalten zu lassen. Ich hoffe, daß es trotzdem gelungen ist, einen geschlossenen
Überblick zu geben, wobei aber auf die an einigen Stellen besonders
enge Korrelation zum Band "Sensorik" dieser Reihe verwiesen sei.

Die ersten Konzeptionen zu einem Buch über amorphe und polykristal-
line Halbleiter wurden noch zusammen mit Herrn Professor Dr. Herbert
Weiß erarbeitet, der im März 1981 tödlich verunglückte. Unser aller
Dank gilt ihm und seiner Initiative.

Danken möchte ich natürlich auch allen Mitautoren für die kontruktive
Zusammenarbeit, insbesondere Herrn Dr. Hanke, der mich bei vielen
Korrelationsarbeiten entscheidend unterstützte. Ferner ist es eine an-

genehme Pflicht, Herrn A. Albrecht für die Anfertigung der meisten Zeichnungen zu danken. Schließlich gebührt unsere besondere Anerkennung dem Springer-Verlag für sein stetes Entgegenkommen in der Phase der Manuskripterstellung und die bewährte Betreuung während des Herstellungsprozesses.

München, im Januar 1984   W. Heywang

Autoren

Heywang, Walter, Prof. Dr. rer. nat. Siemens AG, München,
   Zentrale Forschung und Entwicklung.

Birkholz, Ulrich, Prof. Dr. rer. nat. Universität Karlsruhe,
   Institut für angewandte Physik.

Einzinger, Richard, Dr. rer. nat. Siemens AG, München,
   Forschungslaboratorien, Abt. AMF 22

Hanke, Leopold, Dr. phil. Siemens AG, München, Forschungslaboratorien, Abt. AMF 23

Kempter, Karl, Dr. rer. nat. Siemens AG, München, Forschungslaboratorien, AMF 13

Schneller, Adrian, Dr. rer. nat. München

Inhaltsverzeichnis

0 Einleitung

Die Anfänge der Halbleiterphysik einschließlich ihrer technischen Nutzung bis Mitte der 40er Jahre beruhen auf der Verwendung verschiedenen polykristallinen und z.T. auch amorphen Materials (wie Selen).
Es war dies die Zeit, als diese Disziplinen noch viel mit "Schwarzer
Kunst" zu tun hatten, wenn auch die ersten grundlegenden Erkenntnisse
der Halbleitertheorie, z.B. Wilsons Modell der Störleitung oder
Schottkys Randschichttheorie, an solchen Materialien erarbeitet wurden. Dies ändert aber nichts an der Tatsache, daß der eigentliche
Durchbruch zur modernen wissenschaftlichen Durchdringung und technischen Nutzung Hand in Hand geht mit der Züchtung und Nutzbarma-
chung von Einkristallen.

Ein Buch über amorphe und polykristalline Halbleiter im Rahmen einer
modernen Buchreihe zur Halbleiter-Elektronik mag zunächst wie ein
Anachronismus aussehen. Es gibt aber auch heute eine breite und stetig zunehmende Nutzung nichteinkristalliner Halbleiter, denen der vor-
liegende Band gewidmet ist. Für ihre Weiterentwicklung ist natürlich
der vom Einkristall stammende zunehmende Stand unseres Wissens von
ausschlaggebender Bedeutung. Dabei machte die physikalische Erkenntnis nicht halt bei dem mathematisch gut beschreibbaren Fall der streng
periodischen Atomanordnung des Einkristalls. Neben dem vertieften
Verständnis von Eigenschaften und Wirkungsweise von Halbleitern mit
inneren Grenzflächen werden gerade in jüngster Zeit auch die amorphen
Strukturen mit ihrer statistischen Atomanordnung besser verstanden
und durch neue Modelle der Halbleiterphysik beschrieben. Die zentralen Bedeutungen der atomaren Nahordnung und die Einflüsse der Va-
lenzchemie wurden in den hier zu besprechenden Materialgruppen er-

forscht und haben so rückwirkend auch die Halbleiterphysik der Einkristalle befruchtet.

Zunächst gibt Tabelle 0.1 einen Überblick über die Gründe der Nutzung nichteinkristalliner Halbleiter in der modernen Technik. Als wichtigsten Grund könnte man zunächst die Kosten im Hinblick auf die Aufwendigkeit der Einkristalltechnik ansehen. Selbstverständlich sind diese

Tabelle 0.1. Nutzung nichteinkristalliner Halbleiter

Vorteile gegenüber Einkristallen	Materialbeispiel	Einsatzbeispiel	Hinweis auf Kapitel dieses Buches bzw. anderen Band dieser Reihe
1. Breite der Materialbasis (ohne Rücksicht auf Schwierigkeit der Einkristalltechnik)	oxidische Halbleiter, bevorzugt auf Spinellbasis	Heißleiter	Kapitel 3
	Bi_2Te_3, Ge-Si	Thermoelektrik	Kapitel 2
	Dünnschichten aus Polysilizium	Leiterbahnen und Widerstände auf integrierten Schaltungen	
2. Großflächigkeit	polykristallines oder amorphes Silizium	Solarzellen	Band 11
	CdS, ZnO, Si-Dünnschicht	Ansteuerung von Displays	
	Se, As_2Se_3, Se-Te	Elektrophotographie	Kapitel 1
3. Spezielle Eigenschaften polykristalliner Materialien (Korngrenz-Effekte)	SiC, ZnO	Varistor	Kapitel 5
	Titanate	Kaltleiter	Kapitel 4
4. Spezielle Eigenschaften amorpher Materialien	amorphes Silizium	Solarzellen, Bauelemente-Passivierung	Band 11, Kapitel 1
	Chalkogenidgläser	Schalter, Speicher	Kapitel 1

für jeden technischen Einsatz ein ausschlaggebender Faktor. Entscheidend sind aber die gesamten Herstellungskosten, nicht die Kosten für einen einzelnen Produktionsschritt allein. Betrachten wir hierzu eine moderne integrierte Schaltung, bei der der Preis des Einkristalls nur einige Prozent ausmacht, so erhellt sofort, daß eine Verringerung der Materialkosten, z.B. durch Übergang zu polykristallinen Halbleitern, nicht ins Gewicht fällt. Wesentlich größer wäre dagegen der Nachteil, daß durch massiv verringerte Materialqualität die Ausbeute abgesenkt würde, die ja bekanntlich das Problem der Produktion hochintegrierter Schaltkreise ist.

Die Tabelle zeigt aber, daß diese Regel auch oft durchbrochen wird aus den in der ersten Spalte angegebenen Gründen. In der ersten Rubrik stehen die oxidischen Heißleiter, bei denen die Einkristallzüchtung wegen des Bindungscharakters äußerst schwierig ist und auch keine Vorteile im Hinblick auf die erzielbaren elektrischen Eigenschaften bringt. Zwar sind auch leichter herstellbare einkristalline Materialien, z.B. eigenleitendes Germanium, als Heißleiter geeignet, doch bieten sie geringere Variationsmöglichkeiten gegenüber den heute verwendeten oxidischen Stoffsystemen.

Unter dieser Rubrik finden wir auch die in Kapitel 2 behandelten thermoelektrischen Materialien sowie Silizium in Form polykristalliner Dünnschichten. Bekanntlich können einkristalline Siliziumdünnschichten technisch nur gewonnen werden bei epitaxialer Abscheidung auf einkristalliner Unterlage. Solche Epitaxieschichten auf Silizium selbst werden weitgehend eingesetzt, Heteroepitaxieschichten auf Saphir oder Spinell dagegen höchstens bei Höchstfrequenzschaltkreisen (s. Band 4 dieser Reihe), wo zusätzlich ihre geringe Strahlenempfindlichkeit wegen der an sich schon gestörten Kristallstruktur entscheidend ist (Raumfahrt, militärischer Sektor).

In integrierten Schaltungen gewinnen neuerdings aber auch polykristalline Siliziumschichten an Bedeutung. Hier ist der Poly-Silizium-Gate-Kontakt zu nennen, der große Fortschritte in der Integrationstechnik gebracht hat wegen seiner guten Kompatibilität mit den anderen Prozeßschritten zur Herstellung solcher Schaltungen (vgl. Band 14 dieser Reihe). Solche Schichten werden auch für definierte Widerstände und vielleicht eines Tages auch für aktive Bauelemente in integrierten

Schaltungen mitverwendet. Hier ist es klar, daß die beim Herstellungsprozeß entstehenden Korngrenzen als notwendiges Übel mit in Kauf genommen werden. Störende Effekte zu eliminieren ist - jedenfalls bei aktiven Bauelementen - noch Gegenstand der Forschung.

Letzteres gilt auch für die unter Rubrik 2 aufgeführte Nutzung in großflächigen Halbleiterschaltungen für Solarzellen auf der Basis polykristalliner oder amorpher Si-Dünnschichten sowie für Displayansteuerungen, z.B. im Fall von Flüssigkristalldisplays. Bei der großen Anzahl von Einzelelementen, die bei einem solchen Display anzusteuern sind, ist dies rationell nur über eine x-y-Matrixadressierung möglich. Voraussetzung hierfür ist eine Zeitmultiplexschaltung, bei der der angesteuerte Punkt bei der halben Steuerspannung $U_a/2$ dunkel bleibt und erst bei der Spannung U_a aufleuchtet. Im Fall von elektrooptischen Wandlern mit nicht vorhandener bzw. wenig ausgeprägter Schwelle in der Operationscharakteristik ist dies nur möglich mit einem lokal vorgeschalteten nichtlinearen Element, sei es Diode oder Transistor, mit einer Schwellenspannung U_s, für die gilt $U_a/2 < U_s < U_a$ [0.1]. Wesentlicher Unterschied gegenüber einer normalen integrierten Schaltung ist die Großflächigkeit des Displays. Hier sind Einkristalltechniken auch bei weiterem Anwachsen der technisch verfügbaren Dimension geometrisch und preislich limitiert. Weil die Bauelementedichte, verglichen mit normalen integrierten Schaltungen, um mehr als den Faktor 1000 niedriger liegt, werden hier die Materialpreise ausschlaggebend.

Dünnschichttechniken wurden vor allem durchentwickelt zur Herstellung von Feldeffekttransistoren aus CdS und CdSe. Diese Arbeiten waren ursprünglich in Konkurrenz zu integrierten Schaltungen auf Einkristallbasis aufgenommen worden, konnten sich aber generell nicht durchsetzen, so daß nur die eben geschilderte, notwendigerweise großflächige Nutzung für zukünftige Anwendungen offen bleibt. Neuerdings werden für solche Anwendungen aber eher Siliziumdünnschichten (polykristallin oder amorph) diskutiert. Die mögliche Großflächigkeit stellt damit ein positives Merkmal nichteinkristalliner Halbleiter dar.

Die bisher besprochenen Fälle sind dadurch gekennzeichnet, daß man gewisse Nachteile polykristalliner bzw. amorpher Materialien mehr oder minder in Kauf nimmt, um Vorteile in anderer Hinsicht nutzen zu können. Es gibt nun aber darüber hinaus physikalische Effekte in polykristallinen Halbleitern, die elektronisch aktiv genutzt werden können, das sind die unter Rubrik 3 aufgeführten Sperrschichteffekte an Korngrenzen. Hierzu zählen einesteils die Varistoren auf der Basis von SiC und ZnO. Durch die Vielzahl von hintereinander geschalteten Sperrschichten können sie beim elektrischen Durchbruch mehr Energie absorbieren als einzelne p-n-Übergänge. Sie haben daher als Spannungsbegrenzer und Ableiter neben den Zener-Dioden ihr eigenes Anwendungsgebiet.

Eine Sonderstellung bei diesen Halbleiterbauelementen mit aktiven Korngrenzen nimmt der Kaltleiter ein, da hier die Wechselwirkung zwischen den ferroelektrischen Eigenschaften des Grundmaterials und den Halbleitereigenschaften innerhalb der Raumladungszone aktiv ausgenutzt wird mit dem Ergebnis eines anomalen Widerstandsanstiegs um Zehnerpotenzen oberhalb der ferroelektrischen Curie-Temperatur. Im Gegensatz dazu sind beim Heißleiter die Volumeneigenschaften maßgebend.

Schließlich muß bei der aktiven Nutzung polykristalliner Halbleiterstrukturen auch das texturierte InSb mit nadelförmig eingelagertem NiSb erwähnt werden, das bei den "Feldplatten" mit höchstem Magnetwiderstandseffekt angewandt wird (vgl. hierzu Band 17 dieser Reihe, der dem Thema "Sensorik" gewidmet ist).

Selbstverständlich ist der Unterschied von kristallinen zu amorphen Halbleitern noch entscheidender als der zwischen poly- und einkristallinen; denn bei polykristallinen stimmen ja im Korninneren die Grundeigenschaften mit denen des Einkristalls im wesentlichen überein. Demgegenüber ist in amorphen Halbleitern bereits die Bänderstruktur entscheidend verändert und man kann nur noch bedingt die Begriffswelt des Einkristalls verwenden (s. Kapitel 1 dieses Buches).

Auffälligster Unterschied der amorphen gegenüber den kristallinen Halbleitern ist die im allgemeinen um Größenordnungen kleinere elektrische Leitfähigkeit. Dies ist eine Folge der großen Zahl statistisch verteilter Bindungsdefekte, die die Ladungsträger einfangen können. Gemeinsam mit den einkristallinen Halbleitern ist eine ausgeprägte

Photoleitung, wobei aber die Beweglichkeit selbst wegen der zeitwei-
ligen Anlagerung an Traps klein bleibt. Entscheidender Vorteil amorpher Halbleiter ist die relativ einfache Möglichkeit der großflächigen
Herstellung in Dünnschichtform mit einer in atomare Dimension rei-
chenden Gleichförmigkeit.

Damit sind wir bereits beim Hauptanwendungsgebiet solcher amorphen
Halbleiter, insbesondere des Selens: der Elektrophotographie, wo
einesteils "Hochohmigkeit" und Photoleitung, andernteils die einfache
Herstellbarkeit großer Flächen entscheidend ist.

Der ursprüngliche Großeinsatz des Selens, der Selengleichrichter,
ist mehr und mehr durch Silizium verdrängt worden, Hier sei nur
darauf hingewiesen, daß die - im allgemeinen kristalline - Struktur
des dort verwendeten Materials wenig entscheidend ist; denn technisch
genutzt wurden vor allem die Sperreigenschaften einer zwischen Elektrode und Selen liegenden CdSe-Schicht [0.2].

Ein entscheidender Fortschritt bei amorphen Halbleitern wurde durch
neue Präparationstechniken erzielt, durch die es gelungen ist, in
amorphem Silizium und auch Germanium die freien Valenzen der Bindungsdefekte durch Wasserstoff so weit abzusättigen, daß man es wie
die klassischen Halbleiter p- oder n-leitend dotieren kann (a-Si:H).
Die Entwicklung neuer Bauelemente aus Schichten dieses Materials
beinhaltet sicher interessante Möglichkeiten. Ein Schwerpunkt der
Anwendungsentwicklung ist die kostengünstige Solarzelle aus amorphem Silizium. Hierbei ermöglicht die gegenüber kristallinem Silizium etwa um eine Zehnerpotenz erhöhte Lichtabsorption im Sichtbaren die Verwendung von dünnsten Schichten von etwa 0,5 μm (vgl.
Band 11 dieser Reihe).

Ein großflächig herstellbares Halbleitermaterial ist nun auch genau
das, was in der Displaytechnik - wie oben erwähnt - und der Bildaufzeichnung schon lange gesucht wurde. Die Kenntnis der Möglichkeiten
und Grenzen dieser Materialgruppe ist eine wichtige Voraussetzung
für deren effektiven Einsatz [0.3].

Am Ende dieser Übersicht über die technische Bedeutung amorpher
und polykristalliner Halbleiter sei nur auf die Parallelen zu organischen Systemen hingewiesen. Normalerweise finden wir eine gewisse

Verwandtschaft zu amorphen Halbleitern; doch sind auch aus speziellen Donator-Akzeptor-Systemen komplementär aufgebaute kristalline organische Halbleiter mit einer an Metalle heranreichenden Leitfähigkeit in engen Temperaturbereichen infolge sogenannter Peierls-Instabilität gefunden worden [0.4, 0.5]. Da organische Halbleiter in der Elektronik jedoch nur bei der Elektrophotographie eine gewisse Bedeutung erlangt haben, können sie hier nur kurz gestreift werden.

Nun kann es auch nicht Ziel des vorliegenden Bandes sein, alle im Überblick angesprochenen Einsatzmöglichkeiten amorpher oder polykristalliner Halbleiter durchzusprechen, zumal oft eine Diskussion an anderer Stelle dieser Buchreihe weit sinnvoller ist. So ergibt sich z.B. der Einsatz hochdotierter Polysiliziumschichten für integrierte Schaltungen aus technologischen und schaltungstechnischen Überlegungen. Die Verwendung polykristallinen Siliziums für Solarzellen ist ausschließlich eine Konzession an die billige Herstelltechnologie. Solche Fragen werden besser geschlossen im Zusammenhang mit den entsprechenden Bauelementen diskutiert (vgl. Band 11 dieser Reihe). Auch die Verwendung des InSb mit eingelagerten NiSb-Nadeln für die Feldplatte schien uns besser vereinigt mit einer Behandlung der anderen galvanomagnetischen Bauelemente (Band 17 dieser Reihe).

Ziel dieses Bandes ist es vielmehr, die elektronische Nutzung von Halbleiter-Materialgruppen außerhalb des einkristallinen Germanium-, Silizium- oder III-V-Halbleiter-Gebietes und die daraus sich ergebenden andersartigen Möglichkeiten herauszustellen.

Die ersten drei Kapitel sind Gruppen gewidmet, bei denen letztlich die homogenen Materialeigenschaften ausschlaggebend sind. Dies gilt zunächst für die amorphen Halbleiter mit der ihnen eigenen speziellen Bandstruktur. Bei den thermoelektrischen Bauelementen müssen bei der entsprechenden Materialauswahl neben den elektrischen auch die thermischen Eigenschaften entscheidend berücksichtigt werden. Das an sich älteste Halbleiterbauelement, der Heißleiter, beschließt die Materialien, bei denen Volumeneffekte im Vordergrund stehen. Er leitet direkt über zu seinem Konterpart, dem keramischen Kaltleiter, dessen spezielle Eigenschaften aber auf Korngrenzeffekten beruhen. Das letzte Kapitel betrifft die Varistoren, die ebenfalls Korngrenzsperrschichten benutzen. Sie haben als Spannungsbegrenzer oder Ableiter - wie bereits erwähnt - gegenüber den Zener-Dioden den Vorteil, daß die freiwerdende Energie auf viele Sperrschichten verteilt wird. Wegen dieser Eigenschaften haben Kaltleiter und Varistoren von der Anwendung her gesehen Verwandtschaften zu den in den ersten Kapiteln besprochenen stark von Volumeneigenschaften bestimmten Bauelementen.

Mit der Auswahl des *Stoffes* für den vorliegenden Band soll einesteils. Wissen über einige interessante Möglichkeiten der Halbleiterelektronik außerhalb der einkristallinen Materialien vermittelt, andernteils aufgezeigt werden, wo man derartige Materialklassen auch heute bei der überwältigenden zentralen Bedeutung des einkristallinen Siliziums benötigt, um die Aufgaben der Elektronik zu erfüllen. Dabei wird an verschiedenen Stellen ein Großgebiet immer wieder angesprochen, das zunehmende Bedeutung neben der eigentlichen Signalverarbeitung gewinnt, das der Sensorik, d.h. der Wechselwirkung mit der Umgebung. Diesem Gebiet ist ein eigener Band (17) dieser Reihe gewidmet, der in mancher Hinsicht komplementär zum vorliegenden gesehen werden muß und in dem die sensorspezifischen Aspekte, z.B. von Heiß- und Kaltleitern sowie von z.T. ebenfalls nicht einkristallinen galvanomagnetischen Materialien, aus übergeordneter Sicht angesprochen werden.

Literaturverzeichnis

0.1 Hilsum, C.: Recent progress on solid state display. Inst. Phys. Conf. Ser. No. 57 (1981) 1-20.

0.2 Gmelins Handbuch der anorganischen Chemie, 8. Aufl. System 10: Selen, Teil A, Lieferung 3: Selengleichrichter, S. 415-523. Weinheim: Verlag Chemie 1953 (Neudruck 1974).

0.3 Snell, A. J.; Mackenzie, K. D.; Spear, W. E.; Le Comber, P. G.; Hughes, A. J.: Application of amorphous silicon field effect transistors in addressable liquid crystal display panels. Appl. Phys. 24 (1981) 357-362.

0.4 Berlinsky, A. J.: Organic metals. Contemp. Phys. 17 (1976) 331-354.

0.5 Friedel, J.; Jerome, D.: Organic superconductors: the $(TMTSF)_2$ X family. Contemp. Phys. 23 (1982) 583-624.

1 Amorphe Halbleiter

1.0 Einleitung

Das Gebiet der amorphen Halbleiter ist heute noch ein sehr junges
Arbeitsgebiet, das erst in den letzten Jahren stark expandierte. Der
jetzige Zustand (1982) entspricht etwa dem der kristallinen Halbleiter
von 1950. Halbleitende Eigenschaften amorpher Materialien wurden
1950 am Physikalisch-Technischen Institut der Akademie der Wissen-
schaften in Leningrad zuerst gefunden und untersucht. Lange Zeit
spielten die amorphen Halbleiter in der etablierten Halbleiterphysik
kristalliner Stoffe die Rolle eines enfant terrible, dessen erste kühne
Anwendungen und ungewöhnlichen physikalischen Modelle nicht recht
ernst genommen wurden.

Weitgehend unabhängig davon hat sich mit der Elektrophotographie
(meist Xerographie genannt) seit 1959 der amorphe Halbleiter Selen
als großflächiger Photoleiter für Bürokopierer mit bedeutenden Stückzahlen (1981: ca. $1,8 \cdot 10^6$ Photoleitertrommeln) weltweit ausge-
breitet.

In den 70er Jahren, als die Fortschritte der kristallinen Halbleiter
längst ihren Höhepunkt überschritten hatten, gelang es durch zahlreiche herausragende Neuentdeckungen auf präparativem, experimentel-
lem und theoretischem Gebiet, die amorphen Halbleiter zu einem viel-
beachteten Fachgebiet der Festkörperphysik werden zu lassen. Die
Herstellbarkeit von großflächigen dünnen Schichten, verbunden mit
den inzwischen recht brauchbaren elektronischen Eigenschaften, er-
schließen den amorphen Halbleitern zunehmend auch technische Anwendungen. Das gilt besonders dort, wo große Flächen unerläßlich

sind, wie bei Solarzellen und Komponenten für bilderzeugende und bildaufnehmende Systeme.

Diese Darstellung über amorphe Halbleiter ist als Einführung gedacht. Angesichts der Fülle des vorliegenden Materials und deren rascher Zunahme durch neue Forschungsergebnisse bemühte sich der Autor in erster Linie, die grundlegenden Begriffe und die qualitativen Zusammenhänge deutlich zu machen. Dabei wurde manches stark vereinfacht dargestellt und vieles weggelassen. Die volle Problematik findet der interessierte Leser über die zahlreichen Literaturangaben.

1.1 Physik amorpher Halbleiter

1.1.1 Allgemeine Übersicht

Zur Verdeutlichung des Begriffs amorph ist die Unterscheidung zwischen Nahordnung und Fernordnung hilfreich. Eine räumliche Nahordnung im Bereich etwa des ersten und zweiten Atomnachbars besitzen alle festen (und flüssigen) Stoffe. Die periodische Atomanordnung der Kristalle wird auch dann als Fernordnung bezeichnet, wenn sie sich, z.B. in feinkristallinen Materialien, nur über 10 bis 100 Atomabstände erstreckt. Amorph oder glasig nennt man nun die Festkörper, die keine Fernordnung besitzen. Die Atome sind hier in einem kontinuierlichen, ungeordneten räumlichen Netzwerk angeordnet. Die zweidimensionalen Modelle des Bildes 1.1a sollen dies veranschaulichen. Für die Nahordnung amorpher und die Fernordnung kristalliner Körper typische Meßergebnisse sind in Bild 1.1b dargestellt.

Am Beispiel der amorphen Halbleiter hat sich nun experimentell herausgestellt, daß die Fernordnung im allgemeinen nur einen geringen Einfluß auf die eigentlichen Halbleitereigenschaften hat. Es gilt die Regel von Joffe und Regel: Ein Stoff behält seine Halbleitereigenschaften so lange bei, wie seine Nahordnung unverändert bleibt. Da in vielen Fällen die Nahordnung beim Übergang vom kristallinen in den amorphen Zustand erhalten bleibt, findet man keine abrupte Änderung der Halbleitereigenschaften, wie in den Meßkurven des Bildes 1.2 verdeutlicht wird.

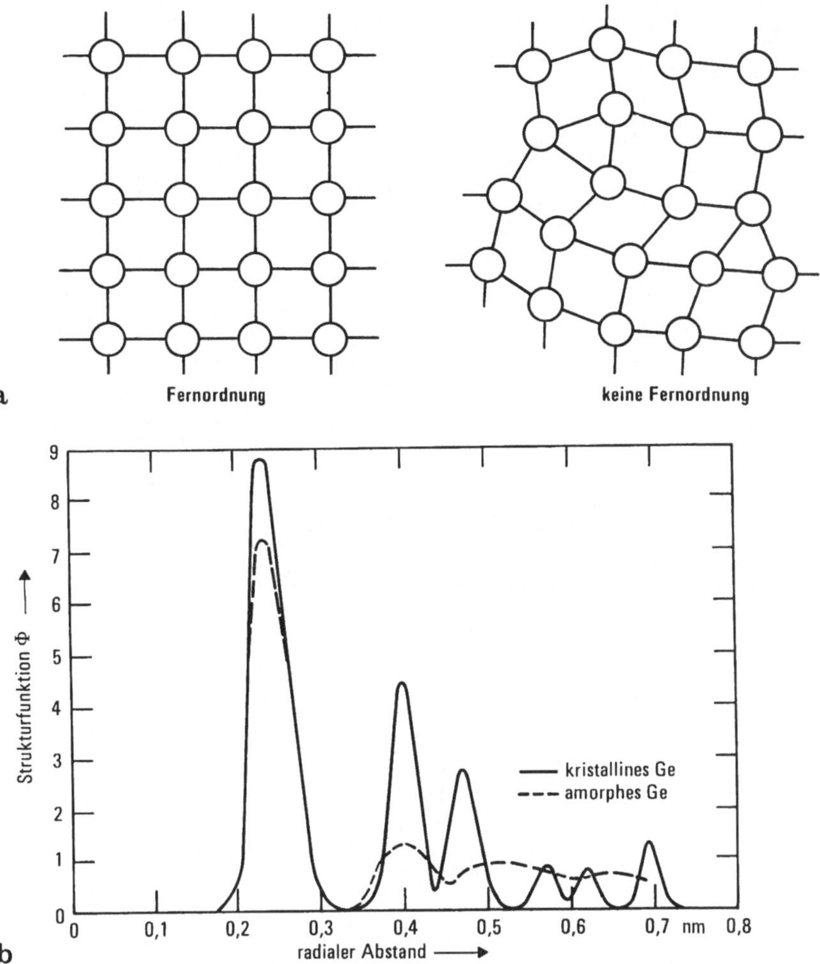

Bild 1.1. a) Zweidimensionales Schema eines Netzwerks mit und ohne
Fernordnung; b) experimentell ermittelte Atomabstände in amorphem
und kristallinem Germanium. Die Strukturfunktion gibt die Häufigkeit
von Atomen in einem bestimmten Abstand von einem beliebigen Aufatom
an. Die Meßwerte wurden mit EXAFS (extended x-ray absorption fine
structure) gewonnen. Nach [1.1]

Man hat inzwischen eine große Zahl amorpher Stoffe gefunden, die typische Halbleitereigenschaften zeigen, wie man sie von den kristallinen Halbleitern kennt: exponentielle Zunahme der Leitfähigkeit mit
der Temperatur, Photoleitung, eine optische Absorptionskante, die
Möglichkeit zur Dotierung etc.

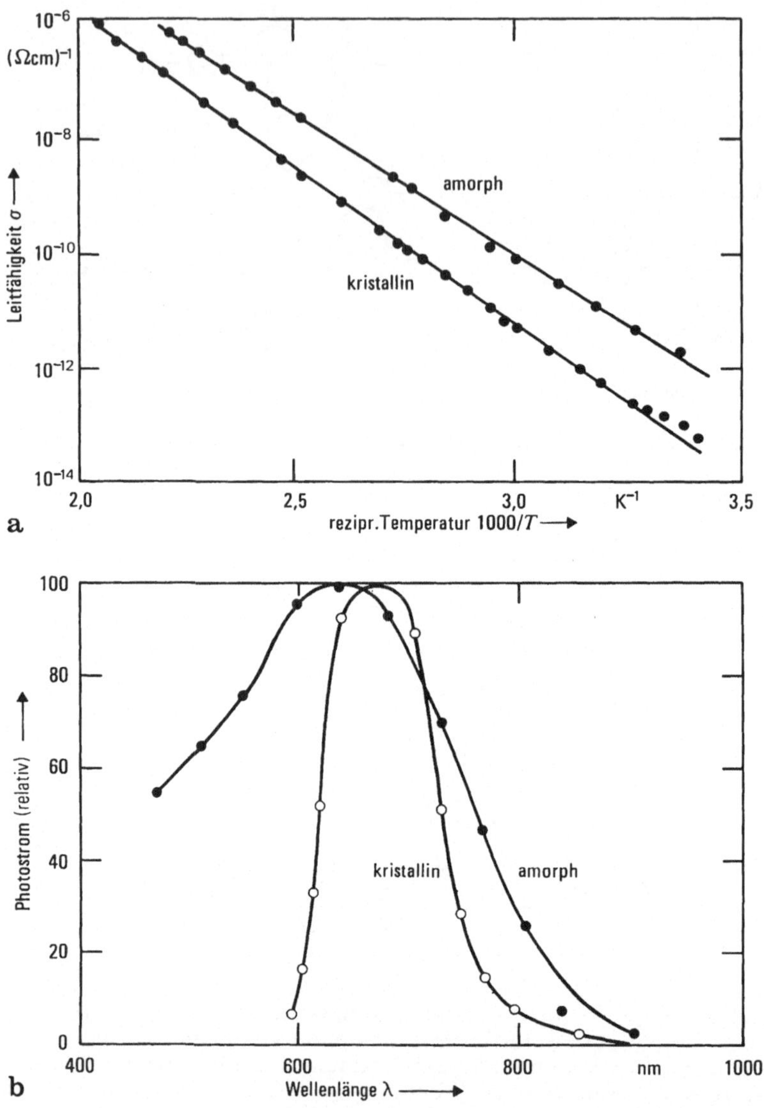

Bild 1.2. Ähnlichkeit typischer Halbleitereigenschaften im amorphen und kristallinen Zustand (hier $As_2 Se_3$). a) temperaturaktivierte Leitfähigkeit; b) Wellenlängenabhängigkeit des Photostroms. Nach [1.2]

Es mußte zunächst verstanden werden, wie es grundsätzlich möglich ist, einen Festkörper anders als in der periodischen Fernordnung eines Kristalls zusammenzusetzen, ohne dabei die Bindungserfordernisse der beteiligten Atome - d.h. die Nahordnung - fundamental zu stören. Mit einem Holzkugelmodell für vierwertige Atome (entsprechend Silizium oder Germanium) konnte gezeigt werden [1.3], daß der Einkristall tatsächlich nicht die einzige Lösung dieses Problems ist. Mit Variationen im Bindungswinkel (einige Grad), Verdrehungen der Atome um eine Bindungsachse und kleinen statistischen Schwankungen (einige Prozent) des Atomabstands wurde die Fernordnung völlig aufgehoben. Man nennt eine solche Struktur ideal amorph, wenn alle Bindungen jedes einzelnen Atoms vollständig abgesättigt sind.

Jede Abweichung von der idealen Nahordnung mit ihrer vollständigen Absättigung aller Bindungen ist ein Defekt. Da bei endlicher Temperatur genügend thermische Energie im Festkörper vorhanden ist, entstehen Defekte in großer Zahl in einem realen Festkörper. Die Art und Anzahl der Defekte spielen für das quantitative Verständnis der Halbleitereigenschaften amorpher Stoffe eine ebenso zentrale Rolle wie bei den kristallinen Materialien [1.4].

Im Mittelpunkt der Defekte amorpher Halbleiter steht die einzelne freie Valenz, die im angelsächsischen Schrifttum dangling bond genannt wird. Bei kristallinen Stoffen ist diese Art von Bindungsdefekt (im Volumeninneren) instabil. Die strukturelle Ordnung des Kristalls bewirkt, daß der geschiedene Partner auch seinerseits geschieden bleibt. Freie Valenzen treten dort stets paarweise auf (Bild 1.3a). In amorphen Stoffen ohne Fernordnung ist jedoch eine strukturelle Umordnung der benachbarten Atomlagen möglich. Hier können geschiedene Partner neue Bindungen finden, so daß oft eine einzelne freie Bindung übrigbleibt (Bild 1.3b).

Die ungepaarten Spins der einzelnen freien Valenzen kann man experimentell durch Elektronenspinresonanzmessungen (ESR) aufspüren [1.5]. M. Brodsky gelang es, mit dieser Methode um 1970 die dangling bonds mit einer Dichte von 10^{19} cm^{-3} als Hauptdefektart im amorphen Silizium und Germanium zu identifizieren.

Für die Verknüpfung der im vorstehenden kurz aufgezeigten strukturellen Eigenschaften mit dem für die Praxis wichtigen elektrischen Verhalten hat sich bei den amorphen Halbleitern ein ähnliches Begriffssystem wie das Bändermodell bei den kristallinen Halbleitern herausgebildet.

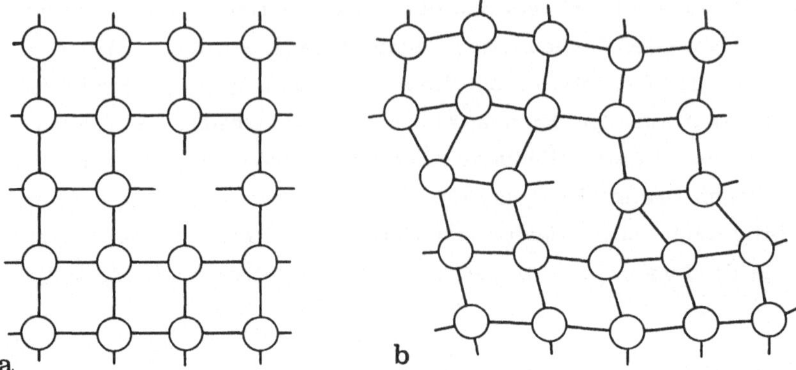

Bild 1.3. Zweidimensionales Schema freier Valenzen (dangling bonds) in Störstellen. a) paarweises Auftreten freier Valenzen in der Leerstelle eines geordneten Netzwerks; b) einzelne freie Valenz im ungeordneten Netzwerk

Die fehlende Fernordnung läßt zunächst aus dem scharfen Übergang zwischen den erlaubten und den verbotenen Energiezuständen einen allmählichen Übergang mit verwaschenen Grenzen werden. Man spricht von Bandausläufern (tails) und den darin befindlichen tail-Zuständen. Zudem erzeugen die vielen lokalen Defekte im Mittenbereich der ehemals verbotenen Zone eine endliche und oft recht große Dichte von erlaubten Elektronenzuständen. Die Folge ist eine Zustandsdichtefunktion für Elektronen und Löcher (Defektelektronen), die sich zwischen Leitungs- und Valenzband nur einsenkt aber nicht wie beim kristallinen Halbleiter in der verbotenen Zone den Wert Null annimmt (Bild 1.4a).

Eine kontinuierliche Zustandsdichte, die bis zum Fermi-Niveau mit Elektronen besetzt ist, führt bekanntlich zu metallischer Leitfähigkeit. Es stellt daher ein zentrales Problem dar, die experimentell gefundenen elektrischen Eigenschaften amorpher Halbleiter mit den bestehenden physikalischen Modellen in Einklang zu bringen. Der meist begangene Weg zu einer Lösung wurde von P. W. Anderson in einer inzwischen berühmten Arbeit 1958 vorgeschlagen. Er fand Anhaltspunkte dafür, daß es für die Eigenfunktionen der Elektronen neben den räumlich ausgedehnten Lösungen aufgrund der strukturellen Unordnung auch sogenannte lokalisierte Lösungen (localized states) geben müsse. Abhängig von der Art der Unordnung und der Dichte der möglichen Zustände wird eine scharfe Grenze der Energie erhal-

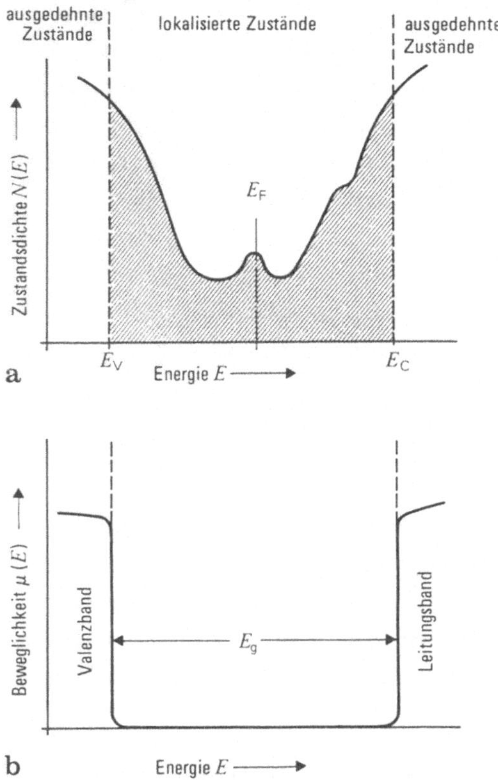

Bild 1.4. a) Typischer Verlauf der Zustandsdichte N(E) in amorphen Halbleitern. N(E) gibt die Zahl der möglichen Zustände für Elektronen pro Volumen und Energieintervall an in Abhängigkeit ihrer Energie; b) Ladungsträgerbeweglichkeit μ in Abhängigkeit von der Elektronenenergie E in amorphen Halbleitern

ten, oberhalb derer die Elektronen frei beweglich sind (ausgedehnte Zustände) und unterhalb derer sie (bei T = 0) unbeweglich, lokalisiert sind. Analoges gilt in umgekehrter Energierichtung für die Löcher. So erhält man wieder scharf begrenzte Energiebänder. Im Unterschied zum Bändermodell der Kristalle handelt es sich dabei aber um Beweglichkeitsbänder, die durch eine "Lücke" in der Beweglichkeit, aber nicht durch eine Lücke der Zustandsdichte voneinander getrennt sind (Bild 1.4b).

Eine exakte mathematische Behandlung dieses Problems konnte mangels Periodizität der Potentialfunktionen bis heute nicht gefunden werden [1.6]. Trotzdem wird das Bild derartiger lokalisierter Zustände

allgemein akzeptiert, da sich dieses Modell zur Interpretation experi-
menteller Ergebnisse sehr gut bewährt hat. Für den Stromtransport
müssen di e Ladungsträger die Beweglichkeitslücke durch thermische
Anregung überwinden, woduch eine temperaturaktivierte Leitfähigkeit
(Bild 1.2a) entsteht. Ähnlich wie im kristallinen Fall lautet der Zusammenhang zwischen Leitfähigkeit σ und Temperatur T

$$\sigma = \sigma_0 \, \exp\left(- \frac{\Delta E}{kT} \right).$$

Im Falle von Elektronenleitung ist ΔE die Energiedifferenz zwischen
Unterkante des Leitungsbandes E_C und Fermi-Niveau E_F: $\Delta E = E_C - E_F$. Bei Löcherleitung gilt entsprechend $\Delta E = E_F - E_V$. E_V ist
die Energie der Oberkante des Valenzbandes.

Aus dem gleichen Modell folgt auch die optische Absorptionskante
[1.7] und der Abfall der Photoleitung bei Licht, dessen Photonenenergie kleiner als die Bandlücke ist. Dazu muß man wisssen, daß
optisch angeregte Übergänge zwischen lokalisierten Zuständen wegen
ihrer räumlichen Trennung eine sehr geringe Wahrscheinlichkeit haben.

Die gegenüber dem Kristall viel größere Zahl von Defekten und lokalisierten Zuständen innerhalb der Bandlücke beeinflußt den Stromtransport bei amorphen Halbleitern ganz wesentlich. Die Elektronen können
nämlich aus dem Leitungsband in einen lokalisierten Zustand "hinein-
fallen" und dort je nach dem energetischen Abstand zum Leitungsband
mehr oder weniger lange festgehalten werden. Je nach Anzahl und
Tiefe dieser Haftstellen (traps) wird die Ladungsträgerbeweglichkeit
durch die Zwischenaufenthalte stark reduziert. Die über einen längeren Weg gemittelte Beweglichkeit nennt man Driftbeweglichkeit (μ_D)
im Unterschied zur mikroskopischen Beweglichkeit für die ungestörte
Bewegung im Leitungsband.

Reicht nun die thermische Energie der Ladungsträger nicht aus (z.B.
unterhalb Raumtemperatur), um sie von den Haftstellen bis ganz hin-
auf ins Leitungsband zu heben, so kann sich der Leitungsmechanismus
der sogenannten hopping-Leitung ausbilden. Entsprechend dem räumlichen und energetischen Abstand der einzelnen Haftstellen tunneln die
Ladungsträger thermisch angeregt von einer Haftstelle zur anderen.

Dieser Leitungsmechanismus ist in Bild 1.5 durch die Pfeile in Höhe
der Energie E_A veranschaulicht. Neben der Temperaturabhängigkeit
wächst bei dieser Transportart die Leitfähigkeit mit der Dichte der
Haftstellen (hopping-Zentren) im Material. Den analogen Transport
bei kristallinen Halbleitern nennt man Störstellenleitung.

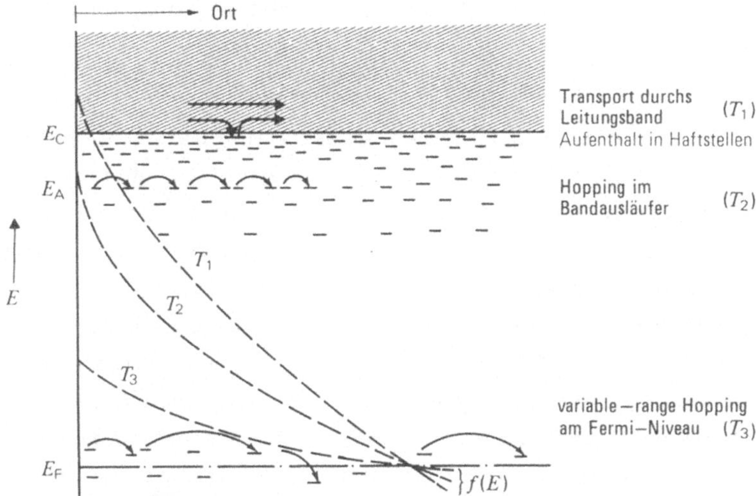

Bild 1.5. Schema dreier möglicher Transportmechanismen für Elektronen, die sich je nach der Temperatur in verschiedenen Energieni-
veaus befinden. Die Pfeile stellen die Elektronenbewegungen im Orts-
diagramm dar. Die gestrichelten Kurven symbolisieren die Beset-
zungsdichten f(E) über die Energie bei drei verschiedenen Temperaturen ($T_1 > T_2 > T_3$). E_C Leitungsbandkante, E_A Energie hoher Zustandsdichte in einer Bandlücke (tail states), E_F Fermi-Niveau. Ein-
zelheiten siehe Text

Die ebenfalls exponentielle Temperaturabhängigkeit dieser Leitfähigkeit erfordert zusätzliche Messungen (z.B. der Thermokraft [1.8]
oder der Photoleitung), um diesen Fall experimentell von dem Transport durchs Leitungsband unterscheiden zu können.

Einen dritten möglichen Transportprozeß stellt das "variable-range
hopping" am Fermi-Niveau dar. Bei tiefer Temperatur sind nur diese Zustände besetzt und der Ladungsträgersprung erfolgt nicht immer
zum nächst benachbarten Zustand, sondern wird auch nach einer möglichst kleinen Energiedifferenz zum Sprungziel ausgewählt (Bild 1.5).

Für diesen Transport hat N.F. Mott die meist nach ihm benannte Relation aufgestellt [1.9]:

$$\sigma = \sigma_1 \exp\left\{ -\left(\frac{T_0}{T}\right)^{\frac{1}{4}} \right\} .$$

Eine solche Temperaturabhängigkeit der Leitfähigkeit wurde an vielen amorphen Halbleitern bei tiefen Temperaturen gefunden.

Die ausgeprägte Photoleitung vieler amorpher Halbleiter ist nicht nur für die technische Anwendung bedeutsam, sondern bietet eine ausgezeichnete Möglichkeit, den Leitungsmechanismus in amorphen Halbleitern zu untersuchen. Der meist überwiegende exponentielle Faktor der Temperaturabhängigkeit (Boltzmann-Faktor) in den Leitfähigkeitsformeln entfällt hier, da die Ladungsträger nicht thermisch sondern durch den inneren Photoeffekt entsprechend der eingestrahlten Lichtmenge kontrollierbar erzeugt werden. Der Transport wird in diesem Falle durch die Haft- und Rekombinationsstellen begrenzt. Aus der häufig temperaturaktivierten kontinuierlichen Photoleitung ermittelt man die energetische Tiefe der beteiligten Haftstellen.

Eine andere für amorphe Halbleiter typische Methode zur Charakterisierung des Transports ist das sogenannte Laufzeitexperiment (time-of-flight-Experiment, transiente Photoleitung, [1.10]). Eine (1 bis 100 µm) dünne Probe ist mit einer optisch transparenten und einer Gegenelektrode versehen (beide Elektrodenmaterialien müssen so gewählt sein, daß der Injektionsstrom im Dunkeln klein ist im Verhältnis zum Photostrom), über die ein definiertes elektrisches Feld in der Probe erzeugt wird. Man strahlt nun einen sehr kurzen Lichtblitz (kürzer als die Transitzeit der Ladungsträger) durch die transparente Elektrode, dessen Licht vollständig in der obersten Probenschicht absorbiert wird. So erzeugt man ein schmales Paket von beweglichen Ladungsträgern nur einer Polarität (die anderen werden im anliegenden Feld gleich von der transparenten Elektrode aufgesogen), deren Bewegung man bei konstanter Spannung an den Elektroden als Strom im Außenkreis auf einem Oszillographenschirm registriert (Bild 1.6a).

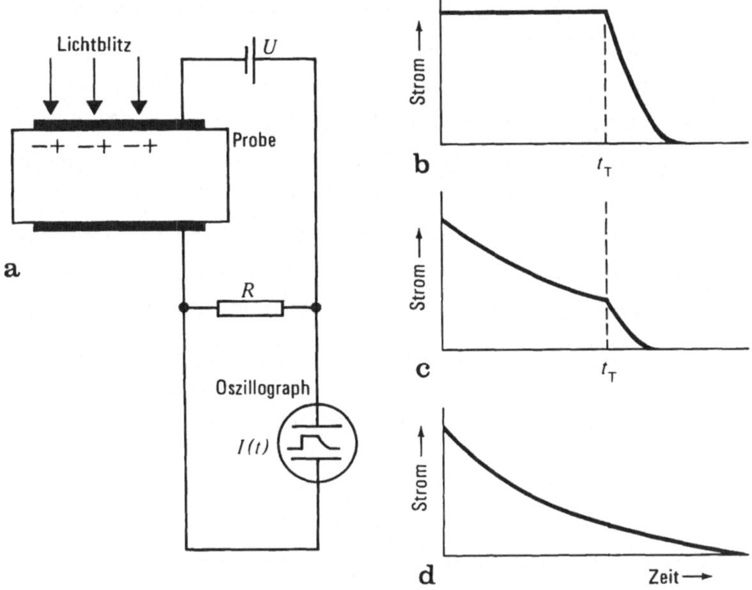

Bild 1.6. Laufzeitexperiment. a) Schema der Versuchsanordnung;
b) Transitpuls bei einer Probe ohne tiefe Haftstellen. t_T ist die Transitzeit; c) Transitpuls bei einer Probe mit tiefen Haftstellen; d) Transitpuls bei dispersivem Transport

Ein rechteckiger Stromimpuls (Bild 1.6b) über der Zeit zeigt an, wie
lange es dauert, bis alle Ladungsträger die Gegenelektrode erreicht
haben (Transitzeit t_T). Der leicht verrundete Abfall des Signals ist
eine Folge der Gaußschen Verteilung der Haftdauern der einzelnen
Ladungsträger. Aus der Transitzeit errechnet man mit der Proben-
dicke L und der angelegten Spannung U die Driftbeweglichkeit

$$\mu_D = \frac{L^2}{t_T U}.$$

Verweilen jedoch einige Ladungsträger länger in den Haftstellen als
die Transitzeit der anderen dauert (tiefe Haftstellen), so fehlen die
festgehaltenen Ladungsträger beim weiteren Transport und das Strom-
signal im Außenkreis wird während des Transits (in exponentieller
Weise) kleiner (Bild 1.6c). Solange noch genügend Ladungsträger an
der Gegenelektrode ankommen, kann man aus solch einem Signalver-
lauf nicht nur die Beweglichkeit sondern auch die mittlere Lebensdauer und damit die Dichte der tiefen Haftstellen ermitteln.

In zahlreichen Fällen (z.B. As_2Se_3, Selen bei tiefen Temperaturen
und einige organische Photoleiter) erhält man jedoch einen Transitim-
puls, der strukturlos ist und keine Transitzeit erkennen läßt. Für diesen sogenannten dispersiven Transport läßt sich keine einheitliche Beweglichkeit ermitteln und auch nicht definieren. Zur Beschreibung dieses Falls haben Scher und Montroll 1975 eine nicht-Gaußsche zeitliche
Verteilung für die Zeit bis zum Weiterhüpfen der Ladungsträger postuliert: Das Weiterhüpfen wird um so weniger wahrscheinlich, je länger der Ladungsträger schon verweilt hat [1.17]. Es stellte sich als
schwierig heraus, experimentell zu unterscheiden, ob nun die örtlichen oder die energetischen Abstände der am Transport beteiligten
Zentren derart statistisch verteilt sind, daß die obige Beziehung gilt.

Trotz der zuletzt gegebenen Einschränkung des Beweglichkeitsbegriffs
und der üblicherweise stark von der Probenpräparation (Haftstellen-
dichte) abhängigen Werte der Driftbeweglichkeit sollen hier zu Verdeutlichung der Größenordnung einige Meßwerte angegeben werden.

	Elektronenbeweglichkeit cm^2/Vs	Löcherbeweglichkeit cm^2/Vs
Selen	$6 \cdot 10^{-3}$	$1 \cdot 10^{-1}$
As_2Se_3	$< 10^{-8}$	$5 \cdot 10^{-5}$ [a]
amorphes Si (durch Glimmentla-dung abgeschieden)	$5 \cdot 10^{-1}$	$2 \cdot 10^{-3}$

[a] bei einem Feld von 10^5 V/cm.

Diese Driftbeweglichkeiten sind 4 bis 9 Zehnerpotenzen kleiner als
die Beweglichkeiten im kristallinen Silizium. Eng verknüpft mit der
Beweglichkeit ist der sogenannte Schubweg. Das ist die Entfernung,
die ein Ladungsträger im elektrischen Feld bis zu seinem Einfang an
einer tiefen Haftstelle (also während der sogenannten Lebensdauer τ)
zurücklegt. Der Schubweg errechnet sich aus dem Produkt der Materialdaten μ_D und τ sowie dem elektrischen Feld. Bei einem Feld von
10^5 V/cm liegen die Schubwege der meisten amorphen Halbleiter zwischen 10 μm und einigen 100 μm. Ein photoleitendes Bauelement

sollte nun keine größere Ladungsträgerlaufstrecke enthalten - also
meist nicht dicker sein - als der Schubweg. Andernfalls erfaßt man
nur einen Teil der angeregten Ladungsträger an den Elektroden, ähnlich dem in Bild 1.6c gezeigten Fall. Die eingefangenen Ladungsträger
erzeugen zudem eine meist unerwünschte Raumladung.

Die genannten Materialdaten hängen, wie zuvor angedeutet, sehr empfindlich von der Defektdichte oder genauer von der Zustandsdichte in
der Bandlücke ab. Daher spielt der Verlauf der Zustandsdichte für
den praktischen Einsatz amorpher Halbleiter eine zentrale Rolle.

Bis hierhin wurde von homogenen Materialien ausgegangen. In einigen
amorphen Halbleitern (z.B. Aufdampfschichten aus Si und Ge) gibt es
Anzeichen für starke Inhomogenitäten im atomaren Aufbau, so daß
man von Verbiegungen der ansonsten scharf angenommenen Bandrän-
der ausgeht (s. Band 3, Abschn. 2.5). Die Leitungsbandunter-
grenze (und analog die Valenzbandobergrenze) in diesem Modell hat
also die Form eines Potentialgebirges, in deren Vertiefungen die
Elektronen auf einem engen Bewegungsspielraum eingeschränkt sind,
da sie ringsum von Potentialbarrieren umgeben sind, ähnlich einem
tieffliegenden Flugzeug im Gebirge. Zur freien Bewegung müssen die
Elektronen in ihrer Energie mindestens so hoch gehoben werden, daß
sie alle Potentialpässe von einer Elektrode zur anderen in einem zu-
sammenhängenden Pfad überwinden können (Percolation). Die so definierten Mindestenergien (E_C' für Elektronen und E_V' für Löcher)
freie Ladungsträgerbewegung führen ebenfalls zu einer temperaturaktivierten Leitfähigkeit mit $\frac{1}{2}(E_C' - E_V')$ als Aktivierungsenergie.

Es hat sich bewährt, die amorphen Halbleitermaterialien in zwei
Hauptgruppen einzuteilen: die tetraedrisch gebundenen Elemente der
4. Gruppe des Periodensystems (Silizium und Germanium) einerseits und die sogenannten Chalkogenidhalbleiter, die mindestens ein
Element aus der 6. Gruppe des Periodensystems (Chalkogene) als
Hauptbestandteil enthalten (Selen, Tellur, Schwefel und z.B. As-Te,
As-Se, Ge-Se, $Te_{40}As_{35}Ge_7Si_{18}$). Andere Materialgruppen, wie
z.B. amorphe Halbleiter aus der 5. Gruppe (Phosphor, Arsen [1.12])
oder amorphes GaAs [1.8] stehen in ihren Eigenschaften oft zwischen
den beiden genannten Hauptgruppen.

Die Zugehörigkeit zu einer bestimmten Gruppe des Periodensystems
bestimmt die Elektronenhülle eines Elements, damit die Bindungs-
chemie und auf diese Weise die Nahordnung. Wegen des entscheiden-
den Einflusses der Nahordnung und ihrer speziellen Defekte auf die
Eigenschaften amorpher Halbleiter sollen die Materialbeispiele der
beiden folgenden Abschnitte in das Schema dieser beiden Hauptgruppen
eingeteilt werden.

1.1.2 Tetraedrisch gebundene amorphe Halbleiter

Silizium und Germanium lassen sich als amorphes Material nur durch
die (sehr rasche) Kondensation aus der Dampfphase gewinnen, wie es
bei der Herstellung dünner Schichten auf nicht zu heiße Substrate üblich ist. Die schnelle Abschreckung verhindert im allgemeinen nicht
nur die Fernordnung, sondern führt auch zu vielen lokalen Defekten.
Die große Zahl von vier Bindungen je Atom dieser Materialgruppe er-
schwert hier die durchgängige störungsfreie Bindung besonders. Die
am häufigsten auftretende Defektart dieser Materialgruppe ist die einzelne freie Valenz (dangling bond). An Schichten, die in üblicher Weise aufgedampft werden, findet man zusätzlich eine große Zahl mikroskopisch kleiner Löcher (micro-voids). Die so erhaltenen Aufdampfschichten mit diesen starken Störungen und einer entsprechend großen
Zustandsdichte in der Bandlücke sind für übliche elektronische Anwendungen kaum brauchbar.

In einer sehr folgenreichen Entdeckung gelang es 1972 Spear und Le
Comber, ein Präparationsverfahren zu entwickeln, mit dem sowohl
die Bildung von kleinen Löchern vermieden wird als auch ein Großteil
der freien Valenzen mit eingebautem Wasserstoff abgesättigt wird. Die
Zustandsdichte dieses Materials liegt um 3 Zehnerpotenzen unter der
des Aufdampfmaterials (Bild 1.7), so daß man eine ausgeprägte Photoleitung fand. 1976 gelang es sogar, mit diesem Material einen amorphen Halbleiter substitutionell zu dotieren [1.13].

Das Herstellverfahren, das dies alles ermöglicht, verwendet eine
Glimmentladung (Niederdruckplasma) zum Niederschlag der dünnen
Schichten. Ein aus Silizium und Wasserstoff bestehendes Gas (meist
Silan SiH_4) wird in der Glimmentladung zersetzt, und Silizium schlägt
sich an den Elektroden bzw. auf den dort angebrachten Substraten nie-

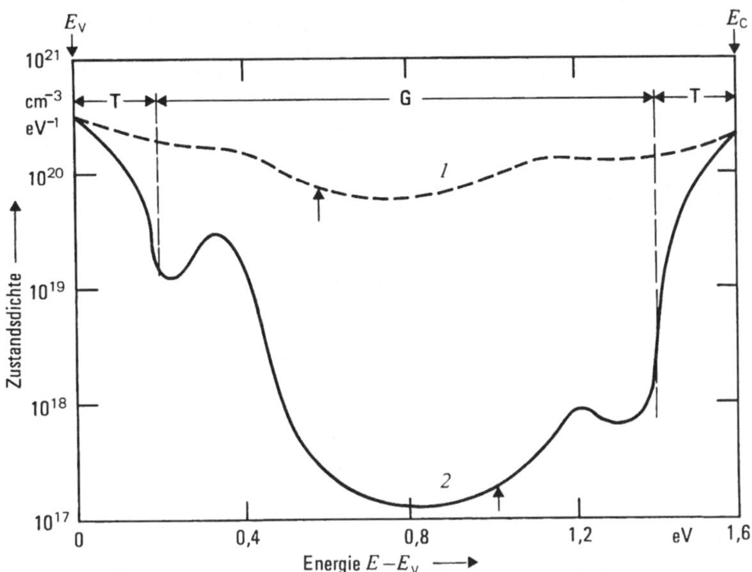

Bild 1.7. Gemessene Zustandsdichte in der Bandlücke in Abhängigkeit von der Energie für zwei verschieden hergestellte amorphe Siliziumproben. 1: aufgedampfte Schicht, 2: durch Glimmentladung hergestellte Schicht. T sind tail states, verursacht durch die atome Unordnung, G sind die durch lokale Defekte erzeugten Zustände. Die Pfeile geben die Lage des Fermi-Niveaus an. Nach [1.13]

der. Es wächst eine sehr dichte, leicht wasserstoffhaltige (ca. 10%) amorphe Siliziumschicht bei Temperaturen unterhalb 300 °C auf [1.13]. Wegen des Wasserstoffgehalts bezeichnet man dieses amorphe Silizium mit a-Si:H. Das in analoger Weise aus dem Gas GeH_4 hergestellte amorphe Germanium zeigt eine nicht ganz so niedrige Zustandsdichte und wird mit a-Ge:H gekennzeichnet.

Zur Dotierung dieser Materialien mischt man ein Dotiergas, wie z.B. B_2H_6 (für Bordotierung, p-Leitung) oder PH_3 (für Phosphordotierung, n-Leitung) zum eigentlichen Reaktionsgas dazu. Die substitutionell in das amorphe Netzwerk eingebauten Bor- oder Phosphoratome erzeugen neue Zustände in der Bandlücke, durch die das Fermi-Niveau bis auf 0,1 eV an die Valenz- oder Leitungsbandkante herangeschoben werden kann. Die Leitfähigkeit variiert dabei um insgesamt 10 Zehnerpotenzen, wie in Bild 1.8 dargestellt. Die entscheidende Voraussetzung für die Dotierfähigkeit ist die niedrige Zustandsdichte in der Bandlücke. Bei großer Zustandsdichte fallen die durch Fremdstoffeinbau erzielten zusätzlichen Zustände nicht ins Gewicht. Daher kann man das am Anfang dieses Kapitels beschriebene Aufdampf-Silizium nicht wirkungsvoll substitutionell dotieren.

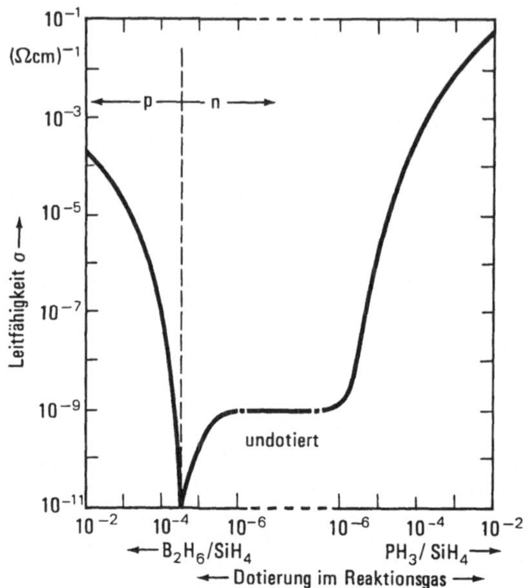

Bild 1.8. Dotiereffekt in amorphem Glimmentladungs-Silizium. Abhängigkeit der elektrischen Leitfähigkeit vom Anteil an Dotiergas, der dem Reaktionsgas Silan (SiH_4) zugemischt wird. Nach [1.13]

Als Folge der niedrigen Zustandsdichte zeigt das a-Si:H eine für amorphe Stoffe relativ große Ladungsträgerlebensdauer ($\approx 1\,\mu s$). Entsprechend mißt man in dünnen Schichten eine ausgezeichnete Photoleitung mit Quantenwirkungsgraden nahe bei 100% [1.14]. Die spektrale Abhängigkeit fällt wegen der mit 1,7 eV deutlich größeren Bandlücke als beim kristallinen Silizium (1,1 eV) recht gut mit dem sichtbaren Spektrum zusammen und ist in Bild 1.9 dargestellt.

Sehr vorteilhaft - insbesondere hinsichtlich des Materialverbrauchs bei Solarzellen - ist die ca. 20 mal größere optische Absorption für das sichtbare Licht von a-Si:H im Vergleich zum kristallinen Silizium. Dies ist eine Folge der amorphen Struktur, die keine bestimmten k-Werte für die Phononen mehr kennt, die zur Impulserhaltung bei der Lichtabsorption mitwirken müssen. Der Impuls wird an das Netzwerk

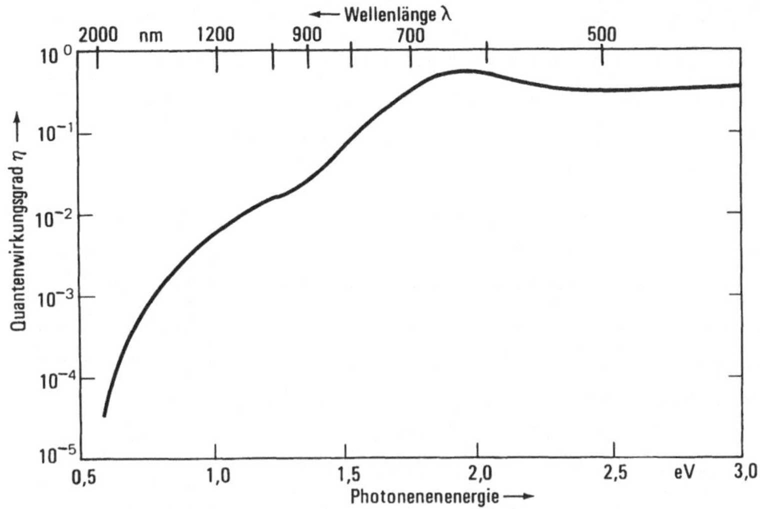

Bild 1.9. Quantenwirkungsgrad der Photoleitung undotierten amorphen Glimmentladungs-Siliziums in Abhängigkeit von der Photonenenergie des eingestrahlten Lichts. Die Lichtintensität betrug bei allen Wellenlängen $5 \cdot 10^{12}$ Photonen/cm^2 s. Die Probe wurde bei 280 $^\circ$C niedergeschlagen. Nach [1.14]

abgegeben ohne die absorptionsbegrenzenden Auswahlregeln. Die thermische Stabilität dieses Materials reicht bis ca. 400 $^\circ$C. Der wirksam eingebaute Wasserstoff (nur ein Bruchteil des gesamten) ist in einzelnen festen Bindungen (Si-H) gebunden und entweicht oberhalb dieser Temperatur unter Zurücklassung von Defekten. Kristallisation von a-Si:H wird erst bei Erhitzung über 600 $^\circ$C beobachtet.

Hauptziel heutiger Untersuchungen ist die Analyse und die Kontrolle der Entstehung der restlichen Defekte, mit dem Ziel einer reproduzierbaren Herstellung noch defektärmeren Materials. Zur Untersuchung der Strukturen der atomaren Nahordnung und ihrer lokalen Abweichungen werden neben ESR [1.5], das Absorptionsspektrum im Infraroten [1.15], die Raman-Streuung [1.15] und die Photolumineszenz [1.16] eingesetzt.

Dieses Material, a-Si:H, das man erst seit kurzem kennt, läßt in Zukunft zahlreiche neue Anwendungen erwarten, denn hier sind große thermische Stabilität (im Vergleich zu den Chalkogenidhalbleitern), großflächige Herstellbarkeit und brauchbare elektronische Eigenschaften kombiniert.

1.1.3 Chalkogenidhalbleiter

Die teilweise unterschiedlichen Eigenschaften der Chalkogenidhalbleiter erklären sich aus der andersartigen Atomhülle im Vergleich zu
den tetraedrisch gebundenen Halbleitern. Die tetraedrisch gebundenen
Halbleiter besitzen vier Außenelektronen und sind vierwertig. Die
Chalkogenide besitzen sechs Außenelektronen und sind in der Regel
nur zweiwertig. Die zweiwertigen Chalkogenidatome binden sich zu
Ketten und Ringen aneinander, die untereinander durch eine Art van-
der-Waals-Kräfte nur schwach gebunden sind. Diese Bindungsverhält-
nisse führen viel leichter zu einem amorphen Netzwerk als die räumlich so starre Vierfachbindung des Siliziums und Germaniums. Die
Struktur des Hauptvertreters der Chalkogenidhalbleiter, des Selens,
besteht im amorphen Zustand aus untereinander verschlungenen und
verfilzten Molekülketten unterschiedlicher Länge, die mit Ringfragmen-
ten durchsetzt sind [1.17]. Die Vielfalt der möglichen amorphen Strukturen erfordert eine sorgfältige Kontrolle der Materialpräparation, um
reproduzierbare Eigenschaften zu erzielen. Durch Zugabe von dreiwertigen Elementen, wie z.B. Arsen, vernetzen sich die Ketten, und das
Material gewinnt an Festigkeit. Weite Mischbarkeitsbereiche der Elemente untereinander und keinerlei Einschränkungen durch Kristallgit-
tererfordernisse kennzeichnen die amorphen Chalkogenidhalbleiter,
die sich für eine Vielzahl spezieller Aufgaben maßschneidern lassen.
Man kann viele dieser Materialien durch Abschrecken aus der Schmel-
ze als Massivmaterial gewinnen. Die technische Verwendung geschieht
jedoch auch hier vorwiegend in Form dünner Schichten, die durch Aufdampfen oder Aufstäuben gewonnen werden.

Typisch für die Flexibilität des Netzwerks der Chalkogenide ist die all-
mähliche Erweichung über einen weiten Bereich bei zunehmender Temperatur. Bei der sogenannten Glastransformationstemperatur T_g ist
das Material gerade so weich, daß eine zuvor abgeschreckte Probe
eine strukturelle Umordnung erfährt nach Art einer Phasenumwandlung
2. Ordnung. Man stellt (durch Differentialthermoanalyse [1.18]) z.B.
bei Selen eine endotherme Reaktion bei T_g fest. Diese Temperatur liegt
für reines Selen bei ca. 50 $^{\circ}$C. Zumischen von As erhöht T_g kontinuierlich bis auf 180 $^{\circ}$C (40% As). Spezielle ternäre Verbindungen,
bei denen vierwertige Elemente wie Ge oder Si zur Vernetzung verwendet werden, erreichen Glastransformationstemperaturen bis 400 $^{\circ}$C.

Die Flexibilität des Netzwerks bestimmt auch die Art des Fremdstoff-
einbaus. Atome mit unterschiedlicher Zahl von Bindungen können
meist durch Umordnungen im Netzwerk unter voller Absättigung eingebunden werden. Als Folge davon lassen sich die Chalkogenidhalbleiter
nicht im herkömmlichen Sinne dotieren.

Das zweite Charakteristikum der Atomhülle der Chalkogenide sind die
vier nicht an der Bindung beteiligten Elektronen. Diese sind im allgemeinen zu zwei Paaren - sogenannten einsamen Elektronenpaaren (lone
pairs) - mit antiparallelem Spin in sich abgesättigt. Diese einsamen
Elektronenpaare ermöglichen eine Umbesetzung innerhalb der Elektronenhülle, wodurch sich die Wertigkeit des betreffenden Atoms ändert.
Es war ein großer Fortschritt, als man 1975 erkannte, daß derartige
lokale Valenzabweichungen (valence alternation) die elektronisch wirksamen Defektarten darstellen, auf die zahlreiche Eigenschaften der
Chalkogenialhalbleiter zurückgeführt werden können [1.4].

Demnach stellt hier nicht wie bei den tetraedrisch gebundenen Halbleitern die einzelne freie Valenz den Defekttyp mit der kleinsten Energie
dar. Es kommt hier zur Übertragung eines Elektrons von einer freien
Valenz (D^0) zu einer benachbarten, so daß die eine Stelle positiv (D^+),
die andere negativ geladen (D^-) wird. Man schreibt dies nach Art einer chemischen Reaktion, deren Gleichgewichtszustand auf der rechten Seite liegt:

$$2\,D^0 \rightarrow D^+ + D^-, \text{ exotherm.}$$

Die Energie, die notwendig ist, um entgegen der Coulomb-Abstoßung
zwei Elektronen auf einen lokalisierten Zustand (D^-) zu setzen, wird
aus einer gleichzeitigen Strukturumordnung im Netzwerk gewonnen.
Es entsteht insgesamt eine negative Korrelationsenergie [1.4] für
zwei Elektronen. Die Strukturumordnung kann man sich am D^+ kon-
zentriert vorstellen, wobei durch das fehlende Elektron ein lone-pair-
Zustand aufgebrochen wird und das Selenatom dreiwertig in die Umgebung eingebunden wird.

Das Modell dieser geladenen Fehlstellen in den Chalkogenidhalbleitern
ermöglicht es, viele charakteristische Eigenschaften dieser Materialgruppe zu verstehen. Da die geladene Fehlstelle D^+ ohne ein Elektron

und D^- mit zwei Elektronen antiparallelen Spins besetzt ist, erklärt
sich das lange unverstandene Ergebnis, daß die Chalkogenide kein
ESR-Signal zeigen, obwohl man anderweitig eine große Defektzahl
nachgewiesen hatte [1.5].

Bezüglich des Transportsprozesses werden die D^+ als Elektronenhaft-
stellen und die D^- als Löcherhaftstellen angesehen. Mit dem gleichen
Modell läßt sich auch eine allgemeine Eigenschaft der Chalkogenide
verstehen, nämlich das starke Überwiegen der Löcher- gegenüber der
Elektronenbeweglichkeit. Der Einfangprozeß der Elektronen nach der
Reaktionsgleichung

$$e + D^+ \rightarrow D^0 \rightarrow D^- + h$$

führt zu tieferen Energien als der umgekehrte Prozeß des Löcherein-
fangs. Die kleine Driftbeweglichkeit der Elektronen ist also nicht
durch langsamere Bewegung im Leitungsband (mikroskopische Beweglichkeit) verursacht, sondern durch effektiveren Einfang in energetisch tiefe Hafstellen [1.19].

Wenn auch eine Dotierung dieser Materialien - also eine Änderung der
Ladungsträgerzahl im thermischen Gleichgewicht - nicht bekannt ist,
so wurde doch eine sogenannte Modifizierung des Transportprozesses
durch Fremdstoffe gefunden. Dabei wird die Zahl der den Löchertrans-
port begrenzenden Haftstellen D^- vergrößert oder es werden neue Haftstellen erzeugt, wodurch die Driftbeweglichkeit um zwei Zehnerpotenzen vergrößert werden konnte. Ähnliche Beeinflussungen sind durch
gezielt bewirkte Strukturdefekte bei der Materialpräparation möglich
[1.20].

1.2 Anwendungen amorpher Halbleiter

1.2.1 Photoleiter für Elektrophotographie

Mit der Einführung elektrophotographischer Bürokopierer begann in
den 50er Jahren die technische Anwendung amorpher Halbleiter in großem Maßstab. Als lichtempfindliches Übertragungsmedium in Kopiergeräten stellen die Chalkogenidhalbleiter auch heute noch die weitaus

bedeutendste Anwendung amorpher Halbleiter dar. Das amorphe Halbleitermaterial ist dabei in einer ca. 50 µm dicken Schicht auf eine leit-
fähige Unterlage, meist Aluminium, aufgebracht. Für einen periodisch arbeitenden Kopierprozeß eignet sich am besten die Form einer
auf der Außenseite beschichteten Trommel. Daneben gibt es flexible
Bänder und starre Platten. Der Photoleiter besteht in den meisten
Fällen aus amorphem Selen, das durch einen kleinen As-Zusatz (ca.
0,5%) gegenüber Kristallisation stabilisiert wird. Weiterhin werden
Se-Te-Mischungen und As_2Se_3 dort verwendet, wo es auf panchromatische Empfindlichkeit ankommt.

Die Funktionen des Photoleiters in der Elektrophotographie seien zunächst anhand von Bild 1.10 skizziert: Nach der gleichmäßigen Auflad-
dung der Photoleiteroberfläche (ca. 700 V) durch eine Corona-Entla-
dung als erstem Prozeßschritt ist der Photoleiter sensibilisiert und
wird im zweiten Schritt bildmäßig belichtet. Die Photoleitung bewirkt
einen lokalen Abfluß von Ladungen zur Unterlage, wodurch ein Ladungsmuster auf der Photoleiteroberfläche stehen bleibt, das der Hellig-
keitsverteilung des Bildes entspricht. Das elektrische Feld, das von
diesem Ladungsmuster ausgeht, sorgt bei der Entwicklung durch
Coulombsche Anziehung von geladenen Farbpartikeln (Toner) für die
bildmäßige Schwärzung des Photoleiters. Durch Umdruck auf Papier
und meist thermische Fixierung des Toners erhält man ein Abbild des
Originals. Nach einer Reinigung beginnt für den Photoleiter der Prozeß wieder von neuem [1.G].

Um die aufgeführten Prozeßschritte in der gewünschten Weise auszu-
führen, muß das Übertragungsmedium zuerst einmal ein guter Photoleiter sein. Physikalisch muß man dabei zwei Prozesse unterscheiden:
Die Erzeugung von beweglichen Ladungsträgern durch Licht und deren
Transport durch den Photoleiter [1.21]. Einfallende Lichtquanten von
ausreichender Energie heben zunächst ein Elektron in das Leitungsband
unter Bildung eines Lochs im Valenzband. Die restliche kinetische
Energie des Photons, die nach der Anregung verbleibt, reicht im allgemeinen nicht aus, um die angeregten Ladungsträger entgegen ihrer
gegenseitigen Coulomb-Anziehung zu trennen. Neben der thermischen
Energie erzeugt erst das von außen angelegte elektrische Feld frei be-
wegliche Ladungsträger. Ohne Feld erfolgt eine baldige Rekombination. Hieraus läßt sich die ausgeprägte Abhängigkeit des Quantenwir-

kungsgrades vom angelegten Feld und von der Energie des einfallenden Photons ableiten (Onsager-Theorie [1.22]). Bild 1.11 zeigt die
Verhältnisse bei Selen. Die spektralen Empfindlichkeiten der lichtin-

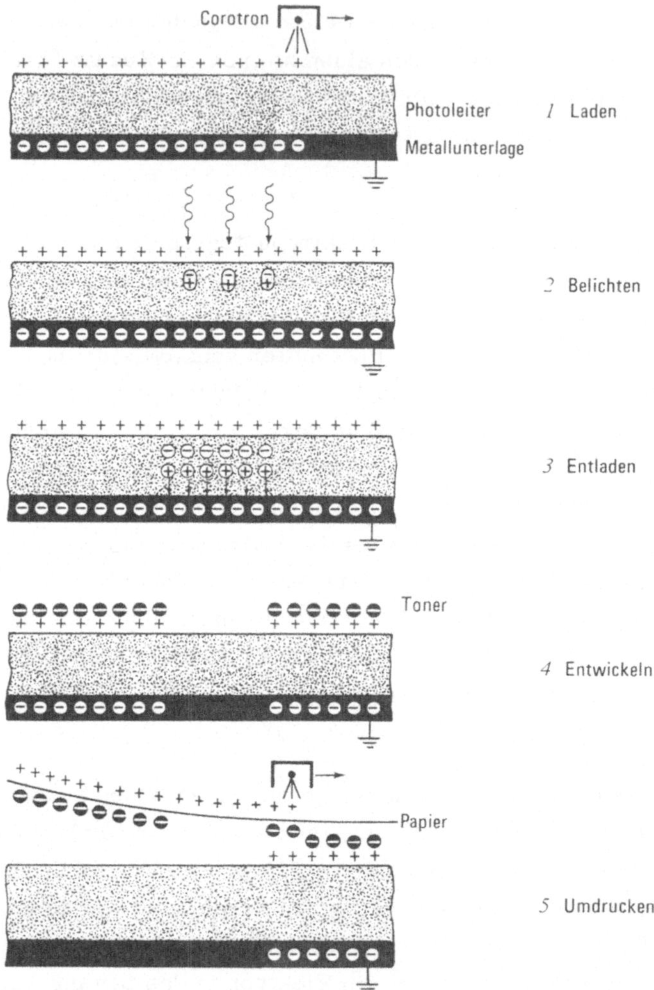

Bild 1.10. Die Prozeßschritte beim elektrophotographischen Umdruck.
In einem Kopiergerät ist der Photoleiter meist auf einer rotierenden
Trommel aufgebracht und läuft periodisch an den Prozeßstationen vor-
bei. Zur Entwicklung (Schritt 4) werden elektrisch geladene Farbpar-
tikel (Toner) aus einem Vorratsbehälter in enge Berührung mit der
Photoleiteroberfläche gebracht. Die (negative) Ladung an der Grenz-
fläche Metallunterlage/Photoleiter wird durch Influenz von der aufge-
sprühten (positiven) Ladung erzeugt

duzierten Ladungsträgererzeugung entsprechen erst für große angelegte Felder der spektralen Lage der optischen Absorptionskante. Bild
1.12 zeigt den spektralen Verlauf des Quantenwirkungsgrades der Ladungsträgererzeugung einiger elektrophotographischer Photoleiterma-
terialien.

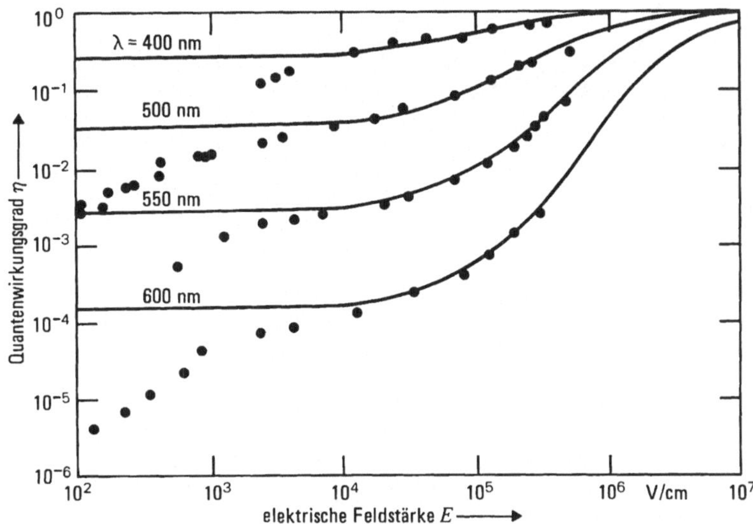

Bild 1.11. Zahl der pro einfallendem Lichtquant zum Transport frei-
gesetzten Ladungsträger (Quantenwirkungsgrad) in Abhängigkeit vom
angelegten Feld für verschiedene Lichtwellenlängen λ. Die Meßpunk-
te wurden durch die Lichtentladung einer positiv geladenen Selenschicht (44 μm dick) ermittelt, analog zum Schritt 2 des Bildes
1.10. Die ausgezogenen Kurven entsprechen der Onsager-Theorie.
Nach [1.22]

In Kopiergeräten arbeitet man überlicherweise zur Belichtung im Wel-
lenlängenbereich starker Lichtabsorption. Dies hat zur Folge, daß die
Ladungsträger in einer dünnen Schicht ($\leqslant 1$ μm) unter der Oberfläche
erzeugt werden. Im elektrischen Feld, das von der Aufladung ausgeht,
läuft deshalb nur eine Ladungsträgersorte den Weg durch die Schicht
zur Unterlage, während die andere an der nahen Oberfläche die auf-
sitzende entgegengesetzte Ladung neutralisiert (Bild 1.13). Der Transport durch die Schicht und damit deren Entladung ist nun in hohem Maße von den im Material vorhandenen Haft- und Rekombinationszentren,
also den in Abschn. 1.1.3 besprochenen Defekten, kontrolliert. Zunächst muß man durch die Polarität der Aufladung dafür sorgen, daß

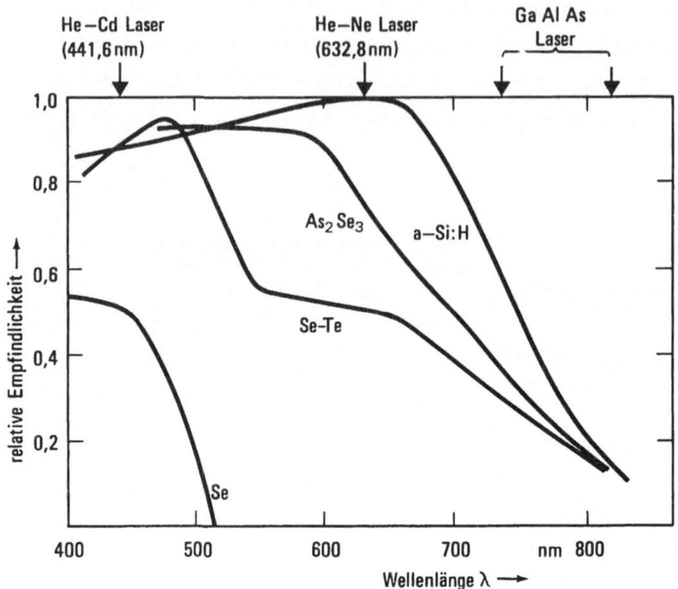

Bild 1.12. Quantenwirkungsgrad der Photoleitung einiger elektrophotographischer Photoleiter in Abhängigkeit von der Wellenlänge des einfallenden Lichts. Das anliegende elektrische Feld von $E = 1,5 \cdot 10^5$ V/cm soll die Paar-Rekombination und die Transportverluste möglichst klein halten. Nach [1.23]

diejenigen Ladungsträger den Transport durch die Schicht übernehmen, die die größere Beweglichkeit aufweisen. Da dies bei den Chalkogeniden die Löcher sind, muß man die Photoleiteroberfläche positiv aufladen.

Ein Maß für den Einfang von Ladungsträgern in tiefen Hafstellen ist die Ladungsträgerlebensdauer τ. Wenn diese kleiner als die Transitzeit (10^{-6} bis 10^{-3} s) ist, erfolgt nur eine teilweise Entladung des Photoleiters. Die Schichtdicke sollte also nicht größer sein als der effektive Schubweg ($\mu \tau E$) beim wirksamen Feld E. Beim Fortschreiten der Entladung verkleinert sich das Feld unvermeidlich, so daß der effektive Schubweg immer kürzer wird. Trotz intensiver Belichtung verbleibt also stets ein sogenanntes Restpotential.

Eingefangene Ladungsträger sind aber auch deshalb unerwünscht, da sie Nachwirkungseffekte, wie z.B. Geisterdruck, verursachen. Eine wesentliche Forderung an einen geeigneten elektrophotographischen

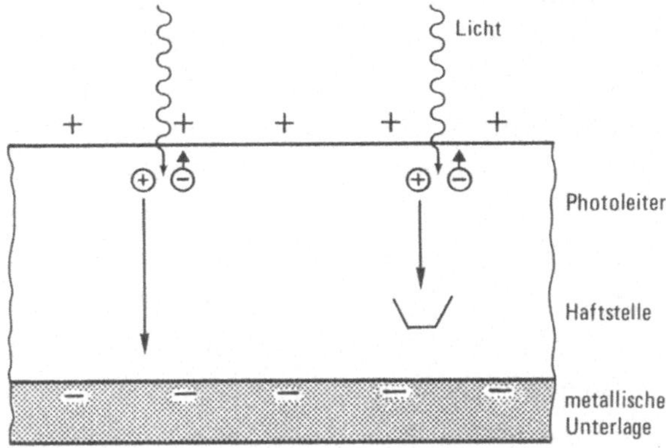

Bild 1.13. Lichtentladung eines elektrophotographischen Photoleiters.
Die Absorption und Ladungsträgererzeugung erfolgt direkt unter der
Oberfläche. Im elektrischen Feld der aufgebrachten positiven und in-
fluenzierten negativen Gegenladung rekombinieren die Elektronen mit
der Oberflächenladung, während die Löcher durch den Photoleiter zu
laufen versuchen. Von Haftstellen eingefangene Ladungsträger verweilen dort je nach deren energetischer Tiefe verschieden lange

Photoleiter ist also eine möglichst niedrige Konzentration an Haftstellen. Während das meist verwandte Selen diese Forderung ausreichend
gut erfüllt, muß man bei As_2Se_3 durch geeignete Nachbelichtungen
bei zyklischem Kopierbetrieb für einen Abbau der inneren Raumladungen sorgen. Die Driftbeweglichkeit der Ladungsträger muß nur so groß
sein, daß die Lichtentladung während der Prozeßzeit zum Abschluß
kommt. Hierfür reichen Beweglichkeiten von 10^{-5} $cm^2/V\,s$ meist
aus.

Die relativ lange Prozeßdauer im Kopierer von einigen Sekunden erfordert vom Photoleiter die Fähigkeit, die aufgesprühte Ladung und
das daraus belichtete Ladungsmuster entsprechend lange zu bewahren
(Aufladefähigkeit). Aus diesem Grunde genügt es für das Übertragungsmedium nicht, nur ein guter Photoleiter zu sein, sondern es
muß eine Reihe weiterer Eigenschaften besitzen [1.24].

Damit die Ladungen an den unbelichteten Stellen ortsfest auf der Oberfläche verbleiben, müssen dort lokalisierte Zustände in ausreichender Zahl und ausreichender energetischer Tiefe vorhanden sein. Von
diesen Zuständen darf weder eine Injektion (im Dunkeln) in das Volumen erfolgen, noch dürfen Ladungen entgegengesetzten Vorzeichens

aus dem Volumen mit den lokalisierten Ladungen rekombinieren. Diese Forderungen werden von Selen und seinen Legierungen ganz erstaunlich gut erfüllt. So lassen sich auf einer Selenschicht z.B. $4 \cdot 10^{11}$ Elementarladungen pro cm^2 mit einer Ortsauflösung von 10 Linienpaaren/mm ca. 10 min lang speichern. Die Oberflächenzustände müssen durch eine Art Formierung an Luft entstehen. Weiter sorgt die relativ große thermische Anregungsenergie zur Erzeugung beweglicher Ladungsträger ($E = 1,15$ eV) für eine sehr kleine Ladungsträgerzahl, die zur Rekombination mit den Oberflächenladungen zur Verfügung stehen. Letzteres äußert sich auch in einem recht großen Dunkelwiderstand in der Größenordnung von 10^{16} Ω cm. Man verwendet als leitenden Träger für elektrophotographische Schichten Aluminium, dessen (leicht zu verstärkende) Oxidhaut als wirksame Injektionsbarriere gegen Elektronen dabei genutzt wird.

Um eine saubere, untergrundfreie elektrophotographische Kopie zu erhalten, muß der Photoleiter auf seiner ganzen Fläche sehr homogen sein und eine spiegelnd glatte Oberfläche besitzen. Da sich diese wichtige Forderung mit den amorphen Halbleitern von ihrer homogenen Struktur her ideal erfüllen läßt und sie zudem noch durch Aufdampfen großflächig hergestellt werden können, stehen sie bis heute an erster Stelle aller elektrophotographischen Photoleiter.

Die Flexibilität in den Eigenschaften dieser Stoffgruppe macht eine Reihe von technischen Weiterentwicklungen möglich. Neben Photoleitern für immer schnellere Kopiergeräte benötigt man für Farbkopierer panchromatische Photoleiter. Für nichtmechanische Höchstleistungsdrucker an Datenverarbeitungsanlagen (Laserdrucker) besitzt man mit dem stark vernetzten und rotempfindlichen (für He-Ne-Schreiblaser) As_2Se_3 einen derart abriebfesten Photoleiter, daß man mehrere Millionen Blatt mit einer Photoleitertrommel drucken kann. Weiterentwicklungen zielen auf eine Photoleiterempfindlichkeit im nahen Infrarot, um mit Festkörperlaserdioden, die bei ca. 850 nm Lichtwellenlänge strahlen, in einem kleinen kompakten Gerät schreiben zu können.

Da die amorphen Halbleiter Photoleitung auch bei Röntgenstrahlung zeigen, arbeitet man zur Anfertigung von Aufnahmen medizinischer Durchstrahlungen an einem elektroradiographischen Verfahren, das

den Silberbromidfilm ersetzen könnte. Das Ladungsbild, das man auf
einer relativ dicken (bis zu 500 μm) Selenschicht erhält, kann wie
beim Bürokopierer mit geladenem Toner auf Papier oder transparente
Folie übertragen werden (Xeroradiographie in [1.G]).

In jüngster Zeit bemüht man sich auch, Schichten aus amorphem Silizium für elektrophotographische Anwendungen zu entwickeln. Die
relativ gute Beweglichkeit beider Ladungsträgersorten, die Photoleitung im ganzen sichtbaren Spektralbereich, die Abriebfestigkeit und
Ungiftigkeit lassen die Anwendung von a-Si:H in der Elektrophotographie interessant erscheinen. Hauptpunkt der Entwicklung bei diesem Material ist die Herstellung von Injektionsbarrieren an beiden
Grenzflächen, um eine stabile Aufladefähigkeit über längere Zeit zu
gewährleisten. Mit dünnen Deck- und Grundschichten aus Siliziumnitrid und speziellen Dotierungen an Ober- und Unterseite versucht
man derzeit, brauchbare Photoleiter aus a-Si:H für die Elektrophotographie zu entwickeln [1.23].

Neben diesen anorganischen amorphen Materialien haben auch organische Polymere als Photoleiter Anwendung in der Elektrophotographie
gefunden [1.25]. Wegen mancher Ähnlichkeit der Eigenschaften zu den
amorphen Halbleitern sollen die organischen leitfähigen Substanzen
hier kurz erwähnt werden. Diese Polymere besitzen ebenfalls keine
Fernordnung im molekularen Aufbau und der elektrische Transport
ist stark durch Ladungsträgerhaftstellen begrenzt. Die kostengünstige
Herstellung großflächiger organischer Folien, die man um eine Trommel spannen kann, hat diesen Materialien heute einen Anteil von ca.
10% bei Elektrophotographiegeräten gesichert.

Unter der Vielzahl organischer Photoleiter wird der Ladungsübertra-
gungskomplex (charge transfer complex) aus Trinitrofluorenon (TNF,
Akzeptor) mit Polyvinylkarbazol (PVK, Donator) am häufigsten eingesetzt. Der Quantenwirkungsgrad der Ladungsträgererzeugung durch
Licht bei diesem Material ist feldabhängig und liegt im Mittel nur bei
0,15. Der Ladungsträgertransport erfolgt elektronisch und je nach
dem Mischungsverhältnis TNF:PVK vorwiegend durch Elektronen
oder vorwiegend durch Löcher. Wie bei allen organischen Halbleitern
ist die Ladungsträgerbeweglichkeit sehr klein. Wegen der relativ langen Zeitspanne zwischen den elektrophotographischen Prozessen 2

und 5 (Bild 1.10) von ca. 1s sind jedoch solche Materialien hier noch einsetzbar. Bei der meist verwendeten Zusammensetzung von 1 mol TNF auf 1 mol PVK betragen die (feldabhängigen) Driftbeweglichkeiten $5 \cdot 10^{-7}$ cm^2/V s für Elektronen und $5 \cdot 10^{-9}$ cm^2/V s für Löcher bei einem Feld von $5 \cdot 10^5$ V/cm.

1.2.2 Schalt- und Speicherbauelemente

Hierbei handelt es sich um zweipolige Bauelemente [1.26], die aus einer ca. 1 μm dicken Schicht eines Chalkogenidhalbleiters zwischen zwei Elektroden bestehen. Diese Bauelemente schalten nach Erreichen einer Schwellenspannung U_S von einem hochohmigen in einen niederohmigen Zustand um. Man unterscheidet zwei Sorten. Die einen gehen nach Unterschreitung eines minimalen Haltestroms wieder in den hochohmigen Zustand zurück (reversibler Schwellwertschalter, threshold switch), die anderen behalten auch nach Abschaltung den niederohmigen Zustand bei (Schwellwertschalter mit Speicherwirkung, memory switch). Bild 1.14a zeigt die Strom-Spannungs-Kennlinie eines reversiblen Schwellwertschalters. Das Widerstandsverhältnis zwischen EIN und AUS beträgt typischerweise 10^7. Die Übergänge erfolgen im I-U-Diagramm auf Geraden, die durch den Lastwi-

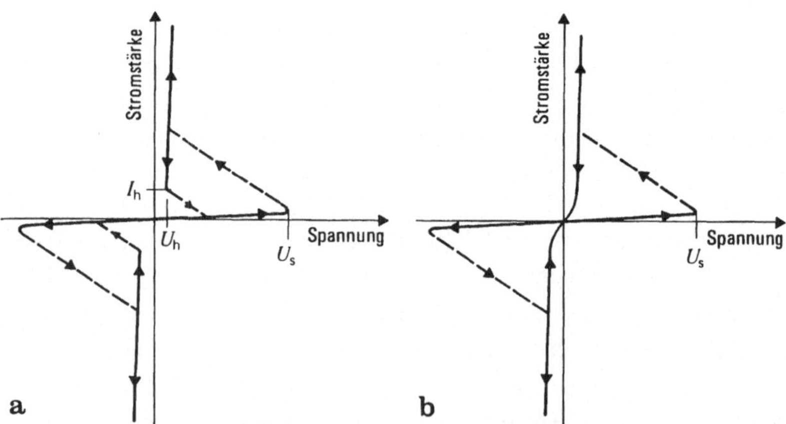

Bild 1.14. Schalteffekte in Chalkogenidhalbleitern. Die gestrichelten Kurventeile werden nur in einer Richtung durchlaufen (Schaltsprung). U_s Schaltspannung ($\approx$ 15 V), U_h Haltespannung ($\approx$ 1,5 V), I_h minimaler Haltestrom ($\approx$ 0,5 mA). a) reversibler Schwellwertschalter; b) Schwellwertschalter mit Speicherwirkung. Nach [1.27]

derstand gegeben sind. Bemerkenswert ist die außerordentlich kurze
Durchbruchszeit von ca. 0,5 ns. Für das aktive Material dieses Bau-
elements wird ein großer Anteil (ca. 60%) von vier- und dreiwertigen
Elementen (Si, Ge, As, P) verwendet, um den restlichen Anteil an
Chalkogenatomen stark zu vernetzen. So erhält man ein gegenüber
Kristallisation stabiles amorphes Bauelement. Ein typisches Material
ist $Te_{39}As_{36}Si_{17}Ge_7P$ [1.26].

Der Strom im EIN-Zustand fließt in dünnen ($\approx$ 10 μm Durchmesser)
Kanälen von Elektrode zu Elektrode mit einer konstanten Stromdichte
von ca. $2 \cdot 10^4$ A/cm^2. Bei Stromänderung variiert der Kanalquer-
schnitt [1.26]. Ein zentrales Problem ist der Einfluß joulscher Wärme, die zur Zerstörung des Bauelements führen kann [1.28]. Dieser
thermische Effekt konnte von S. R. Ovshinsky durch geeigneten Bau-
elementeaufbau bis auf unwesentliche Temperaturerhöhungen unterdrückt werden. Entscheidend für die Wärmeabfuhr ist eine nicht zu
große Dicke der Halbleiterschicht (≤ 1 μm). Aus dem gemessenen
Durchmesser der Stromkanäle errechnet man bei dünnen Bauelementen eine maximale lokale Erwärmung im EIN-Zustand von 60 K [1.26].
Die Wärme wird über die Elektroden abgeführt.

Der von thermischen Einflüssen befreite rein elektronische Schalteffekt wird durch Auffüllung von Haftstellen erklärt. Starke Felder im
Bereich der Elektroden regen eine so große Ladungsträgerzahl an,
daß die geladenen D^+- und D^--Haftstellen aufgefüllt werden und die
nachfolgenden Ladungsträger die Probe ungehindert durchlaufen können (Trapsättigung). Der Schalteffekt beruht also auf einer sprunghaf-
ten Änderung der Ladungsträgerlebensdauer [1.26].

Im Modell der fluktuierenden Potentiale (s. Abschn. 1.1.1) versteht
man den elektronischen Schalteffekt durch das Auffüllen der Leitungs-
bandminima und Valenzbandmaxima durch injizierte Ladungsträger (s.
Band 3, Abschn. 2.5). Sobald die Auffüllung die Mindestenergien
E_C' und E_V' überschreitet, steigt die Leitfähigkeit sprunghaft an.

Wenn neuere Ergebnisse den gleichen Schalteffekt auch in Materialien
gezeigt haben, die keine Chalkogene enthalten [1.29], so führen chal-
kogenhaltige Materialien doch bislang zu der größten Stabilität und Zu-
verlässigkeit mit bis zu 10^{14} Schaltzyklen. Man führt dies auf die Exi-

stenz der einsamen Elektronenpaare zurück, bei denen Besetzungsänderungen nicht die Valenzbindungen und damit den Zusammenhalt des Netzwerks aufbrechen.

Bei den speichernden Bauelementen beruht der Schalteffekt nun nicht auf elektronischen, sondern auf temperaturinduzierten strukturellen Änderungen im Halbleitermaterial [1.27]. Man erhält eine bistabile Struktur durch einen niedrigeren Anteil an vernetzenden drei- oder vierwertigen Elementanteilen im Chalkogenidhalbleiter. Bevorzugte Materialzusammensetzungen sind Ge-Te- und Se-Te-Mischungen. Die Funktion dieser Schalter wird aus dem Widerstands-Temperatur-Diagramm (Bild 1.15) deutlich. Ausgehend vom hochohmigen amorphen Zustand bei Raumtemperatur erfolgt bei ca. 250 °C eine Strukturumwandlung mit einem starken Widerstandsabfall. Im Material findet man nun feine, kristalline Tellurnadeln großer Leitfähigkeit, eingebettet in die amorphe Matrix (s. Band 3, Abb. 8.25/4). Dies ist der EIN-Zustand. Nach dem Schmelzen kann man nun je nach Abkühlgeschwindigkeit zwei verschiedene Wege zurück zur Raumtemperatur ge

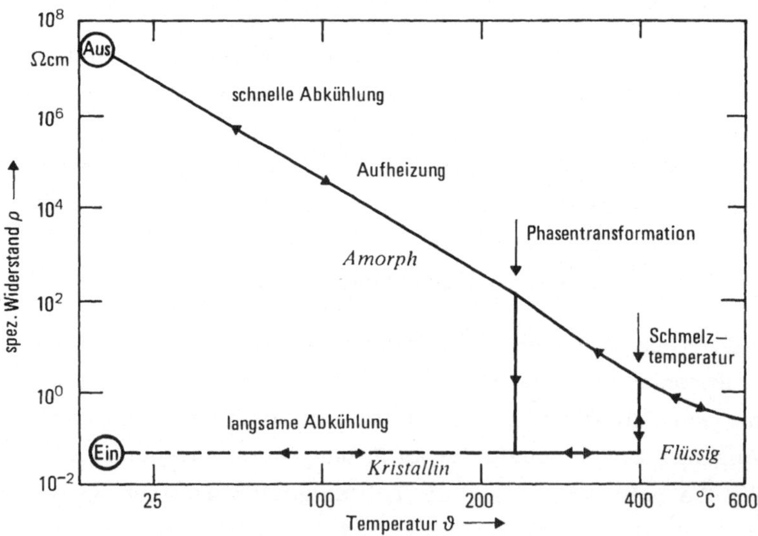

Bild 1.15. Widerstands-Temperatur-Diagramm eines Chalkogenidmaterials mit reversibler Phasentransformation. Je nach Abkühlgeschwindigkeit erhält man die niederohmige EIN-Phase oder die hochohmige AUS-Phase. Die Temperaturskala ist linear in 1/T aufgetragen. Nach [1.27]

hen: Langsames Abkühlen ($\leqslant$ K/min) führt zum kristallinen Zustand
(EIN), schnelles Abkühlen ($>$ 25 K/min) erzeugt den amorphen Zustand (AUS). Die I-U-Kennlinie für langsames Abschalten ($\approx$ 10 ms)
ist in Bild 1.14b gezeigt. Mit einem schnellen Abschaltimpuls kann
man wieder den AUS-Zustand einstellen. Zum Auslesen des Schaltzu-
standes legt man Spannungsimpulse mit kleinerer Amplitude als die
Schwellwertspannung U_S an. Wegen der relativ langen Einschreibim-
pulse ($\approx$ 10 ms) sind diese Speicherbauelemente als sogenannte read-
mostly-Speicher (RMM) gedacht.

Baut man eine dünne Schicht dieses elektrisch schaltbaren Materials
in einen integrierten Schaltkreis mit ein, so ermöglicht dies eine
nachträgliche elektronische Verdrahtung am fertigen Bauelement.

Eine spezielle vorteilhafte Eigenschaft aller amorphen Halbleiter, ihre Unempfindlichkeit gegen ionisierende Strahlung, zeichnet auch diese Schaltbauelemente gegenüber den kristallinen Halbleiterbauelementen aus. Die hier beschriebenen Schaltelemente und einige weitere Varianten haben bis heute nur in Sonderfällen in Datenverarbeitungsanlagen und zur Steuerung von Kopiergeräten Einsatz gefunden (bislang
einziger bekannter Hersteller: ECD, Firma des Erfinders Ovshinsky).

1.2.3 Lichtinduzierte Effekte und ihre Anwendungen

Eine Besonderheit amorpher Stoffe - insbesondere der Chalkogenidhalbleiter - gegenüber kristallinen Stoffen ist die Möglichkeit, meta-
stabile Strukturen zu bilden. Da diese häufig in enger Wechselwirkung
mit der Besetzung elektronischer Zustände (Abschn. 1.1.3) stehen,
ergibt sich die Möglichkeit vielfältiger durch Licht bewirkter Effekte.
Bei Belichtung, deren Photonenenergie mindestens der Bandlücke
entspricht, wurden Änderungen der optischen Absorption, des Bre-
chungsindex, des Dichroismus, des Volumens, der Kristallisations-
geschwindigkeit, der Mikrohärte, der chemischen Löslichkeit, der
Verdampfungsrate, der chemischen Zusammensetzung, der Photoleitung und der Röntgenbeugung [1.30-1.33] gefunden.

An frisch hergestellten Dünnschichtproben mit ihrer vom Gleichgewicht deutlich abweichenden Struktur findet man durch Lichtbestrahlung (und auch durch Temperaturbehandlung [1.34]) relativ große Ef-

fekte, die jedoch meist nicht umkehrbar sind (irreversibel). An getemperten Proben sind die lichtinduzierten Effekte kleiner, dafür können sie aber häufig durch Temperaturbehandlung rückgängig gemacht werden (reversibel).

Diese durch Licht erzeugbaren Eigenschaftsänderungen haben wegen ihrer möglichen technischen Anwendungen besonderes Interesse hervorgerufen. Es besteht die Aussicht, ein löschbares optisches Speichermedium zu gewinnen, silberfreie photographische Aufzeichnung zu erzielen und einen Photoresist für den Submikronbereich zu erhalten. Die zugrundeliegenden drei wichtigsten Effekte werden im folgenden beschrieben.

a) Lichtinduzierte Transmissionsänderung (photodarkening)

Die Abnahme der optischen Transmission bei einer festen Lichtwellenlänge, die man bei Lichtbestrahlung an zahlreichen amorphen Chalkogenidhalbleitern (z.B. Se, As_xSe_y, As_xS_y, $Ge_{10}As_{40}Se_{50}$ [1.30]) beobachtet, kann auf eine Verschiebung der Absorptionskante zu längeren Wellenlängen zurückgeführt werden. Bild 1.16 zeigt ein Beispiel. Die reversible Rotverschiebung entspricht einer Verkleinerung der optischen Energielücke bei dem dargestellten Material ($As_{40}Se_{50}Ge_{10}$) von 0,13 eV. Die erstmalige irreversible Bandkantenverschiebung durch Licht an frisch hergestellten Schichten ist größer und beträgt z.B. bei As_3Se_2 0,19 eV [1.31].

Der Betrag des Effekts und der Anteil, der reversibel ist, wächst mit zunehmendem As-Gehalt in den Stoffgruppen As-S und As-Se. Bestrahlt man ca. 1 μm dicke, getemperte Schichten mit einem He-Ne-Laser (λ = 633 nm), so erhält man nach einigen Minuten eine Transmissionserniedrigung für das gleiche Licht auf 40% bei As_2Se_3, auf 30% bei AsSe und auf 10% bei As_3Se_2 [1.35]. Die erforderliche Belichtung ist für Anwendungen recht hoch und beträgt einige J/cm^2. Nach kurzer Erwärmung der Proben auf 150 bis 170 °C stellt sich die ursprüngliche Transmission wieder ein. Beschränkt man sich auf irreversible Transmissionsänderung, so erhält man an frischen Schichten (z.B. aus As_3Se_2 [1.31]) einen sehr großen Quotienten der Transmissionen vor und nach der Belichtung.

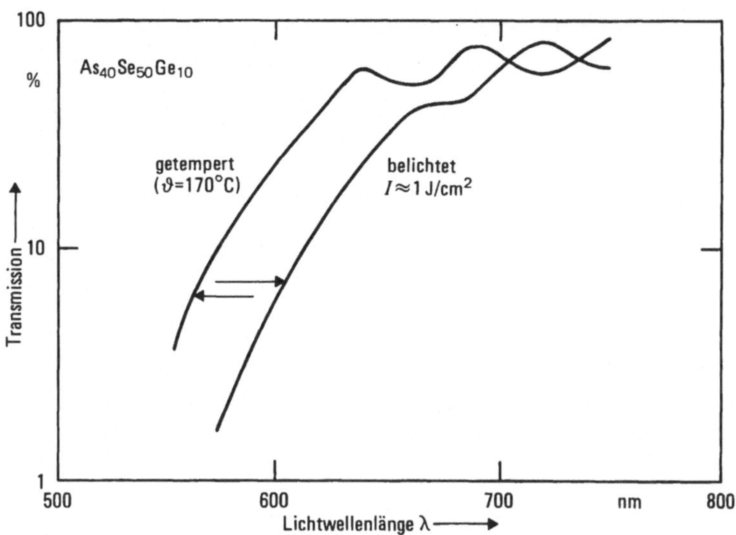

Bild 1.16. Lichttransmission einer Chalkogenidschicht (0,9 μm dick)
in Abhängigkeit von der Lichtwellenlänge und der Vorgeschichte.
Kräftige Belichtung verschiebt die Absorptionskante zu größeren Wellenlängen und Temperung versetzt sie wieder zurück. Bei monochro-
matischer Betrachtung erhält man eine gut sichtbare Transmissions-
variation. Nach [1.35]

Eine mit der Transmissionsänderung verbundene lichtinduzierte Brech-
zahländerung Δn (irreversibel $\leqslant$ 0,3 und reversibel $\leqslant$ 0,24 [1.31])
wurde für die Speicherung optischer Phasenhologramme erprobt. Es
wurden Wirkungsgrade beim Auslesen von 20% gemessen.

Bei der Erklärung der lichtinduzierten Transmissionsänderung muß
man von der - wenn auch kleinen - gleichzeitigen Strukturvariation
ausgehen, die mit Röntgenbeugung nachgewiesen werden konnte [1.30].
Für die weitere Interpretation gibt es verschiedene Modelle. Berkes
et.al. [1.36] konnten ihr Modell der lichtinduzierten As-Ausschei-
dung und anschließender Clusterbildung durch nachgewiesene Oxida-
tionsprodukte des As erhärten. Demgegenüber nehmen andere Autoren
eine bloße Änderung der Atomanordnung an, die Tanaka [1.32] als
lichtinduzierte Zunahme der Strukturunordnung versteht und de Neufville
[1.30] als Photopolymerisation einer usprünglich aus Molekülen kon-
densierten Schicht interpretiert. Averianov et.al. [1.37] gelang es,
einen modellmäßigen Zusammenhang zwischen den gefundenen Effekten
in ihrer Abhängigkeit von Temperatur und As-Gehalt und der Konzen-

tration geänderter Valenzen an den Selenatomen D^+, D^- (s. Abschn.
1.1.3) aufzustellen. Die Ergebnisse von Averianov et.al. deuten bei
Proben mit mehr als 40% As allerdings auch auf As-Ausscheidungen
nach der Belichtung hin.

b) Photokristallisation

In speziellen Chalkogenidmaterialien können durch Lichtbestrahlung
Transformationen von der amorphen zur kristallinen Phase ausgelöst
werden. Ob es sich dabei um einen rein thermischen oder einen wirklich durch Photonen induzierten Prozeß handelt, ist umstritten. Die
entstehenden Kristallite bewirken einen wesentlich größeren Kontrast
bei Transmission oder Reflexion als im zuvor beschriebenen Fall.
Zum Einschreiben genügen Belichtungen in der Größenordnung
10^{-3} J/cm^2 und Belichtungszeiten von Mikrosekunden.

In tellurreichen Materialien (z.B. $Te_{80}Ge_{15}As_5$) ist sogar eine Lö-
schung, d.h. Re-amorphisierung der kristallisierten Bereiche durch
Aufheizung (z.B. mittels Laserstrahl) über den Schmelzpunkt und rasche Abkühlung (wenige Nanosekunden) möglich. Damit eröffnet sich
die Chance eines löschbaren optischen Datenspeichers. Das Speicher-
material rotiert dabei als Beschichtung auf einer Scheibe vor einem
modulierbaren Laserstrahl. Die durch Laserpulse in Punkten einge-
schriebene Information wird mit verminderter Laserintensität über
einem Photodetektor ausgelesen [1.27]. Die Speicherdichte wird nur
durch die optische Auflösung begrenzt und ist mit 10^7 bis 10^8 bit/cm^2
eine Größenordnung größer als bei der heutigen Speicherung auf Mag-
netplatten. Die mögliche Datenrate von 10^8 bit/s übertrifft ebenfalls
das entsprechende magnetische System.

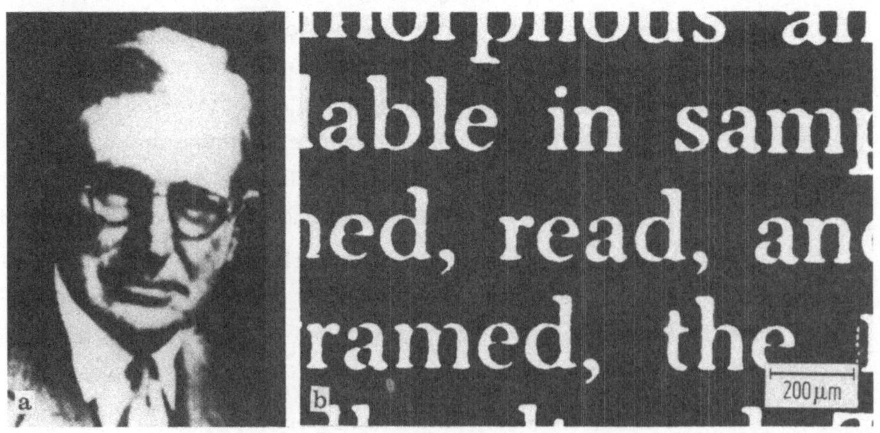

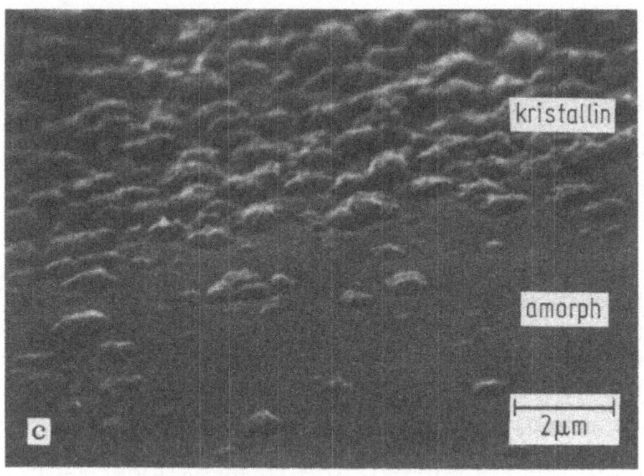

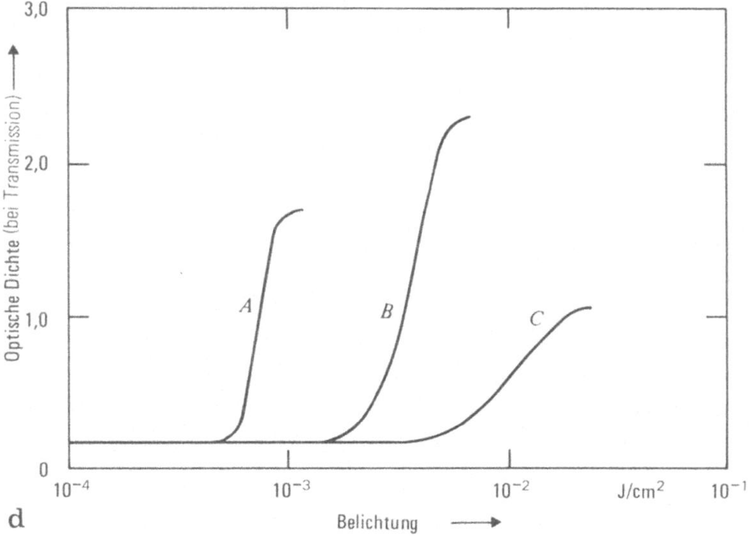

Bild 1.17. Lichtinduzierte Kirstallisation. a) zeigt eine "weichere"
und b) eine "härtere" Aufnahme (microfiche), die durch Belichtung
mit 10^{-2} J/cm und anschließende kurze Ätzung der lichtempfindli-
chen Tellurmischung entstanden sind. Nach [1.27]; c) Grenze zwischen belichteter und unbelichteter Stelle. Die belichteten Stellen
streuen das Licht wegen der durch Kristallisation verursachten Ober-
flächenrauhigkeit; d) Schwärzungskurven dreier verschieden präpa-
rierter Aufnahmematerialien aus $Se_{95}S_5$. c) und d) nach [1.38].
Die Aufnahmen wurden freundlicherweise von P. H. Klose (Energy
Conversion Devices, Troy, Michigan USA) zur Verfügung gestellt

Eine kommerzielle Anwendung scheiterte bisher an den Zweifeln über
die wirklich zuverlässige Reversibilität, d.h. vollständige Löschbar-
keit der Information in diesen Materialien. Überdies liegen die
Schwellwerte der Belichtung für Schreiben und Löschen meistens so
nahe beieinander, daß ein zuverlässiger Betrieb bis heute nicht gewährleistet scheint.

In einer zweiten Stoffgruppe wird die starke Kristallisationsneigung
des amorphen Selens ausgenutzt, um durch lichtinduzierte Kristallisation eine photographische Bildaufzeichnung zu erzielen. Auf ca.
0,5 μm dünnen Schichten aus z.B. $Se_{95}S_5$ kann man durch Lichtbestrahlung eine Kristallkeimbildung auslösen, die zu merklicher Licht-
streuung führt. Sowohl in Transmission als auch in Reflexion erhält
man eine Lichtabschwächung um den Faktor 2 gegenüber den unbelichteten Stellen, den man durch kurze Erwärmung der Probe zum Kri-
stallitwachstum oder chemische Anätzung auf 1000 erhöhen kann. Die
kleine Kristallitgröße von ca. 2 μm ermöglicht eine Auflösung von
250 Linien/mm. Dieses nichtreversible Verfahren wird für eine silberfreie Photographie und speziell für Mikrofilmaufzeichnung entwik-
kelt [1.38]. Bild 1.17 zeigt Beispiele derartiger Aufnahmen und
Schwärzungskurven.

c) Lichtinduzierte Dotierung (photo doping)

Ein physikalisch noch wenig verstandener Effekt ist der lichtinduzierte
Einbau von Silber in Chalkogenidmaterial (photo doping). Eine dünne
Silberschicht auf einer Chalkogenidunterlage diffundiert an belichteten
Stellen in den amorphen Halbleiter und reduziert dort dessen Löslich-
keit in alkalischen Medien. Die starke Variation der naßchemischen
Löslichkeit, verbunden mit einer sehr scharfen Dotierungsgrenze des
Silbers, lassen ein solches Material als Photoresist zur Strukturie-
rung, z.B. von integrierten Halbleiterbauelementen, vorteilhaft er-
scheinen.

Man verwendet dazu Chalkogenidfilme (z.B. 1 μm Ge_3Se_7), die man
durch Eintauchen in $AgNO_3$-Lösung mit 10 nm Silber bedeckt hat.
Bild 1.18 zeigt im Labor realisierte Prozeßschrittfolgen. Bild 1.18a
zeigt einen photolithographischen Prozeß, bei dem man die ebenfalls
beobachtete Zunahme der alkalischen Löslichkeit bei Belichtung des
reinen amorphen Halbleitermaterials ohne Silber nutzt. Gegenüber

dem herkömmlichen organischen Photoresist erhält man hier durch
Vakuumaufdampfung störungsfreiere Schichten und gleichmäßigere Dik-
ke. Wegen ihrer größeren optischen Absorption können diese Schichten dünner sein als die konventionellen organischen Photoresistbe-
schichtungen.

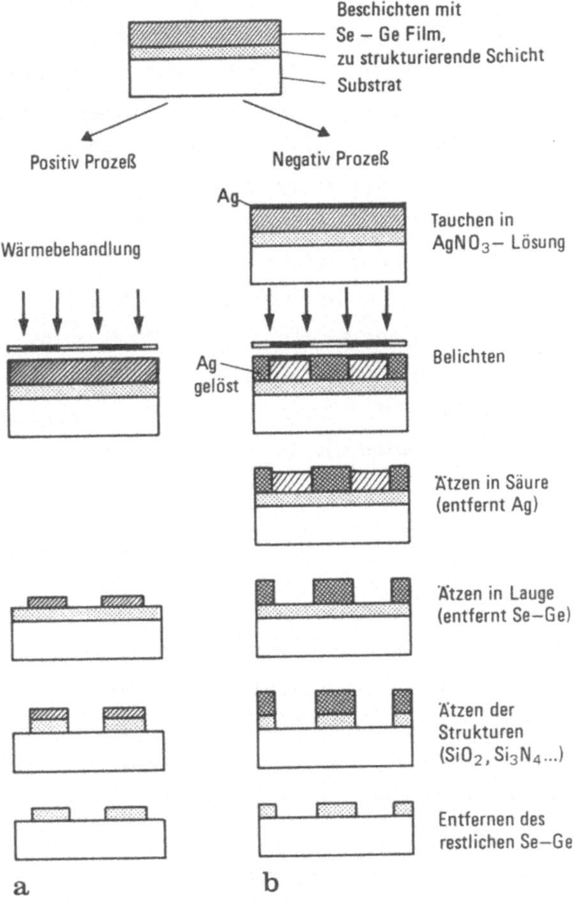

Bild 1.18. Positiver (a) und negativer (b) photolithographischer
Prozeß mit dem amorphen Photoresist $Se_{80}Ge_{20}$. Nach [1.39]

Ein besonders interessanter Aspekt dieser Technologie ist eine Vergrößerung der Steilheit des Übergangs der Silberkonzentration von belichteter zu unbelichteter Stelle gegenüber dem erzeugenden Intensi-
tätsmuster des Lichts. Dadurch gelingt es, mit lichtoptischen Mitteln

Strukturfeinheiten im Submikronbereich auf Halbleiterchips zu erzeugen, die bisher nur mit Röntgen- oder Elektronenstrahllithographie möglich war [1.40]. Man muß hierbei allerdings dafür sorgen, daß das Bauelement nicht ungewollt mit Chalkogenidmaterial dotiert wird.

Es gibt noch eine andere Art der optischen Informationsaufzeichnung in amorphen As-Te-Legierungen, die nicht unmittelbar mit deren Halbleitereigenschaften zusammenhängt, der Vollständigkeit halber aber doch in diesem Abschnitt erwähnt werden soll: In 40 nm dünnen Schichten aus $As_{20}Te_{80}$ kann man durch einen gebündelten Laserstrahl Löcher von der Größe eines Mikrometers einschmelzen. Diese Löcher geben beim optischen Auslesen einen viel größeren Kontrast als die oben erwähnten Transmissionsänderungen, so daß man hier in Verbindung mit der herausragenden Homogenität der amorphen Materialien ein Signal-Rausch-Verhältnis von 45 dB erzielt beim Auslesen eines 8-MHz-Signals [1.41]. Die Materialeigenschaften Viskosität und Oberflächenspannung, die die Schreibempfindlichkeit bestimmen, lassen sich wegen der problemlosen Mischbarkeit mit den Chalkogeniden maßschneidern. Dieses System wird als Videoaufzeichnungsplatte entwickelt [1.41].

1.2.4 Solarzellen aus amorphem Silizium

Die 1975 von Carlson und Wronski bei RCA zum ersten Mal realisierten photovoltaischen Solarzellen aus Glimmentladungssilizium (a-Si:H) lösten lawinenartig den bisher umfangreichsten Entwicklungseinsatz auf dem Gebiet amorpher Halbleiter aus. Ausgangspunkt war einmal die um einen Faktor 20 größere optische Absorption des amorphen Glimmentladungssiliziums gegenüber dem kristallinen. Damit genügt eine dünne Schicht von ca. 0,5 µm Dicke zur weitgehenden Absorption des sichtbaren Sonnenlichts. Hinzu kommt die technologische Möglichkeit, amorphes Silizium in derart dünnen Schichten großflächig herzustellen unter Wahrung der übrigen für eine Solarzelle notwendigen Eigenschaften. Durch Wegfall der Kosten und des Materialverlustes beim Sägen und Polieren, die bei einkristallinen Si-Zellen notwendig sind, erwartet man, daß die Fertigung dieser Dünnschichtzellen um Größenordnungen billiger ist. Auch gegenüber polykristallinen Siliziumzellen besteht ein prinzipieller Kostenvorteil durch die niedrigere

Herstelltemperatur ($\leqslant 300$ °C) und den 20 mal geringeren Siliziumbedarf.

Die Ausnutzung dieser Vorteile in Solarzellen wurde möglich, als es gelungen war, mit a-Si:H einen amorphen Halbleiter mit so niedriger Zustandsdichte in der Bandlücke herzustellen, daß an Grenzflächen eine echte Verarmungsrandzone und damit eine Raumladung entstehen kann. Diese "eingebaute" Raumladung ist mit ihrem elektrischen Feld die treibende Kraft für den Strom einer Solarzelle.

Eingebaute Raumladungen durch pn-Übergänge sind bei den undotierbaren Chalkogenidhalbleitern nicht realisierbar, auch kann sich keine breitere Verarmungsrandzone an Oberflächen ausbilden, da die Defektdichte doch recht groß ($\approx 10^{18}$ cm^{-3}) ist. Effektive Solarzellen aus amorphen Halbleitern bleiben daher bislang auf das defektärmere ($\approx 10^{16}$ cm^{-3}) Material a-Si:H beschränkt. Bis heute liegen die Spitzenwerte experimentell im Labor erreichter Wirkungsgrade mit ca. 8% jedoch noch deutlich niedriger als bei kristallinen Si-Solarzellen (ca. 15%). Die Erreichung eines theoretisch möglichen Wirkungsgrades von 16% erscheint angesichts wachsenden Verständnisses der begrenzenden Mechanismen nicht ausgeschlossen [1.42].

Die ersten Solarzellen aus amorphem Silizium waren als Metall-Halbleiterkontakt (Schottky-Diode) aufgebaut. Die unterschiedlichen Austrittsarbeiten von a-Si:H und einem Metall (meist Platin) führten zu einer Raumladungszone an der Oberfläche der Siliziumschicht, dort wo das Licht absorbiert wurde. Der an sich sehr einfache Aufbau der Schottky-Zelle brachte jedoch einige technologische Schwierigkeiten (um transparent zu sein, muß die Metallelektrode gleichmäßig z.B. 5 nm dünn sein) und erwies sich als Oberflächeneffekt zeitlich nicht stabil.

Inzwischen hat sich allgemein der Zellenaufbau nach dem Schema eines p-i-n-Übergangs durchgesetzt. Die undotierte (intrinsische [1]) i-Zone bildet die eigentliche Absorptionszone und kann in ihrer Breite auf optimale Effektivität der Zelle angepaßt werden. Wie später ge-

---

[1] Obwohl man das undotierte Material als intrinsisch bezeichnet, ist es in Wirklichkeit schwach n-leitend (Bild 1.8).

zeigt werden wir, würde ein einfacher pn-Übergang, bei dem der
Großteil der Absorptionszone kein elektrisches Feld aufweist, wegen
der kleinen Diffusionslänge der Ladungsträger zu einer sehr kleinen
Effektivität führen. Bild 1.19 zeigt schematisch den Aufbau einer
p-i-n-Zelle aus amorphem Silizium. Die stark dotierte n^+-Grund-
schicht sorgt für einen guten elektrischen Kontakt zur metallischen
Grundelektrode. Das Metallsubstrat soll durch Reflexion die optische
Weglänge in der Zelle verdoppeln.

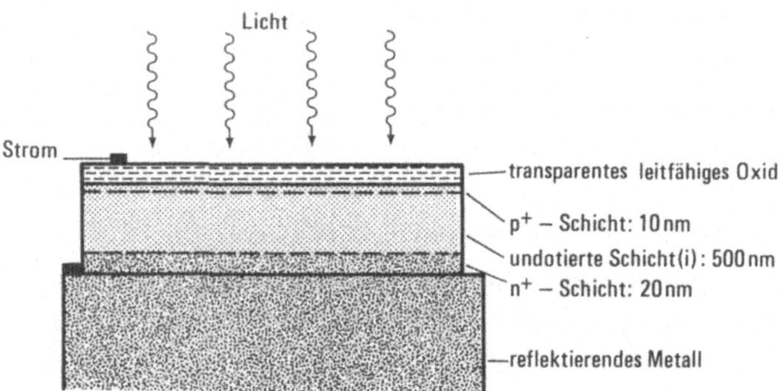

Bild 1.19. Schematischer Querschnitt durch eine Dünnschicht-Solar-
zelle aus amorphem Silizium nach Art eines p-i-n-Übergangs. Nach
[1.42]

Die Leistungsfähigkeit einer Solarzelle spiegelt sich in ihrer Kennlinie wider. Das in Bild 1.20 dargestellte Beispiel einer p-i-n-Zelle
aus amorphem Silizium läßt erkennen, wie die Ausgangsspannung
("Klemmenspannung") der Zelle mit wachsender Stromentnahme absinkt. Die maximal entnehmbare elektrische Leistung ist um den sogenannten Füllfaktor kleiner als das Produkt aus Kurzschlußstrom
(I_{SC}) und Leerlaufspannung (U_0). Da somit die Leistung einer be-
leuchteten Zelle durch das Produkt aus diesen drei Größen bestimmt
ist, soll die physikalische Beschreibung hinsichtlich dieser Größen
erfolgen.

Die Leerlaufspannung entspricht in etwa der Potentialschwelle, die an
den inneren Grenzflächen der Zelle durch die schon erwähnten Raumladungen verursacht werden. Bei Schottky-Dioden mit Platinkontakten
erzielte man Leerlaufspannungen von $U_0 = 0,86$ V. Die Potential-

schwelle am pn-Übergang ist eine Folge des im p- und n-Gebiet durch die jeweilige Dotierung unterschiedlich verschobenen Fermi-Niveaus. Man realisierte maximale Werte von $U_0 = 0,9$ V.

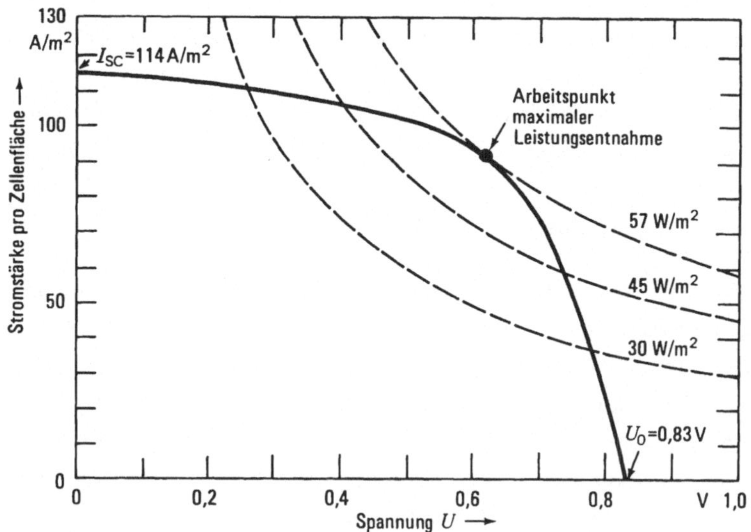

Bild 1.20. Kennlinie einer pin-Solarzelle aus amorphem Silizium. I_{sc} ist der Kurzschlußstrom, U_0 die Leerlaufspannung. Die Solarzelle wurde mit Sonnenlicht von 1000 W/m² Leistungsdichte beleuchtet. Der Wirkungsgrad dieser Zelle von 1,19 cm² Fläche bei Betrieb im Arbeitspunkt maximaler Leistungsentnahme (Füllfaktor 0,6) beträgt 5,7%. Nach [1.42]

Der zweite entscheidende Faktor, der Kurzschlußstrom, wird von den absorbierten Lichtquanten bestimmt. Sieht man von den Reflexionsverlusten ab, so errechnet man für 1000 W/m² Sonneneinstrahlung (typischer Wert für äquatoriale Bereiche) aufgrund des spektralen Absorptionsverlaufs von a-Si:H (E_{opt} = 1,7 eV) in einer 1,5 μm dicken Schicht mit Rückseitenreflexion einen maximalen Kurschlußstrom von 200 A/m² (= 20 mA/cm²), wenn alle absorbierten Lichtquanten ein Ladungsträgerpaar erzeugen und diese auch die Elektroden erreichen. Die tatsächlich stattfindende Rekombination der Ladungsträger, die entweder gleich nach der Erzeugung mit dem Partner (Paar-Rekombination) oder auf dem Weg zur Elektrode an einer Defektstelle geschieht, ist eine der wesentlichen Begrenzungen der Solarzellen aus a-Si:H.

Es hat sich herausgestellt, daß sowohl die Ladungsträgererzeugung als auch insbesondere das Erreichen der Elektroden ganz entscheidend abhängt von der Größe des inneren elektrischen Feldes und seinem Verlauf entlang des Weges der Ladungsträger. Im Gegensatz zum pn-Übergang in kristallinen Photozellen, wo die Ladungsträger aufgrund einer großen Diffusionslänge ($\approx$ 200 μm) die Elektroden auch ohne Feld erreichen, werden bei Solarzellen aus a-Si:H die Ladungsträger hauptsächlich durch das innere elektrische Feld an die Elektroden gezogen (Drift). Die Diffusionslänge der Löcher in a-Si:H ist mit ca. 100 nm so klein, daß die Ladungsträger die Absorptionszone des Lichts ohne elektrisches Feld nicht durchqueren können.

Eine effektive Solarzelle aus amorphem Silizium muß daher in der gesamten Absorptionszone ein gleichmäßig und möglichst großes elektrisches Feld besitzen. Die Größe der Raumladung am pn-Übergang, von der das innere Feld ausgeht, richtet sich nach der Dotierfähigkeit und ist damit um so größer, je kleiner die Zustandsdichte des verwendeten Materials ist. Bild 1.21a zeigt einen p-i-n-Übergang im Bänderschema, das wie üblich als Elektronenpotential gezeichnet ist. In Bild 1.21b ist ein berechneter Feldverlauf für einen 0,5 μm breiten i-Bereich aufgetragen. Das elektrische Feld sinkt nirgends unter 10^4 V/cm, so daß sich für die Löcher ein Schubweg $\mu\tau E$ ($\mu\tau = 3 \cdot 10^{-9}$ cm^2/V [1.44]) von ca. 0,5 μm berechnet, was in der gleichen Größenordnung ist wie die Dicke der Absorptionszone.

Der Füllfaktor amorpher Siliziumsolarzellen, der mit typischerweise 0,5 bis 0,6 deutlich kleiner als 1 ist, folgt aus dem wenig rechteckigen Verlauf der Kennlinie, wie aus Bild 1.20 hervorgeht. Die spannungsabhängige Stromlieferung ist durch den feldabhängigen Schubweg (eventuell auch die Ladungsträgererzeugung) in der i-Zone und durch den Serienwiderstand der Zelle verursacht. Diese Effekte verhindern, daß die Kennlinie wie eine Rechteckkurve verläuft.

Ein Hauptpunkt der weiteren Entwicklung ist die Reduzierung der Defekte im undotierten und insbesondere im dotierten a-Si:H. Dies würde über einen größeren Schubweg zu einem günstigeren Füllfaktor und damit zu höheren Wirkungsgraden führen. Eine Begrenzung der Effektivität dieser Zellen geht auch von der festgestellten Verschlechterung der elektrischen Eigenschaften (Trägerlebensdauer, Schubweg) in den

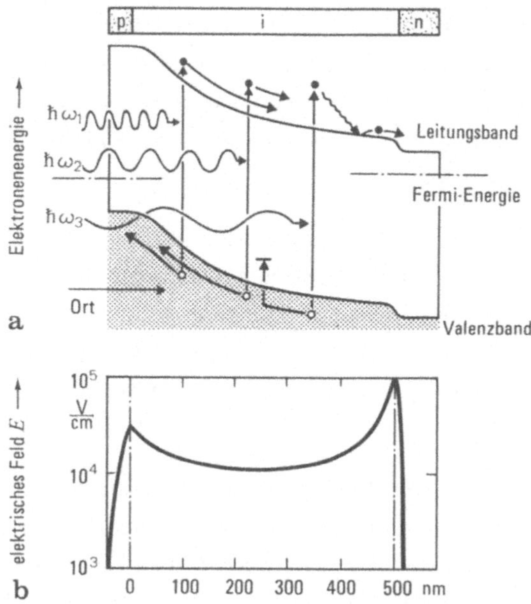

Bild 1.21. a) Schema des Ladungstransports lichterzeugter Elektronen (•) und Löcher (o) im Bändermodell eines p-i-n-Übergangs; b) berechneter Verlauf des durch Raumladung erzeugten elektrischen Feldes (Leerlauffall) in einem p-i-n-Übergang aus amorphem Silizium. Nach [1.43]

dotierten Gebieten, insbesondere im p-Gebiet aus. Der dort absorbierte Lichtanteil führt praktisch zu keinen freien Ladungsträgern. Um diesen Verlust möglichst gering zu halten, wird die p-Zone sehr dünn ($\approx$ 10 nm) ausgeführt. Beleuchtet man die Zelle von der n-Zone her (bei transparenter Grundelektrode), so muß der Großteil der gering beweglichen Löcher den ganzen i-Bereich bis zur Elektrode durchlaufen.

Hier hat nun in jüngster Zeit eine Materialvariation für die p-Zone einen Ausweg eröffnet. Durch das präparativ relativ einfache Mittel der Kohlenstoffzumischung weitet sich die Bandlücke so weit auf, daß in dem dabei entstehenden Material, das SiC genannt wird, praktisch keine Absorption des Sonnenlichts erfolgt. Mit diesem gut dotierbaren Material als p-Schicht erhielt man bis heute die größten Wirkungsgrade an Solarzellen aus amorphem Silizium.

Neben der Materialentwicklung zur Steigerung des Wirkungsgrades stellt die Vergrößerung der Zellenfläche ohne Einbuße an Wirkungsgrad eine wichtige Entwicklungsaufgabe dar. Durch besondere technologische Vorkehrungen konnten bislang Zellen von 100 cm^2 Fläche mit 5% Wirkungsgrad hergestellt werden.

Zur Vergrößerung der Leerlaufspannung stapelten Hamakawa und Mitarbeiter [1.45] mehrere p-i-n-Zellen durch fortgesetzten Niederschlag übereinander in einer Serienschaltung. Durch geschickte Wahl der Dicken der nacheinanderfolgenden i-Zonen gelang es bei einem System aus fünf Zellen, eine Leerlaufspannung von 2,4 V zu erhalten, bei ca. 4% Gesamtwirkungsgrad.

Japanische Hersteller produzieren seit 1982 größere Stückzahlen von Solarzellen aus amorphem Silizium von einigen Quadratzentimetern Größe. Diese Zellen werden in Taschenrechnern und Uhren eingebaut zur Versorgung mit elektrischer Energie. Bei Beleuchtung mit Raumlicht aus Leuchtstoffröhren, das einen größeren Blauanteil aufweist als Sonnenlicht, zeigen die amorphen Solarzellen wegen des größeren optischen Bandabstands von a-Si:H einen etwas größeren Wirkungsgrad als Zellen aus kristallinem Silizium.

1.2.5 Feldeffekttransistor und integrierte Schaltkreise

a-Si:H zeigt wegen seiner relativ niedrigen Zustandsdichte am Fermi-Niveau einen ausgeprägten Feldeffekt [1.46]. Mit einer Feldelektrode induziert man an der Halbleiteroberfläche Ladungsdichten in der Größenordnung von 10^{11} Elementarladungen/cm^2, deren Feld das Leitungsband und Valenzband in Oberflächennähe zu größerer oder kleinerer Energie verbiegen. Positive Spannung an der Feldelektrode (Gate) verbiegt das Leitungsband nach "unten" auf das Fermi-Niveau zu, wodurch die Besetzungsdichte im Leitungsband und damit die Leitfähigkeit in Oberflächennähe stark vergrößert wird (Anreicherungstyp). Der Strom zwischen der Source- und Drainelektrode wird somit durch Spannung an der Feldelektrode gesteuert.

Nach allgemeinem Sprachgebrauch (s. Band 7, Abschn. 1.1) handelt es sich hierbei um einen Feldeffekttransistor mit Steuerung über eine Isolatorschicht (IGFET, isolated-gate field-effect transistor), dessen

Aufbau schematisch in Bild 1.22a aufgezeichnet ist. Transistoren, die
ganz in Dünnschichttechnik aufgebaut sind (TFT), wurden schon früher
mit CdSe- oder polykristallinen Siliziumschichten als aktiver Zone (Ka-
nal) untersucht. Die Dünnschichttechnik bringt besondere Vorteile
überall dort, wo Steuerelemente auf großen Flächen gebraucht werden, die die Abmessungen einkristalliner Siliziumscheiben überschreiten. Eine Matrixansteuerung von z.B. Flüssigkristalldisplays kann
in Dünnschichttechnik in einfacher Weise auf größere Anzeigeelemente
aufgebracht werden.

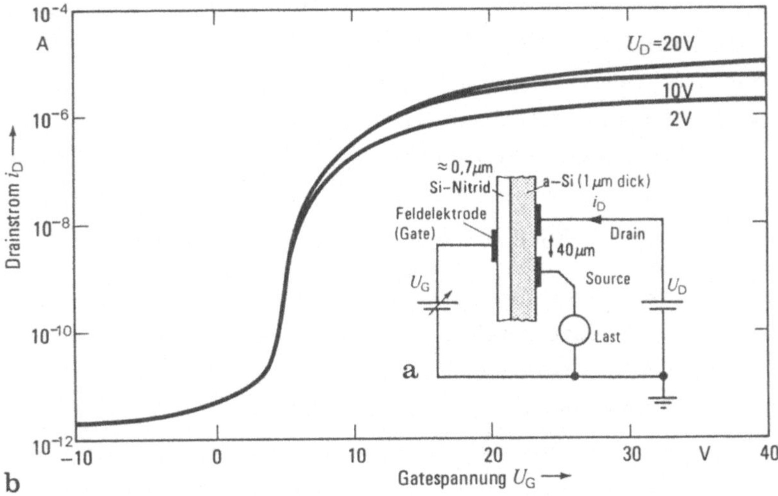

Bild 1.22. Dünnschichtfeldeffekttransistor aus amorphem Silizium.
a) Schema des Aufbaus; die Feldelektrode ist durch eine dielektri-
sche Schicht vom a-Si:H isoliert; b) Kennlinie für verschiedene
Drainspannungen U_D. Nach [1.47]

Einige Schwierigkeiten, die sich aus der Kornstruktur und Instabili-
tät bisher erprobter polykristalliner Dünnschichtmaterialien ergeben
(s. Band 7, Abschn. 2.5), dürften sich durch Verwendung des ho-
mogeneren amorphen Siliziums vermeiden lassen. Ein besonderer
Vorteil des a-Si:H besteht darin, daß seine Herstellung nach dem
prinzipiell gleichen Verfahren geschieht wie zahlreiche andere, insbesondere Isolatorschichten. So kann man im gleichen Reaktor nacheinander, nur durch einen Wechsel der zugeführten Gase, verschie-
denartige Schichten mit dem a-Si:H zusammenstapeln. Hiervon macht

man bei der Herstellung des Feldeffekttransistors vorteilhafterweise
Gebrauch, in dem man als Isolatorschicht Siliziumnitrid in der
Glimmentladung ("Plasmanitrid") direkt auf das a-Si:H nieder-
schlägt. Man erreicht dadurch auch, daß die Zahl der Grenzflächen-
zustände, die den Feldeffekt reduzieren, möglichst klein gehalten
wird.

Bild 1.22 zeigt eine typische Kennlinienschar eines IGFET aus amorphem Silizium, der nach dem abgebildeten Schema aufgebaut ist. Die
zur Aussteuerung notwendigen Gatespannungen liegen in dem für integrierte Schaltkreise heute üblichen Bereich um 15 V. Der AUS-Strom
ist mit 10^{-12} A ganz besonders klein, der EIN-Strom zur Schaltung
von Flüssigkristallelementen gerade ausreichend. Die Schaltgeschwindigkeit von 40 µs reicht aus, um eine große Zahl dieser relativ langsamen Anzeigeelemente in kurzer Zeit anzusteuern. Durch Verkleinerung des Abstands zwischen Source und Drain (Kanallänge) auf 4 µm
ist es neuerdings gelungen, den EIN-Strom auf 10^{-4} A zu steigern
und die Schaltgeschwindigkeit auf 20 µs zu verkleinern.

Hauptanwendungsziel ist derzeit die Matrixansteuerung einer großflächigen Flüssigkristallanzeigetafel. Um die vielen Einzelelemente einer Fläche mit wenigen Leitungen ansteuern zu können, verwendet
man Spalten- und Zeilenleitungen. Durch eine stark nichtlineare Kennlinie kann man nur das Element zum Ansprechen bringen, das am
Kreuzungspunkt einer gleichzeitig geschalteten Spalten- und Zeilenleitung sitzt. Die nichtlineare Kennlinie erhält ein Flüssigkristallele-
ment durch Vorschalten (z.B. in die Drainleitung) eines IGFET. Die
einfache Technologie dieses Transistors erlaubt die Herstellung einer
großen Zahl derartiger Elemente auf großer Fläche durch übliche Pho-
tolithographie und Ätztechniken. In einem ausgeführten Beispiel [1.47]
wurde das Gate mit der Zeilenleitung und die Source mit der Spalten-
leitung verbunden.

Ein Feldeffekttransistor läßt sich zusammen mit einem Widerstand zu
einer Inverterschaltung integrieren. Eine derartige integrierte Schaltung, deren aktive Elemente alle aus amorphem Silizium hergestellt
sind, zeigt Bild 1.23. Der Transistor wurde wie oben beschrieben aufgebaut. Der Lastwiderstand (R_L = 30 MΩ) wurde als dünne, entsprechend dotierte a-Si:H-Schicht ausgeführt [1.47]. Die erhaltene Kenn-

linie eines Elements (Kurve a) verbessert sich durch Hintereinanderschaltung von drei gleichen Elementen (Kurve b). Man erkennt
am Kurvenverlauf die Inverterfunktion: Die Ausgangsspannung U_0
fällt von 14,5 V auf 2 V, wenn die Eingangsspannung von 5 V auf
15 V erhöht wird.

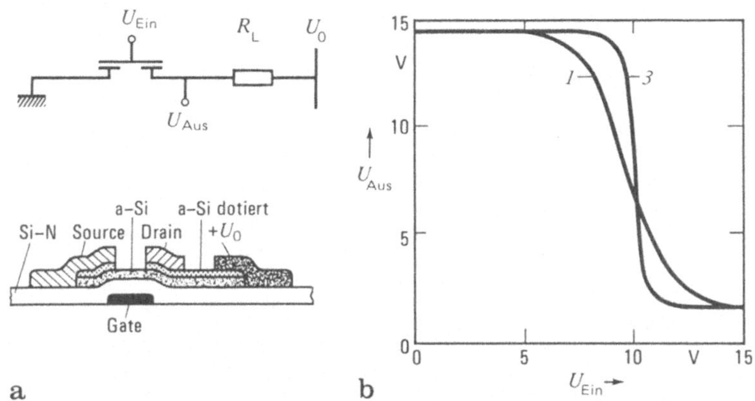

Bild 1.23. Integrierte Inverterschaltung aus dünnen amorphen Siliziumschichten. a) Schaltung und Schichtaufbau; Kennlinie eines Einzelelements (1) und dreier hintereinandergeschalteter Elemente (3)
bei einer Versorgungsspannung von U_0 = 15 V. Nach [1.47]

Durch eine einfache Erweiterung dieser Grundschaltung lassen sich
auch logische Schaltfunktionen, wie NOR- und NAND-Gatter aus amorphem Silizium aufbauen. Die Schaltzeiten erster derartiger Bauelemente lagen im Bereich von einer Millisekunde. Diese im Vergleich
zu kristallinen Bauelementen recht langen Schaltzeiten hofft man in
Zukunft durch Optimierung des Schaltungsentwurfs und besonders
durch eine Reduzierung der Zustandsdichte des amorphen Siliziums
(was zu einer stärkeren Bandverbiegung beim Feldeffekt führt) ver-
kürzen zu können.

1.2.6 Bildsensoren

Nutzt man die effektive Photoleitung und den kleinen Dunkelstrom des
a-Si:H aus in Kombination mit einem Feldeffekttransistor, so erhält
man einen ganz aus amorphem Silizium integrierten Bildsensor, wie
ihn Bild 1.24 zeigt. Es wurde nach diesem Prinzip ein integrierter

Sensor mit 8 Punkten aufgebaut, der mit 300 Hz pro Punkt ausgelesen werden konnte. Die Empfindlichkeit des Elements ist groß, eine Beleuchtungsstärke von 0,1 lx ist ausreichend, um aus dem Sensorsignal ein klares Bild zu rekonstruieren [1.48].

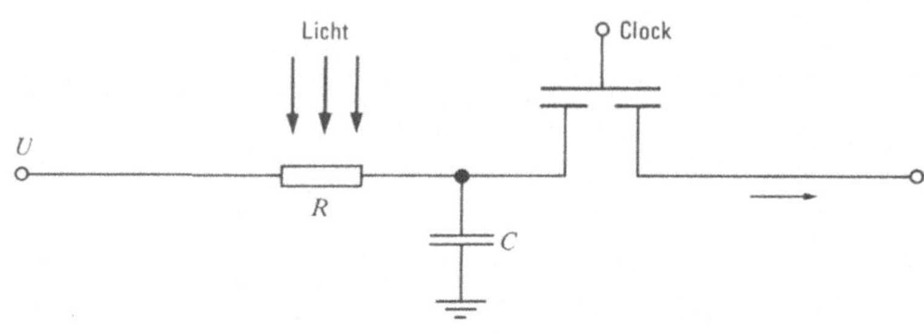

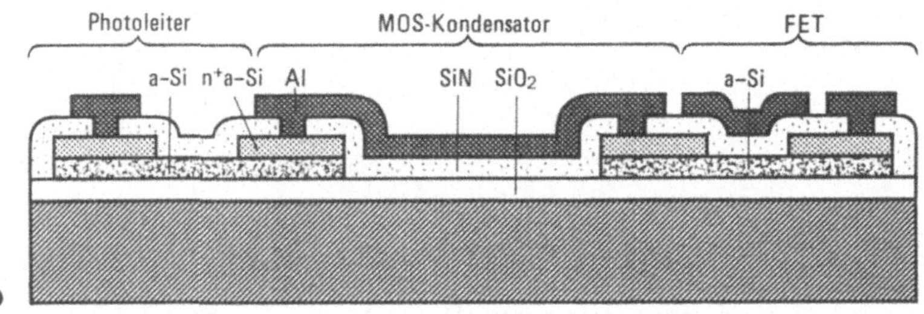

Bild 1.24. Integrierter Bildsensor aus dünnen amorphen Siliziumschichten. a) Schaltschema; b) Schichtaufbau eines Einzelelements. Der Speicherkondensator (C = 6,1 pF) ist nach Art eines MOS-Kondensators über kristallinem Silizium aufgebaut. Die n⁺-Schichten aus a-Si:H dienen zur Herstellung eines guten Kontakts zwischen den aktiven a-Si:H-Schichten und den Aluminiumelektroden. FET ist der Feldeffekttransistor aus a-Si:H. Der Träger dieser Dünnschichtschaltung ist eine einkristalline Siliziumscheibe. Nach [1.48]

Kürzere Auslesezeiten erhält man, wenn das amorphe Silizium als Photoleiter mit einer einkristallinen Auslesematrix zu einer hybriden Schaltung kombiniert wird. In Bild 1.25 ist ein Einzelelement einer zweidimensionalen Auslesematrix dargestellt, die großflächig mit amorphem Silizium beschichtet ist. An den belichteten Stellen fließt Ladung von der transparenten Elektrode zur darunterliegenden Sammelelektrode aus Aluminium, wodurch der Drainkontakt aufgeladen wird. Beim sukzessiven Abfragen der aus vielen Punkten bestehenden Matrix werden die Gates aller Punkte nacheinander mit der notwendigen Schaltspannung beaufschlagt. Je nach der vorangegangenen Belich-

tung fließt dann gespeicherte Ladung vom Drain zum Source, von wo
sie einer Signalleitung zugeführt wird. Die seriell anfallenden Bild-
punktsignale werden nach der Übertragung auf einem Bildschirm sichtbar gemacht. Ein solcher Festkörperbildsensor ist als Ersatz der
elektronenstrahladressierten Aufnahmevidikons für das Fernsehen gedacht [1.49]. Die Belichtungszeit eines Fernsehbildes von 20 ms
reicht gut aus, um die relativ langsamen lichterzeugten Ladungsträger
durch die amorphe Siliziumschicht zur Elektrode wandern zu lassen.
Das schnelle Auslesen zwischen den Einzelbildern übernimmt die einkristalline Grundmatrix.

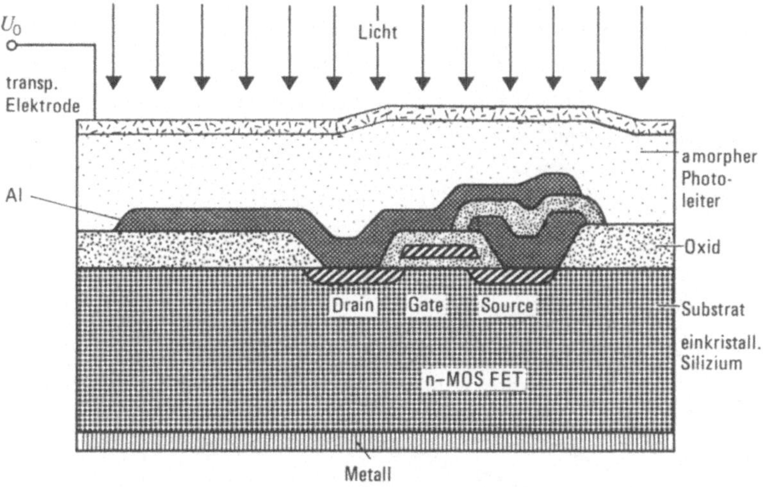

Bild 1.25. Hybrider Bildsensor. Auf einer Auslesematrix aus einkristallinem Silizium (n-MOS FET) ist großflächig eine Schicht aus einem
photoleitenden amorphen Halbleiter geschichtet. Die über der ganzen
Fläche eines Einzelelements durch Licht erzeugten Ladungsträger werden über die mit Al bezeichnete Sammelelektrode zum Drain geleitet.
In der Auslesephase fließt die Ladung dann über Source zur Signalleitung. Nach [1.49]

Die vorteilhafte Anwendung des amorphen Siliziums in diesem Beispiel
beruht auf der technologischen Möglichkeit, einen effektiven panchro-
matischen Photoleiter in Dünnschichtform über eine (nicht sehr ebene)
großflächige Unterlage niederschlagen zu können.

Die Dotierung von amorphem Silizium geschieht in kontrollierbarer
Weise gleich bei der Materialherstellung durch Dotierstoffeinbau zusammen mit dem Schichtaufbau. Dadurch kann man beliebige (zu-
oder abnehmende) Dotierungsprofile erzeugen im Gegensatz zur Dotierung beim kristallinen Halbleiter, wo der Fremdstoffeinbau nach-
träglich von einer Oberfläche her erfolgen muß.

Diesen Freiheitsgrad hat man zur Herstellung von pn-Übergängen genutzt, um durch spezielle optimierte Dotierungsprofile einen besonders großen Durchlaßstrom zu ermöglichen [1.50]. Bild 1.26 zeigt
in einem Diagramm vereint Durchlaß- und Sperrkennlinien verschieden aufgebauter Dünnschichtdioden aus amorphem Silizium. Bei guten
Gleichrichterverhältnissen (um 10^5) erzielte man Durchlaßströme
von 10^4 A/cm^2 im Dauerbetrieb. Noch größere Strombelastung wurde
im Impulsbetrieb erreicht.

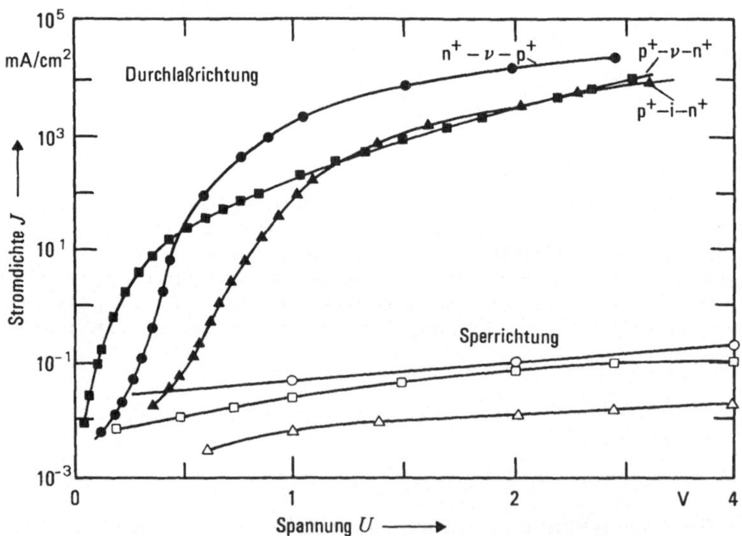

Bild 1.26. Kennlinien von pn-Übergängen aus dünnen amorphen Siliziumschichten mit verschiedenen Dotierungsprofilen. ν steht für eine Zwischenschicht mit schwacher n-Dotierung. Nach [1.50]

1.2.8 Abschirmschichten

Während die bisher beschriebenen Anwendungen eine besonders kleine
Zustandsdichte erforderten, soll hier noch kurz die Ausnutzung einer
relativ großen Dichte lokalisierter Zustände beschrieben werden.
(Kristalline) Halbleiterbauelemente müssen vor elektrischen Ladungen geschützt werden, die zum einen aus der Umgebung kommend sich
auf der Oberfläche absetzen und zum anderen aus oberflächlichen Steu-
erleitungen influenziert werden. Beschichtet man ein Halbleiterbauelement mit einer dünnen Schicht aus einem amorphen Halbleiter, so kann
an den lokalisierten Zuständen eine Influenzladung entstehen, die die
Störladung vom darunterliegenden Bauelement abschirmt.

Die Dicke der Abschirmschicht muß so gewählt sein, daß die Zahl der
vorhandenen lokalisierten Zustände ausreicht für die Ladungsdichte,
die abgeschirmt werden muß. Der im allgemeinen große elektrische
Widerstand amorpher Halbleiter unterdrückt parasitäre Nebenströme
durch die über verschiedene Potentiale am Bauelement geschichtete
Deckschicht. Es hat sich zudem herausgestellt, daß in Abschirm-
schichten vorhandener Wasserstoff an die Oberfläche kristalliner Bauelemente diffundiert und dort störende Grenflächenzustände kompensieren kann [1.51].

Literaturverzeichnis

Lehrbücher und Monographien

1.A   Mott, N. F.; Davis, E. A.: Electronic processes in non-
crystalline materials. Oxford: Clarendon Press 1979.

1.B   Brodsky, M. H. (ed.): Amorphous semiconductors. Berlin:
Springer 1979 (Topics in Applied Physics, Vol. 36).

1.C   Yonezawa, F. (ed.): Fundamental physics of amorphous semiconductors. Berlin: Springer 1981 (Springer Series in Solid-
State Sciences, Vol. 25).

1.D   Tauc, J. (ed.): Amorphous and liquid semiconductors.
London: Plenum Press 1974.

1.E   Zingaro, R. A.; Cooper, W. C. (eds.): Selenium. New
York: Van Nostrand Reinhold 1974.

1.F   Mort, J.; Pai, D. M. (eds.): Photoconductivity and related
phenomena. Amsterdam: Elsevier 1976.

1.G Schaffert, R. M.: Electrophotography. London: Focal Press
     1975.

1.H Hamakawa, Y. (ed.): Amorphous semiconductor, technolo-
     gies and devices. Japan Anual Reviews in Electronics, Compu-
     ters & Telecommunications. Amsterdam: North Holland 1982.

<u>Arbeiten, auf die im Text verwiesen wird</u>

1.1 Sayers, D. E.; Stern, E. A.; Lytle, F. W.: New technique
     for investigating noncrystalline structures: Fourier analysis
     of the extended X-ray-absorption fine structure. Phys. Rev.
     Lett. 27 (1971) 1204.

1.2 Kolomiets, B. T.: Vitreous semiconductors (II). Phys. Sta-
     tus Solidi 7 (1964) 713.

1.3 Grigorovici, R.: Structure of amorphous semiconductors. In
     [1.D], S. 45.

1.4 Davies, E. A.: States in the gap and defects in amorphous se-
     miconductors. In [1.B], S. 41.

1.5 Solomon, I.: Spin effects in amorphous semiconductors. In
     [1.B], S. 189.

1.6 Kramer, B.; Weaire, D.: Theory of electronic states in amor-
     phous semiconductors. In [1.B], S. 9.

1.7 Connell, G. A. N.: Optical properties of amorphous semicon-
     ductors. In [1.B], S. 73.

1.8 Mell, H.: Transport properties of tetrahedrally bonded amor-
     phous semiconductors. In Stuke, J.; Brenig, W. (eds.):
     Proc. 5th Int. Conf. on Amorphous and Liquid Semiconductors.
     London: Taylor + Franzis, 1974, p 203.

1.9 In [1.A], S. 32.

1.10 Dolezalek, F. K.: Experimental techniques. In [1.F], S. 33.

1.11 Scher, H.: Theory of time-dependent photoconductivity in dis-
     ordered systems. In [1.F], S. 71.

1.12 Davis, E. A.: Arsenic and other three-fold co-ordinated ma-
     terials. In [1.A], S. 408.

1.13 Le Comber, P. G.; Spear, W.: Doped amorphous semicon-
     ductors. In [1.B], S. 251.

1.14 Spear, W. E.; Le Comber, P. G.: Amorphous tetrahedrally
     bonded solids. In [1.F], S. 185.

1.15 Lucovsky, G.; Hayes, T. M.: Short-range order in amorphous
     semiconductors. In [1.B], S. 215.

1.16 Fischer, R.: Luminescence in amorphous semiconductors. In
     [1.B], S. 159.

1.17 Lucovsky, G.: Selenium, the amorphous and liquid states. In
     Gerlach, E.; Grosse, P. (eds.): The physics of selenium
     and tellurium. Berlin: Springer 1979 (Springer Series in Solid-
     States Sciences, Vol. 13, p 178).

1.18 Wendtland, W. W. In West, T. S. (eds.): MTP international review of science, physical chemistry. Series one, Vol. 13, London: Butterworths 1973, p 177.

1.19 Street, R. A.: Electron and hole transport in amorphous As_2Se_3. Phil. Mag. B 38 (1980) 209.

1.20 Pfister, G.; Morgan, M.: Defects in chalcogenide glasses I und II. Phil. Mag. B 41 (1980) 209.

1.21 Pfister, G.: New aspects of electronic properties of amorphous selenium and its use in xerography. Contemp. Phys. 20 (1979) 449.

1.22 Pai, D. M.; Enck, R. C.: Onsager mechanism of photogeneration in amorphous selenium. Phys. Rev. B 11 (1975) 5163.

1.23 Kawamura, T.; Yamamoto: Electrophotographic applications of amorphous semiconductors. In [1.H], S. 311.

1.24 Schmidlin, F. W.: Electrophotography. In [1.F], S. 421.

1.25 Mort, J.: Polymers as electronic materials. Adv. Phys. 29 (1980) 367. Siehe auch Schaffert, R. M.: Organic photoconductors. In [1.G], S. 380.

1.26 Adler, D.; Shur, M. S.; Silver, M.; Ovshinsky, S. R.: Threshold switching in chalcogenide-glass thin films. J. Appl. Phys. 51 (1980) 3289.

1.27 Ovshinsky, S. R.; Fritzsche, H.: Amorphous semiconductors for switching, memory and imaging applications. IEEE Trans. Electr. Dev. ED-20 (1973) 91.

1.28 Guntersdorfer, M.: Thermal effects connected with switching in amorphous semiconducting chalcogenide films. J. Appl. Phys. 42 (1971) 2566.

1.29 Homma, K.; Henisch, H. K.; Ovshinsky, S. R.: New experiments on threshold switching in chalcogenide and non-chalcogenide alloys. J. Non-Cryst. Solids 35 u. 36 (1980) 1105.

1.30 De Neufville, J. P.: Photostructural transformations in amorphous solids. In Seraphin, B. O. (ed.): Optical properties of solid new developments. Amsterdam: North Holland 1976, p 437.

1.31 Kolomiets, B. T.; Lyubin, V. M.: Reversible photoinduced changes in the properties of chalcogenide vitrous semiconductors. Mater. Res. Bull. 13 (1978) 1343.

1.32 Tanaka, K.: Reversible photostructural change: Mechanisms, properties and applications. J. Non-cryst. Solids 35 u. 36 (1980) 1023.

1.33 Keneman, S. A.; Bordogna, J.; Zemel, J. N.: Evaporated films of arsenic trisulfide: Dependence of optical properties on light exposure and heat cycling. J. Opt. Soc. Am. 68 (1978) 32.

1.34 Leadbetter, A. J.; Apling, A. J.: Daniel, M. F.: Structures of vapour-deposited amorphous films of arsenic chalcogenides. J. Non-Cryst. Solids 21 (1976) 47.

1.35 Igo, T.; Toyoshima, Y.: A reversible optical change in the As-Se-Ge glass. J. Non-Cryst. Solids 11 (1973) 304.

1.36 Berkes, J. S.; Ing, S. W.; Hillegas, W. J.: Photodecomposition of amorphous As_2Se_3 and As_2S_3. J. Appl. Phys. 42 (1971) 4908.

1.37 Averianov, V. L.; Kolobov, A. V.; Kolomiets, B. T.; Lyubin, V. M.: Thermal and optical bleaching in darkened films of chalogenide vitreous semiconductors. Phys. Status Solidi (A) 57 (1980) 81.

1.38 Klose, P. H.: Effect of trapping levels on photostructural image polarity in a selenium glass. In Spear, W. E. (ed.): Proc. 7th Int. Conf. Amorphous and Liquid Semiconductors. Edinburgh: CICL University of Edinburgh 1977, p 797.

1.39 Yoshikawa, A.; Nagai, H.; Mizushima, Y.: New application of Se-Ge glasses to silicon microfabrication technology. Jap. J. Appl. Phys. 16 (1977) Suppl. 16-1, 67.

1.40 Tai, K. L.; Vadimsky, R. G.; Kemmerer, C. T.; Wagner, J. S.; Lamberti, V. E.; Timko, A. G.: Submicron optical lithography using an inorganic resist/polymer bilevel scheme. J. Vac. Sci. Technol. 17 (1980) 1169.

1.41 Zembutsi, S.: Optical massmemories and optical IC elements applications. In [1.H], S. 296.

1.42 Carlson, D. E.: Recent developments in a-Si:H solar cells. Solar Energy Mater. 3 (1980) 503.

1.43 Hamakawa, Y.: Device physics and optimum design of amorphous silicon photovoltaic devices. In [1.H], S. 134.

1.44 Moore, A. R.: Photoelectromagnetic effect in amorphous silicon. Appl. Phys. Lett. 37 (1980) 327.

1.45 Hamakawa, Y.; Okamoto, H.; Nitta, Y.: Horizontally multilayered a-Si photo-voltaic cells. J. Non-Cryst. Solids 35 u. 36 (1980) 749.

1.46 Madan, A.; Le Comber, P. G.; Spear, W. E.: Investigation of the density of localized states in a-Si using the field effect technique. J. Non-Cryst. Solids 20 (1976) 239.

1.47 Le Comber, P. G.; Snell, A. J.; Mackenzie, K. D.; Spear, W. E.: Applications of a-Si field effect transistors in liquid crystal displays and in integrated logic circuits. J. Phys. 42 (1981) C 4-423.

1.48 Fukai, M.; Nagata, S.: Amorphous silicon electronic devices. In [1.H], S. 199.

1.49 Hirai, T.; Maruyama, E.: Integrated photosensors and imaging devices. In [1.H], S. 264.

1.50 Gibson, R. A.; Spear, W. E.; Le Comber, P. G.; Snell, A. J.: Recent developments in amorphous silicon p-n junction devices. J. Non-Cryst. Solids 35 u. 36 (1980) 725.

1.51 Weitzel, I.; Primig, R.; Kempter, K.: Preparation of glow discharge amorphous silicon for passivation layers. Thin Solid Films 75 (1981) 143.

Bezeichnungen und Symbole

Größe	Bedeutung	Einheit
C	elektrische Kapazität	F
E	(Elektronen-)Energie	eV
E	elektrische Feldstärke	$V\ cm^{-1}$
ΔE	Aktivierungsenergie der elektrischen Leitfähigkeit	eV
E_C	Energie der Leitungsbandunterkante	eV
E_V	Energie der Valenzbandoberkante	eV
E_F	Fermi-Energie	eV
E_A	Energie lokalisierter Zustände hoher Dichte in der Bandlücke	eV
I	elektrische Stromstärke	A
k	Boltzmann-Konstante	$eV\ K^{-1}$
L	Länge	cm
N(E)	Dichte der Energiezustände	$cm^{-3}\ eV^{-1}$
R	elektrischer Widerstand	Ω
t	Zeit	s
t_T	Transitzeit	s
T	thermodynamische Temperatur	K
U	elektrische Spannung	V
ϑ	Celsius-Temperatur	$^\circ C$

Größe	Bedeutung	Einheit
μ	Beweglichkeit der Ladungsträger	$cm^2 \, V^{-1} \, s^{-1}$
ρ	spezifischer elektrischer Widerstand	$\Omega \, cm$
σ	elektrische Leitfähigkeit	$\Omega^{-1} \, cm^{-1}$
τ	Ladungsträgerlebensdauer	s

2 Thermoelektrische Bauelemente

2.0 Einleitung

Thermoelemente gehören zu den ältesten elektronischen Bauelementen. Bereits im Jahre 1822 veröffentlichte der Physiker Thomas Seebeck, ein wissenschaftlicher Berater Goethes, eine Arbeit über Experimente, die er an inhomogen temperierten Zweileiterkreisen durchgeführt hatte [2.1]. Er beobachtete, daß eine Magnetnadel in der Nähe solcher Leiterkreise abgelenkt wird und deutete den Effekt als magnetische Polarisation der Substanzen. Trotz dieser Fehlinterpretation konnte er bereits eine größere Anzahl von Substanzen, unter denen sich schon Halbleiter wie PbS befanden, in eine thermoelektrische Spannungsreihe einordnen. Der französische Uhrmacher Jean Peltier [2.2] beobachtete im Jahre 1834 thermische Anomalien an stromdurchflossenen Kontakten und hielt diese Effekte für Abweichungen vom Ohmschen Gesetz. Etwa zwanzig Jahre später, kurz nach der Formulierung des 2. Hauptsatzes, versuchte William Thomson (Lord Kelvin) die thermoelektrischen Effekte im Rahmen einer thermodynamischen Theorie miteinander zu verknüpfen [2.3]. Er postulierte damals den erst später experimentell gesicherten und nach ihm benannten Thomson-Effekt. Die Möglichkeiten einer technischen Anwendung der Thermoelektrizität wurden 1911 von E. Altenkrich in einer phänomenologischen Theorie ausführlich diskutiert [2.4]. Experimente, die damals durchgeführt wurden, brachten keine günstigen Ergebnisse, da nur metallische Werkstoffe zur Verfügung standen. Im Jahre 1931 konnten die bereits von Kelvin ermittelten Zusammenhänge zwischen den thermoelektrischen Effekten im Rahmen der Thermodynamik irreversibler Prozesse von L. Onsager [2.5] verifiziert werden.

Leistungsthermoelemente mit besserem Wirkungsgrad konnten erst entwickelt werden [2.6 - 2.13], als in den Jahren 1946 bis 1960 große Fortschritte auf dem Gebiet der Halbleiterphysik erzielt wurden. Es gelang damals, den Wirkungsgrad um mehr als eine Größenordnung zu erhöhen. Obwohl sich übertriebene Hoffnungen jener Zeit nicht erfüllt haben, gibt es heute sowohl für Seebeck- als auch für Peltier-Elemente interessante Einsatzbereiche. Da zur Zeit kein Ansatz für eine wesentliche Verbesserung der Materialeigenschaften vorhanden ist, bemüht man sich gegenwärtig um eine Verfeinerung der Technologie und um die Erschließung neuer Anwendungsgebiete.

2.1 Thermodynamische Grundlagen der Thermoelektrizität

2.1.1 Die thermoelektrischen Effekte

a) Seebeck-Effekt

In einem offenen Zweileiterkreis (Bild 2.1), dessen Kontaktstellen sich auf verschiedenen Temperaturen T_w und T_k befinden, tritt an den freien Leiterenden eine elektrische Spannung U_{ab} auf. Für diese integrale Thermospannung gilt bei kleiner Temperaturdifferenz

$$U_{ab} = \alpha_{ab}(T_w - T_k).$$
(2.1)

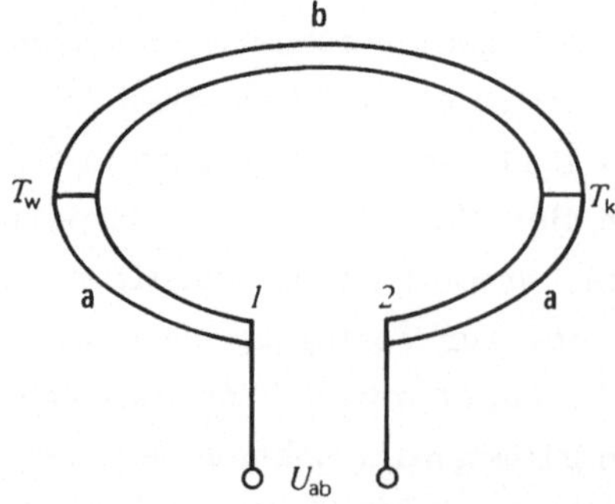

Bild 2.1. Offener Zweileiterkreis mit Thermospannung U_{ab}

Dabei wird α_{ab} als Thermokraft oder Seebeck-Koeffizient der Leiterkombination bezeichnet. Bei größeren Temperaturdifferenzen gilt die
Definition

$$\alpha_{ab} = \frac{\partial U_{ab}}{\partial T_w}.$$ (2.2)

Als Vorzeichenkonvention wird im allgemeinen verabredet, daß
$\alpha_{ab} > 0$, sofern im geschlossenen Kreis der elektrische Strom an der
kalten Kontaktstelle vom Leiter a zum Leiter b fließt (technisch positive Stromrichtung).

b) Peltier-Effekt

Durchfließt ein elektrischer Strom einen Zweileiterkreis (Bild 2.2),
so wird zusätzlich zur Jouleschen Wärme an den Kontaktstellen je
nach Stromrichtung an der einen Kontaktstelle Wärme erzeugt, an der
anderen Wärme absorbiert. Der entsprechende an den Kontaktstellen
auftretende Wärmestrom P_p ist proportional zur elektrischen Stromstärke I:

$$P_p = \pi_{ab}\, I.$$ (2.3)

π_{ab} heißt Peltier-Koeffizient der Leiterkombination, und zwar wird
π_{ab} als positiv bezeichnet, wenn Stromfluß vom Leiter b zum Leiter
a Wärmeabsorption bewirkt.

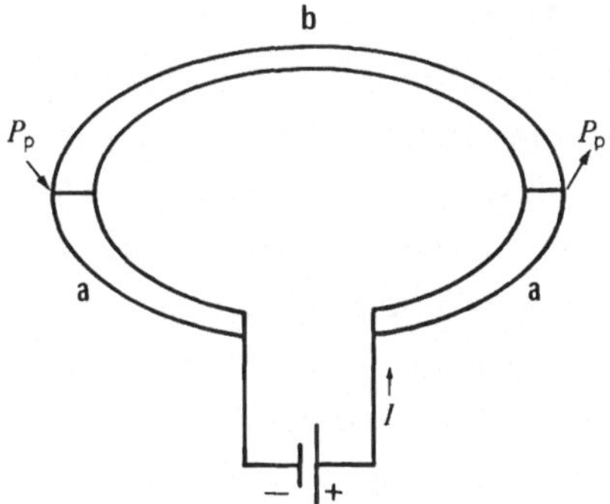

Bild 2.2. Peltier-Wärmeströme P_p in einem vom elektrischen Strom
durchflossenen Zweileiterkreis

c) Thomson-Effekt

Dieser Effekt wird im Gegensatz zu den beiden anderen thermoelektrischen Effekten in einem einzelnen Leiter beobachtet. Fließt in einem Leiter, in dem ein Temperaturgradient ∇T vorhanden ist, ein elektrischer Strom, so ist im Bereich des Temperaturgradienten je nach Stromrichtung zusätzlich zur Jouleschen Wärme eine Wärmeentwicklung bzw. Wärmeabsorption zu beobachten. Die pro Zeiteinheit im Volumenelement dV auftretende Wärme ist gegeben als

$$dP_{Th} = \tau_{Th}\, j\, \nabla T\, dV. \tag{2.4}$$

(τ_{Th} Thomson-Koeffizient; j elektrische Stromdichte).

Der Thomson-Koeffizient ist nach Konvention positiv, wenn ein in Richtung höherer Temperatur fließender elektrischer Strom Wärmeabsorption bewirkt.

2.1.2 Verknüpfung der thermoelektrischen Effekte mit Hilfe des Onsager-Theorems

Schon in der Mitte des vorigen Jahrhunderts wurde erkannt, daß zwischen Seebeck- und Peltier-Effekt ein enger Zusammenhang besteht, der mit Hilfe der Thermodynamik zu beschreiben sein müßte. Eine befriedigende Behandlung des Problems ist jedoch im Rahmen der Gleichgewichtsthermodynamik nicht möglich, da ja im Thermoelement Energie-, Entropie- und Teilchenströme auftreten. Es ist daher erforderlich, die Nichtgleichgewichtsthermodynamik von Onsager, auch Thermodynamik der irreversiblen Prozesse genannt [2.5], zu benutzen.

Als treibende Kräfte (der Begriff Kraft wird hier in einem allgemeineren Sinn benutzt) für die genannten Ströme kommen im Thermoelement die Gradienten der Ladungsträgerkonzentration, des elektrischen Potentials und der Temperatur in Betracht. Dabei kann ein Strom durch verschiedene gleichzeitig wirkende Kräfte hervorgerufen werden. Diese Kopplungen, die den thermoelektrischen Effekten entsprechen, lassen sich im Rahmen der Onsager-Theorie quantitativ beschreiben. Dabei setzt man eine lineare Beziehung zwischen den Strömen und den sie verursachenden thermodynamischen Kräften voraus:

$$j_i = \sum L_{ij}\, F_j. \tag{2.5}$$

Bei Abwesenheit von Magnetfeldern ist nach dem Theorem von Onsager die Matrix L_{ij} symmetrisch, d.h.

$$L_{ij} = L_{ji}, \tag{2.6}$$

sofern die Entropieproduktion

$$\frac{ds}{dt} = \frac{\partial s}{\partial t} + \nabla j_s \tag{2.7}$$

(s Entropiedichte; j_s Entropiestromdichte)

im Innern des betrachteten Systems durch geeignete Wahl von Strömen und Kräften wie folgt dargestellt werden kann

$$\frac{ds}{dt} = \sum j_i \, F_i . \tag{2.8}$$

Im Falle des Thermoelements treten die Entropiestromdichte j_s, die Teilchenstromdichte j_N und die Energiestromdichte j_E auf. Für die lokale Entropiestromdichte gilt

$$ds = \frac{du - \tilde{\mu} \, dn}{T} . \tag{2.9}$$

Dabei ist s die Entropiedichte, u die Energiedichte, n die Teilchendichte und $\tilde{\mu}$ das elektrochemische Potential. Letzteres ist identisch mit dem in der Festkörperphysik benutzten Fermi-Potential E_F, das in der Fermi-Verteilung

$$\left[\exp\left(\frac{E - E_F}{kT} \right) + 1 \right]^{-1}$$

auftritt. Es besteht aus einem chemischen und einem elektrischen Anteil:

$$E_F \equiv \tilde{\mu} = \mu_c + e \, \Phi . \tag{2.10}$$

(μ_c chemisches Potential, Φ elektrostatisches Potential, das Vorzeichen von Elementarladung e richtet sich nach der im Thermoelement vorhandenen Ladungsträgersorten, also minus für Elektronen, plus für Defektelektronen).

Aus Gl. (2.9) folgt

$$\frac{\partial s}{\partial t} = \frac{1}{T} \frac{\partial u}{\partial t} - \frac{\tilde{\mu}}{T} \frac{\partial n}{\partial t} \;. \tag{2.11}$$

Diese Gleichung läßt sich mit Hilfe der Kontinuitätsgleichungen für Energie und Materie

$$\frac{\partial u}{\partial t} + \nabla j_E = 0 \tag{2.12}$$

$$\frac{\partial n}{\partial t} + \nabla j_N = 0 \tag{2.13}$$

(j_E Energiestromdichte, j_N Teilchenstromdichte)

wie folgt formulieren:

$$\frac{\partial s}{\partial t} = -\frac{1}{T} \nabla j_E + \frac{\tilde{\mu}}{T} \nabla j_N \;. \tag{2.14}$$

Mittels einer einfachen Umformung kann Gl. (2.14) in die Form der Gl. (2.7) gebracht werden:

$$\frac{\partial s}{\partial t} + \nabla j_s = j_E \nabla \frac{1}{T} - j_N \nabla \frac{\tilde{\mu}}{T} \tag{2.15}$$

mit $j_s = (j_E - \tilde{\mu} j_N)/T$.

Der Vergleich der Gl. (2.7) und (2.15) zeigt, daß die lokale Entropieproduktion im Thermoelement sich schreiben läßt als

$$\frac{ds}{dt} = j_E \nabla \frac{1}{T} - j_N \nabla \frac{\tilde{\mu}}{T} \;. \tag{2.16}$$

Um den Onsager-Formalismus anzuwenden, könnte man also folgende Kombination von Strömen und Kräften benutzen:

Ströme: j_E, j_N $\qquad\qquad$ Kräfte: $\nabla \frac{1}{T}$, $-\nabla \frac{\tilde{\mu}}{T}$.

Es ist jedoch zweckmäßiger, eine andere Kombination zu verwenden:

Ströme: j_s, j_N $\qquad\qquad$ Kräfte: $T \nabla \frac{1}{T}$, $-\frac{1}{T} \nabla \tilde{\mu}$.

Wie man sich leicht überzeugt, ergibt sich mit der neuen Kombination
wiederum die Entropieproduktion ds/dt wie in Gl. (2.16). Die Beziehung (2.5) nimmt dann für das Thermoelement die folgende Form
an:

$$j_N = L_{NN}\left(-\frac{1}{T}\,\nabla\tilde{\mu}\right) + L_{NS}\left(T\,\nabla\frac{1}{T}\right) \tag{2.17}$$

$$j_S = L_{SN}\left(-\frac{1}{T}\,\nabla\tilde{\mu}\right) + L_{SS}\left(T\,\nabla\frac{1}{T}\right) \tag{2.18}$$

mit $L_{NS} = L_{SN}$ gemäß dem Onsager-Theorem. Mit Hilfe dieser Beziehungen können die thermoelektrischen Erscheinungen mit dem Ziel
untersucht werden, die Onsager-Koeffizienten L_{NN}, L_{NS} und L_{SS}
mit bekannten Materialkenngrößen in Verbindung zu bringen.

In einem homogenen, isothermen Leiter vereinfacht sich Gl. (2.17) zu

$$j_N = -\frac{e\,L_{NN}}{T}\,\nabla\Phi \tag{2.19}$$

oder als elektrische Stromdichte geschrieben

$$j = -\frac{e^2\,L_{NN}}{T}\,\nabla\Phi.$$

Hieraus folgt für die elektrische Leitfähigkeit σ

$$\sigma = \frac{e^2\,L_{NN}}{T}. \tag{2.20}$$

Ähnlich findet man aus der Definition des Wärmestroms

$$T j_S = -\varkappa\,\nabla T \quad \text{mit} \quad j_N = 0$$

mit Hilfe der Beziehungen (2.17) und (2.18) die Wärmeleitfähigkeit
$\varkappa$:

$$\varkappa = L_{SS} - \frac{L_{NS}^2}{L_{NN}}. \tag{2.21}$$

Zur Diskussion der thermoelektrischen Effekte ist es zweckmäßig, die Transportentropie S_t einzuführen: Für $\nabla T = 0$ wird gesetzt

$$(j_S/j_N)_{\nabla T = 0} = L_{NS}/L_{NN} = S_t.$$ (2.22)

Führt man σ und S_t in Gl. (2.17) ein, so ergibt sich für die elektrische Stromdichte

$$j = -\frac{\sigma}{e}\,(\nabla\tilde{\mu} + S_t\,\nabla T).$$ (2.23)

Die Thermospannung ergibt sich gemäß Bild 2.1 durch Integration von $\nabla\tilde{\mu}$ bei $j = 0$

$$-\int_1^2 d\tilde{\mu} = -\int_1^2 d\Phi = U_{ab} = \frac{1}{e}\int_{T_k}^{T_w}\left(S_t^{(a)} - S_t^{(b)}\right)dT.$$ (2.24)

Mithin erhält man die Thermokraft gemäß Gl. (2.2)

$$\alpha_{ab} = \frac{S_t^{(a)}}{e} - \frac{S_t^{(b)}}{e} = \alpha_a - \alpha_b$$ (2.25)

als Differenz zweier Terme, die jeweils nur von den Eigenschaften eines Thermoelementschenkels abhängen. Die Größe

$$\alpha = S_t/e$$ (2.26)

wird als absolute Thermokraft bezeichnet.

Zur Diskussion des Peltier-Effekts betrachtet man den Energiestrom durch eine isotherme Kontaktstelle zwischen zwei Leitern a und b.

Es gilt $j_E = Tj_S + \tilde{\mu}\,j_N$, und da sowohl $\tilde{\mu}$ als auch j_N an der Kontaktstelle stetig sind, folgt aus den Gl. (2.22) und (2.26)

$$j_E^{(a)} - j_E^{(b)} = Tj_S^{(a)} - Tj_S^{(b)} = T\,\alpha_a\,j - T\,\alpha_b\,j.$$ (2.27)

Mithin gilt für den Peltier-Koeffizient

$$\pi_{ab} = T(\alpha_a - \alpha_b) = \alpha_{ab}\,T,$$ (2.28)

oder allgemein

$$\pi = \alpha T. \qquad (2.29)$$

Um die Thomson-Wärme zu berechnen, muß die Energiebilanz eines Leiters ermittelt werden, dessen Temperaturverteilung sich in stromlosen und im stromdurchflossenen Zustand nicht unterscheidet, da ein Kontakt der Schenkel mit entsprechend temperierten Wärmereservoiren vorausgesetzt wird [2.14]. Aus den Stromgleichungen findet man für die Divergenz des Energiestroms

$$\nabla j_E = T \frac{d\alpha}{dt} \nabla T j - \frac{1}{\sigma} j^2. \qquad (2.30)$$

Der zweite Term entspricht der Jouleschen Wärme, der erste Term der Thomson-Wärme. Aus dem Vergleich der Gl. (2.30) und (2.4) folgt

$$\tau_{Th} = T \frac{d\alpha}{dT}. \qquad (2.31)$$

Aus dieser Beziehung ergibt sich eine wichtige Meßvorschrift für die absolute Thermokraft:

$$\alpha(T) = \int_0^T \frac{\tau_{Th}}{T'} dT'. \qquad (2.32)$$

Die Beziehungen (2.29) und (2.31) werden als Kelvin-Gleichungen bezeichnet.

2.2 Das Thermoelement als Wärmekraftmaschine und als Wärmepumpe

Während der Thomson-Effekt infolge seiner geringen Größe noch keine technische Anwendung gefunden hat, werden Seebeck-Effekt und Peltier-Effekt für den Bau von thermoelektrischen Wärmekraftmaschinen und Wärmepumpen angewendet. Selbstverständlich kann jedes Thermoelement prinzipiell für beide Zwecke benutzt werden. Ist jedoch ein Thermoelement aufgrund der Materialauswahl, der Kon-

taktierung, der Dimensionierung usw. auf eine bestimmte Betriebs-
art festgelegt, so wird es als Seebeck- bzw. Peltier-Element bezeichnet. In jedem Thermoelement wird durch Joulesche Wärme und
Wärmeleitung in erheblichem Maße Entropie erzeugt, so daß der erreichbare Wirkungsgrad beträchtlich niedriger ist als der Carnot-
Wirkungsgrad [2.10, 2.13].

2.2.1 Thermoelektrische Stromerzeugung: Das Seebeck-Element als Wärmekraftmaschine

Leitungsthermoelemente werden im allgemeinen nicht in der Anordnung gemäß Bild 2.1 benutzt, sondern die Kontaktstellen werden - wie
aus Bild 2.3 ersichtlich - mit Metallplättchen versehen, die zur
Stromzuführung dienen und zum Kontakt mit Wärmeaustauschern geeignet sind. Die Thermoelementschenkel bestehen nicht aus Metallen,
sondern aus dotierten Halbleitern, weil diese einen wesentlich höheren Wirkungsgrad ermöglichen (vgl. Abschn. 2.3). Zur Vereinfa-
chung und in guter Übereinstimmung mit der Praxis sei angenommen,
daß die Beträge der absoluten Thermokräfte, die elektrische Leitfähigkeiten und die Wärmeleitfähigkeiten für beide Schenkel gleich groß
sind:

$$\alpha_p = -\alpha_n = \alpha; \quad \sigma_p = \sigma_n = \sigma; \quad \varkappa_p = \varkappa_n = \varkappa.$$

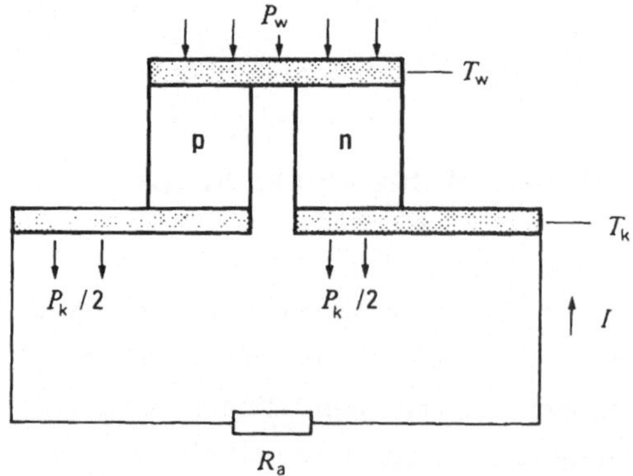

Bild 2.3. Aubau eines Seebeck-Elements

Die Länge eines Schenkels sei l, der Querschnitt A. Bei Kontakt-
stellentemperaturen T_w und T_k beträgt die Leerlaufspannung des
Seebeck-Elements

$$U_0 = 2\alpha\,(T_w - T_k).$$

(2.33)

Die maximale elektrische Leitung p_{el}^{max} kann entnommen werden,
wenn der äußere Widerstand R_a gleich dem inneren Widerstand
$R = 2\,l/\sigma\,A$ gewählt wird. Dann gilt

$$p_{el}^{max} = \frac{U_0^2}{4R}.$$

(2.34)

Damit ergibt sich als Verhältnis von maximaler elektrischer Leitung
zu Volumen $2\,l\,A$ des Thermoelements

$$\frac{p_{el}^{max}}{V} = \frac{\alpha^2\,\sigma}{3}\left(\frac{T_w - T_k}{4}\right)^2.$$

(2.35)

Diese Beziehung zeigt, daß der Materialbedarf bei vorgegebener Leistung quadratisch mit der Länge der Thermoelementschenkel steigt.
Dieses Resultat ist also für die Dimensionierung von Thermoelementen von besonderer Bedeutung.

Der Wirkungsgrad η des Seebeck-Elements ist das Verhältnis von
abgegebener elektrischer Leistung P_{el} zu aufgenommener Wärme-
leistung P_w an den heißen Kontaktstellen

$$\eta = \frac{P_{el}}{P_w}.$$

(2.36)

Dabei setzt sich P_w aus drei Termen zusammen, die der Peltier-
Wärme, der Jouleschen Wärme und der Wärmeleitung entsprechen:

$$P_w = 2\,\alpha\,T_w\,I - \frac{1}{2}\,I^2\,R - 2\,\kappa\,\frac{A}{l}\,(T_w - T_k).$$

(2.37)

Bei beliebiger Anpassung ist

$$P_{el} = I\,R_a \quad \text{mit} \quad I = \frac{2\,\alpha(T_w - T_k)}{R_a + R}\,.$$ (2.38)

Aus der Bedingung $\partial\eta/\partial R_a = 0$ ergibt sich, daß der maximale Wirkungsgrad eine etwas andere Anpassung als im Fall maximaler Leistung erfordert, nämlich

$$R_a = RM$$ (2.39)

mit

$$M = \left(1 + z\,\frac{T_w + T_k}{2}\right)^{1/2}; \quad z = \frac{\alpha^2\,\sigma}{\varkappa}\,.$$ (2.40)

Damit erhält man

$$\eta_{max} = \frac{T_w - T_k}{T_w}\,\frac{M - 1}{M + T_k/T_w} < 1\,.$$ (2.41)

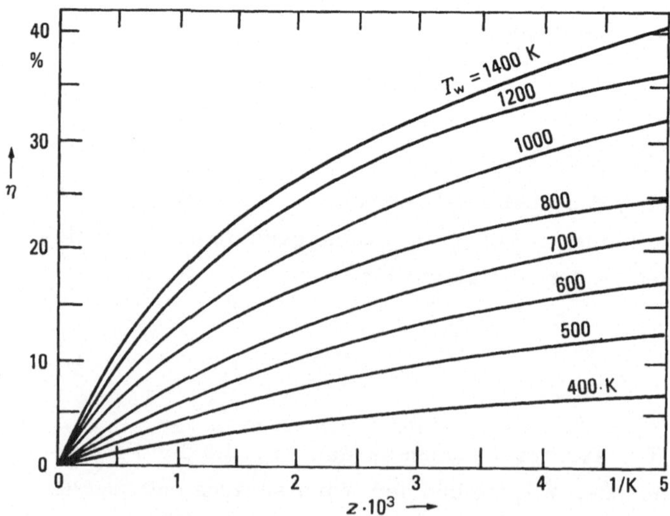

Bild 2.4. Wirkungsgrad η eines thermoelektrischen Generators (T_w als Parameter) in Abhängigkeit von der Effektivität ($T_k = 300$ K)

Wie Bild 2.4 zeigt, steigt der Wirkungsgrad monoton mit der Größe $z = \alpha^2\,\sigma/\varkappa$, welche als thermoelektrische Effektivität bezeichnet wird. Der Wirkungsgrad hängt also nur von den Temperaturen T_w und T_k sowie von der Materialgröße z, nicht dagegen von den geometrischen Abmessungen des Seebeck-Elements ab.

2.2.2 Elektrothermische Kühlung und Heizung: Das Peltier-Element als Wärmepumpe

a) Elektrothermische Kühlung

Den Aufbau eines Peltier-Elements zeigt schematisch Bild 2.5. Als Leitungsziffer ε bezeichnet man das Verhältnis von absorbiertem Energiestrom an den kalten Kontaktstellen (Kälteleistung P_k) zu aufgewendeter elektrischer Leistung P_{el}

$$\varepsilon = \frac{P_k}{P_{el}}. \tag{2.42}$$

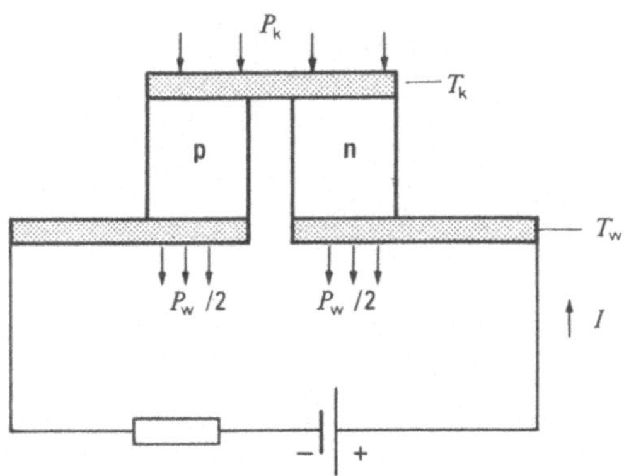

Bild 2.5. Aufbau eines Peltier-Elements

Ähnlich wie in Abschn. 2.2.1 findet man für die Leistungsziffer

$$\varepsilon = \frac{2\,\alpha\,T_k\,I - \frac{1}{2}\,I^2\,R - 2\,\varkappa\,\frac{A}{l}(T_w - T_k)}{I^2\,R + 2\,\alpha(T_w - T_k)I}. \tag{2.43}$$

Aus der Analyse dieses Ausdrucks ergibt sich, daß maximale Kälteleistung P_k^{max} und maximale Leistungsziffer ε_{max} bei verschiedenen
Stromstärken erreicht werden (Bild 2.6):

$$I\left(P_k^{max}\right) = \frac{2\,\alpha\,T_k}{R}\,, \tag{2.44}$$

$$P_k^{max} = \left[\,\alpha^2\,\sigma\,T_k^2 - 2\varkappa(T_w - T_k)\right]\frac{A}{l}\,, \tag{2.45}$$

$$I(\varepsilon_{max}) = \frac{2\,\alpha(T_w - T_k)}{R(M-1)}\,, \tag{2.46}$$

$$\varepsilon_{max} = \frac{T_k}{T_w - T_k}\;\frac{M - T_w/T_k}{M+1} \gtrless 1. \tag{2.47}$$

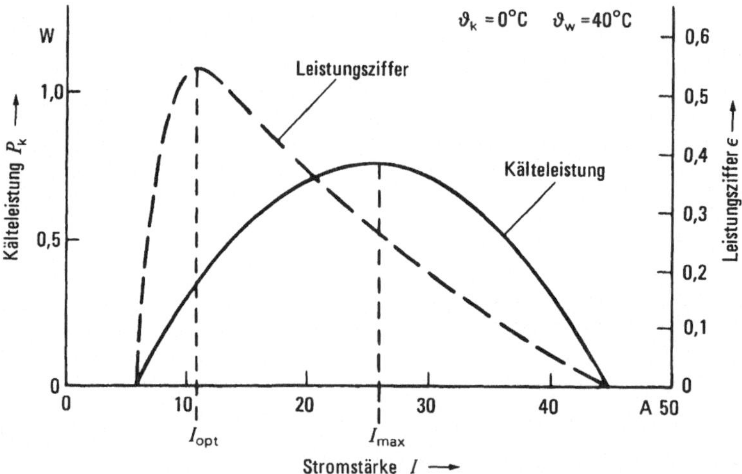

Bild 2.6. Kälteleistung P_k und Leistungsziffer ε als Funktion der
Stromstärke I bei $T_w - T_k = 40$ K. ($l = 0,8$ cm; $A = 0,4$ cm^2;
$z = 2,6 \cdot 10^{-3}$ K^{-1})

Aus Gl. (2.45) läßt sich die maximal erreichbare Temperaturdifferenz $(T_w - T_k)_{max}$ errechnen, die dann auftritt, wenn die kalte Kontaktstelle keine Wärme mit der Umgebung austauschen kann. Mit
$P_k^{max} = 0$ folgt

$$(T_w - T_k)_{max} = T_k^2\,\frac{z}{2} \tag{2.48}$$

oder

$$T_k = \frac{-1 + \sqrt{1 + 2 z T_w}}{z} \; . \qquad (2.49)$$

Wenn zur Zeit $T = 0$ der Strom $I\left(P_k^{max}\right)$ eingeschaltet wird, kann der Abkühlungsprozeß näherungsweise durch die Beziehung

$$T_w - T_k = (T_w - T_k)_{max} \, [1 - \exp(-t/\tau)] \qquad (2.50)$$

mit $\tau \approx l^2 \, c \, \rho / 2 \varkappa$ (c spezifische Wärme, ρ Dichte) beschrieben werden. Man sieht, daß die thermische Trägheit stark von der Länge der Schenkel abhängt, aber unabhängig vom Querschnitt ist.

<u>b) Elektrothermische Heizung</u>

Bei der elektrothermischen Heizung wird die von den warmen Kontaktstellen des Peltier-Elements an die Umgebung abgegebene Wärme genutzt. Es ist daher sinnvoll, einen Heizkoeffizienten γ als Verhältnis von Heizleistung P_w zu aufgewendeter elektrischer Leistung P_{el} zu definieren. Mit den Ergebnissen des vorigen Abschnitts ergibt sich

$$\gamma = \frac{P_w}{P_{el}} = \frac{P_k + P_{el}}{P_{el}} = 1 + \varepsilon > 1 . \qquad (2.51)$$

2.3 Festkörpertheoretische Gesichtspunkte für die Entwicklung thermoelektrischer Substanzen

Wie in Abschn. 2.2 gezeigt wurde, werden für Leistungsthermoelemente Substanzen mit hoher Effektivität $z = \alpha^2 \, \sigma / \varkappa$ benötigt. Da erfahrungsgemäß bei Metallen die Thermokraft α sehr klein ist, andererseits bei Isolatoren die elektrische Leitfähigkeit σ nahezu verschwindet, kommen als Materialien mit günstiger Effektivität nur Halbleiter in Betracht.

Zur weiteren Diskussion wird ein einfaches Modell vorausgesetzt, nämlich ein n-leitender extrinsischer Halbleiter mit sphärischen Energieflächen, so daß für die Energie E am unteren Rand E_C des Leitungsbandes gilt

$$E = E_C + \frac{\hbar^2 K^2}{2 m_n^*}.\tag{2.52}$$

(K Betrag des Wellenvektors; m_n^* effektive Masse der Leitungselektronen). Ferner sei zunächst Nichtentartung angenommen, d.h. die Fermi-Energie E_F soll hinreichend tief unter der Bandkante liegen

$$E_C - E_F \gg kT.$$

Im Rahmen dieses Modells soll nun die Abhängigkeit der Größen α, σ und $\varkappa$ von der Elektronendichte n angegeben werden.

Eine einfache Beziehung für den Peltier-Koeffizienten $\pi = \alpha T$ erhält man aus der Betrachtung eines Metall-Halbleiterkontaktes (Bild 2.7). Die Elektronendichte im Halbleiter sei so hoch, daß Randschichteffekte vernachlässigt werden können. Daher ist in der Abbildung keine Bandverbiegung eingezeichnet worden. Bei Stromfluß liegt die mittlere Energie der transportierten Elektronen um einen vom Streumechanismus abhängigen Betrag ΔE_{trans} oberhalb der Leitungsbandkante; die mittlere Energie der im Inneren des Metalls fließenden Elektronen ist nur unwesentlich von der Fermi-Energie verschieden. Am Kontakt Metall/Halbleiter können jedoch bei positiv gepoltem Halbleiter nur die hochenergetischen Elektronen aus dem "Boltzmann-Schwanz" der Fermi-Verteilung vom Metall in den Halbleiter übertreten. Daraus folgt, daß zur Aufrechterhaltung der Fermi-Verteilung eine Phononenabsorption erforderlich ist, die zur Abkühlung des Kontakts führt.

Wenn ein einzelnes Elektron vom Metall zum Halbleiter fließt, muß an der Kontaktstelle demnach die Peltier-Wärme

$$\pi e = \Delta E_{trans} + E_C - E_F \tag{2.53}$$

absorbiert werden (Bild 2.7)

Mit der Kelvin-Beziehung $\pi = \alpha T$ und der Abkürzung $\delta = \Delta E_{trans}/kT$ folgt

$$\alpha = \frac{k}{e}\left(\delta + \frac{E_C - E_F}{kT}\right).\tag{2.54}$$

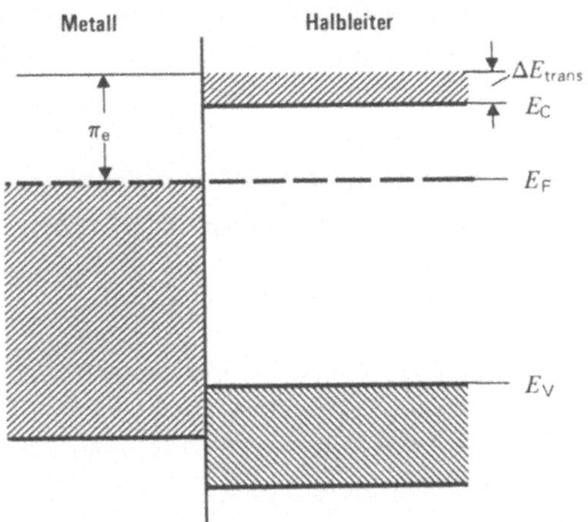

Bild 2.7. Energieschema zur Berechnung des Peltier-Koeffizienten eines Metall-Halbleiterkontakts

Führt man anstelle der Fermi-Energie die Elektronendichte n ein, so erhält man

$$\alpha = \frac{k}{e}\left(\delta + \ln \frac{N_C}{n}\right) \tag{2.55}$$

mit $N_C = 2\left(2\pi\, m_n^* \, kT/h^2\right)^{3/2}$.

Den Wert von δ erhält man aus der Transporttheorie (Boltzmann-Gleichung). Macht man für die Temperatur- und Energieabhängigkeit der freien Weglänge L der Ladungsträger den Ansatz

$$L = \Psi(T) E_{kin}^r \tag{2.56}$$

so ergibt sich aus der Boltzmann-Gleichung

$$\delta = r + 2 \tag{2.57}$$

mit beispielsweise $r = 0$ für Streuung der Elektronen an akustischen Phononen und $r = 2$ für Streuung an ionisierten Störstellen.

Für die elektrische Leitfähigkeit gilt:

$$\sigma = n\, e\, \mu_n. \tag{2.58}$$

Dabei ist die Beweglichkeit μ_n der Elektronen abhängig von der Temperatur und vom Streumechanismus, aber näherungsweise unabhängig von der Ladungsträgerdichte.

Es wird angenommen, daß sich die Wärmeleitfähigkeit $\varkappa$ aufspalten läßt in einen Anteil des Gitters $\varkappa_G$ und einen Beitrag der Elektronen $\varkappa_{el}$:

$$\varkappa = \varkappa_G + \varkappa_{el}. \tag{2.59}$$

Der elektronische Anteil kann mit Hilfe der Boltzmann-Gleichung berechnet werden. Er beträgt im Fall der Nichtentartung

$$\varkappa_{el} = (r + 2)T\sigma. \tag{2.60}$$

Mit Hilfe dieser Beziehungen ist es möglich, die thermoelektrische Effektivität als Funktion der Elektronendichte auszudrücken:

$$z = \frac{\alpha^2 \sigma}{\varkappa} = \frac{\left[\frac{k}{e}\left(r + 2 + \ln\frac{N_C}{n}\right)\right]^2 n \, e \, \mu_n}{\varkappa_G + (r + 2)T\,n\,e\,\mu_n}.$$

Aus der Extremalbedingung $dz/dn = 0$ folgt als optimale Thermokraft

$$\alpha_{opt} = 2\,\frac{k}{e}\left(1 + \frac{\varkappa_{el}}{\varkappa_G}\right). \tag{2.62}$$

In vielen praktischen Fällen ist $\varkappa_{el}/\varkappa_G \ll 1$. Dann gilt

$$\alpha_{opt} = 2\,\frac{k}{e} \approx 172\ \mu V/K. \tag{2.63}$$

Wie aus den Gl. (2.55) und (2.57) ersichtlich, wird dieser Wert im Falle der Streuung an akustischen Gitterschwindungen für $n = N_C$ erreicht. Nimmt man Zimmertemperatur an und setzt die effektive Masse der Elektronen gleich der Masse der freien Elektronen, so bedeutet das $n = 2{,}5 \cdot 10^{19}\ cm^{-3}$.

Bei vorgegebenem Halbleiter muß als diese Ladungsträgerdichte durch Dotierung eingestellt werden. Man beachte, daß die Dotierungskon-

zentration ungefähr 0,1 Gew.-% beträgt. Da in "chemisch reinen"
Substanzen Verunreinigungen von 0,001 bis 0,01 Gew.-% enthalten
sind, ist für thermoelektrische Substanzen, die sonst in der Halbleitertechnologie übliche Nachreinigung durch Zonenschmelzen usw. in
der Regel nicht erforderlich.

Benutzt man anstelle von Gl. (4.2) die exaktere Formel (4.11), so erhöht sich die optimale Thermokraft im allgemeinen auf ca. 200 μV/K,
die optimale Dotierungskonzentration sinkt unwesentlich ab (Bild 2.8).

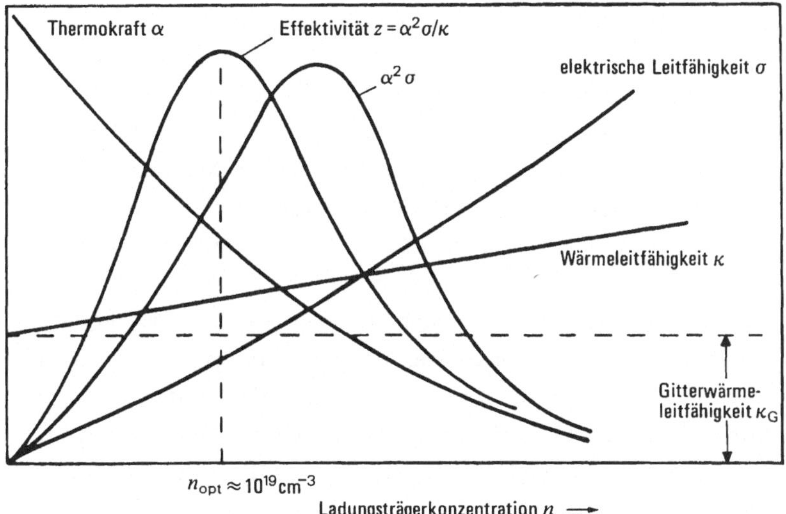

Bild 2.8. Abhängigkeit der thermoelektrischen Materialgrößen von
der Ladungsträgerkonzentration (schematisch)

Es sei erwähnt, daß bei $n = N_C$ die Fermi-Energie auf der Kante des
Leitungsbandes liegt. Die anfangs gemachte Voraussetzung der Nichtentartung ist daher nicht mehr erfüllt, es liegt vielmehr partielle
Entartung vor. Eine genauere numerische Rechnung unter Benutzung
der Fermi-Integrale (vgl. [2,13, Abschn. 11]) ergibt jedoch nur geringe Korrekturen an den oben gewonnenen Resultaten.

Ladungsträgerkonzentrationen von ca. 10^{19} cm^{-3} lassen sich in zahlreichen Halbleitern sowohl beim n-Typ als auch beim p-Typ durch Dotierung realisieren. Es stellt sich daher die Frage, welche Kriterien

es für die Auswahl des zu dotierenden Halbleiters gibt. Schreibt man
Gl. (2.61) in der Form

$$z = \frac{\alpha^2 \, n \, e \, \mu_n / \varkappa_G}{1 + (r + 2) T \, n \, e \, \mu_n / \varkappa_G} \, , \tag{2.64}$$

so sieht man, daß ein möglichst großes Verhältnis $\mu_n / \varkappa_G$ von Beweglichkeit zu Gitterwärmeleitfähigkeit anzustreben ist. Das Dilemma dieser Aufgabe besteht darin, daß bei Eingriffen in den Kristallbau in den meisten Fällen die Beweglichkeit und Gitterwärmeleitfähigkeit in ungefähr gleichem Maße reduziert werden.

Als Beispiel hierfür seien die Eigenschaften von keramischen Halbleitern angeführt. Es gibt eine wichtige Ausnahme: In Substitutionsmischkristallen des Typs $A_{1-x} B_x$, bei denen die Massenzahl des Atoms A stark von der des Atoms B verschieden ist, werden die Phononen durch die lokalen Massenfluktuationen stark gestreut, was zu einer erheblichen Herabsetzung der Gitterwärmeleitfähigkeit führt. Die Ladungsträger werden durch diese Fehldordnung nur wenig beeinflußt, d.h. die Beweglichkeit bleibt erhalten. Im Hinblick auf die Beweglichkeit wird man Halbleiter mit breiten Leitungsbändern auswählen, da die Ladungsträger in einem breiten Band im allgemeinen eine hohe Beweglichkeit besitzen. Allerdings ist bei Breitbandhalbleitern in der Regel die verbotene Zone $E_g = E_C - E_V$ klein, so daß schon bei verhältnismäßig niedrigen Temperaturen Eigenleitung auftritt. Eigenleitung muß bei Thermoelektrika jedoch vermieden werden, da die gleichzeitige Anwesenheit von Elektronen und Löchern zum Verschwinden der Thermokraft führt. Folglich hängt der optimale Bandabstand von der maximalen Betriebstemperatur des Thermoelements T_w ab. Bei den für Thermoelementen optimalen Dotierungskonzentrationen von ca. $10^{19} - 10^{20}$ cm^{-3} gilt als Faustregel zur Vermeidung der Eigenleitung $E_g > 4 \, kT_w$, d.h. der minimale Bandabstand bei Zimmertemperatur beträgt $E_g \approx 0,15$ eV, bei 1000 K dagegen schon $E_g \approx 0,5$ eV. Thermoelektrische Werkstoffe für hohe Temperaturen werden demnach kleinere Beweglichkeit und Effektivität zeigen. Die erreichbare dimensionslose Gütezahl zT sollte dagegen weniger von der Anwendungstemperatur abhängen. Diese Tendenz wird durch die experimentellen Ergebnisse bestätigt.

Die Aussagen dieses Abschnitts beruhen, wie anfangs bemerkt, auf
einem sehr einfachen Modell. Aber auch eine verfeinerte Theorie, die
z.B. eine komplizierte Bandstruktur und mehrere Streumechanismen
berücksichtigt, vermag wegen der komplexen Zusammenhänge zwischen den Parametern (Bandabstand, effektive Massen, Beweglichkeiten, Gitterwärmeleitfähigkeit, Streuparameter) bis heute keine
hinreichend zuverlässige Voraussage über die maximal erreichbare
Effektivität zu liefern. Wäre es möglich, die bisher erreichten
z-Werte zu verdoppeln, dann würden sich wahrscheinlich weitere Anwendungen der Thermoelektrizität wirtschaftlich sinnvoll realisieren
lassen (vgl. Abschn. 2.8).

2.4 Halbleiterwerkstoffe für Leistungsthermoelemente

Halbleitende Materialien für die thermoelektrische Energiekonversion
sind entsprechend den Prinzipien des vorigen Abschnitts in dem Zeit-
raum von 1950 bis 1960 entwickelt worden. Seit dieser Zeit wurden
nur noch geringfügige Verbesserungen erzielt. Für den Temperaturbereich zwischen 300 und 1300 K gibt es ein Sortiment von geeigneten
Halbleitern. Benutzt man statt der thermoelektrischen Effektivität z
die dimensionslose Gütezahl zT, so läßt sich der gegenwärtige Ent-
wicklungsstand grob durch die Beziehung $zT \leqslant 1$ charakterisieren,
d.h. bei 300 K stehen Halbleiter mit $z \approx 3 \cdot 10^{-3}$ K^{-1} zur Verfügung,
während bei 1000 K die erreichte Effektivität nur $z = 1 \cdot 10^{-3}$ K^{-1}
beträgt. In Tabelle 2.1 sind die wichtigsten thermoelektrischen Substanzen nach dem Temperaturbereich ihrer Anwendung geordnet. Die
Bild 2.9 und 2.10 zeigen zT als Funktion der Temperatur für einige
p- und n-leitende Halbleiter. Von den angegebenen Substanzen werden
aus verschiedenen Gründen hauptsächlich Materialien auf der Basis
von Bi_2Te_3, PbTe und GeSi benutzt. Weiterhin ist die Substanz $FeSi_2$
wegen der niedrigen Materialkosten von Interesse.

Tabelle 2.1. Bewährte thermoelektrische Substanzen

Temperaturbereich in K	Substanz	Typ		Literatur
250...450	$Bi_{2-x}Sb_xTe_3$	n	0,8	[2.16]
	$Bi_2Te_{3-x}Se_x$	n	0,8	[2.16]
400...800	PbTe	p	0,8	[2.13]
	PbTe	n	0,8	[2.13]
	$FeSi_2$	p	0,2	[2.17, 2.18]
	$FeSi_2$	n	0,2	[2.17, 2.18]
700...1200	$Si_{1-x}Ge_x$	p	0,7	[2.19]
	$Si_{1-x}Ge_x$	n	0,7	[2.19]

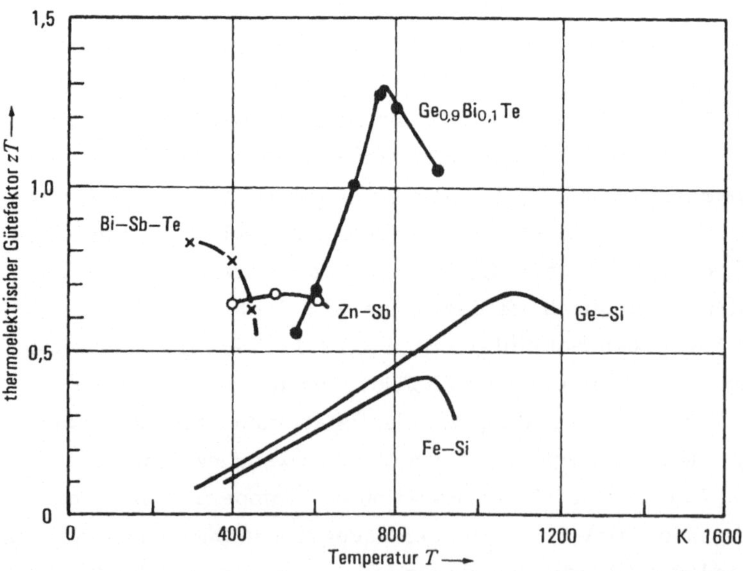

Bild 2.9. Thermoelektrische Gütezahl zT von p-leitenden Thermoelektrika in Abhängigkeit von der Temperatur

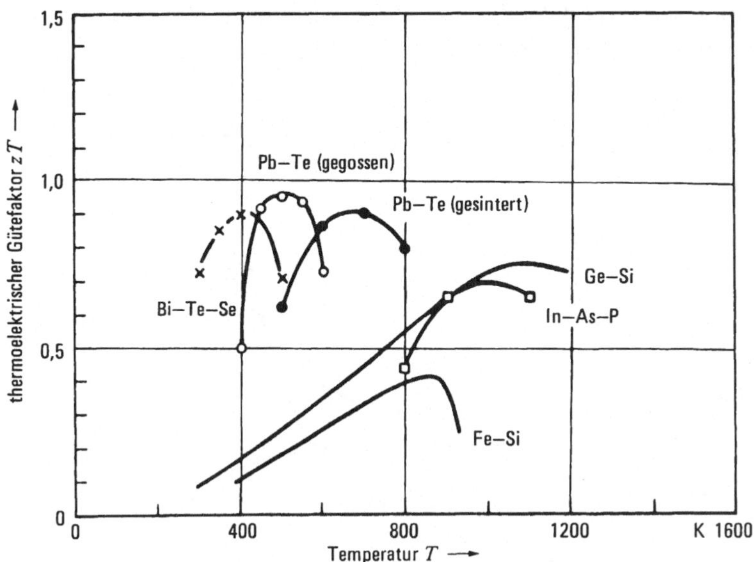

Bild 2.10. Thermoelektrische Gütezahl zT von n-leitenden Thermoelektrika in Abhängigkeit von der Temperatur

Im folgenden sollen einige Anmerkungen zu diesen Halbleiterverbindungen gemacht werden. Für weitere Informationen muß auf die Ori-
ginalarbeiten verwiesen werden.

Wismuttellurid Bi_2Te_3

Während anfangs Bi_2Te_3 für die elektrothermische Kühlung benutzt
wurde, ging man später auf die Mischkristallsysteme $Bi_{2-x}Sb_xTe_3$
und $Bi_2Te_{3-x}Se_x$ über, da durch die Substitutionen die Gitterwärmeleitfähigkeit (Bild 2.11) mehr herabgesetzt wird als die Ladungsträgerbeweglichkeit. Die Substanzen lassen sich entweder durch gerichtetes Erstarren oder durch pulvermetallurgische Verfahren herstellen. Eine Anwendung kommt nur bei Temperaturen unterhalb von
200 °C in Betracht, da bei höherer Tempetatur wegen des geringen
Bandabstandes die Eigenleitung einsetzt.

Bleitellurid PbTe

Bleitellurid und seine Legierungen mit Bleiselenid oder Zinntellurid
werden im Temperaturbereich von 150 bis 450 °C benutzt. Die Herstellung erfolgt wie bei Bi_2Te_3 durch gerichtetes Erstarren oder
durch Heißpressen. Ein Nachteil dieser Substanzen ist die Neigung

zu Sublimation oder Oxidation. Diese Phänomene müssen bei der Anwendung durch geeignete Maßnahmen verhindert werden.

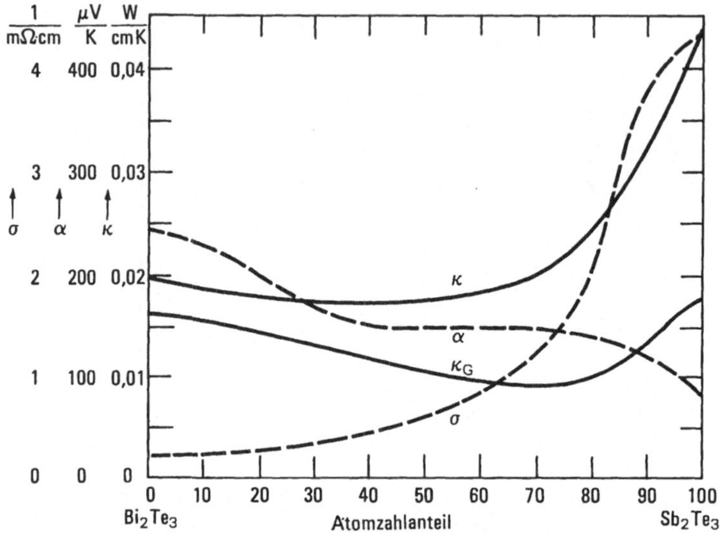

Bild 2.11. Wärmeleitfähigkeit $\varkappa$, Thermokraft α und Leitfähigkeit σ im System $Bi_{2-x}Sb_xTe_3$ bei 300 K, berechnet unter der Annahme partieller Entartung. Nach [2.12]

Eisendisilizid β-$FeSi_2$

Die Verbindung $FeSi_2$ tritt in zwei Phasen auf. Bei $\vartheta > 900\ °C$ liegt metallisches α-$FeSi_2$ vor. Bei tieferen Temperaturen entsteht halbleitendes β-$FeSi_2$. Der Temperaturbereich der Anwendung entspricht dem von PbTe, jedoch ist die thermoelektrische Effektivität merklich niedriger. Es gibt drei Gründe, warum dieses Material trotzdem interessant ist. Erstens sind die Komponenten Eisen und Silizium zu niedrigen Preisen zu beschaffen. FeSi und $FeSi_2$ treten z.B. als Zwischenprodukte bei der Stahlproduktion auf. Zweitens wird $FeSi_2$ bei Erwärmung an Luft durch eine SiO_2-Schicht geschützt, die sich an der Oberfläche bildet. Drittens kann die Substanz als ungiftig angesehen werden.

Germanium-Silizium-Mischkristalle $Ge_{1-x}Si_x$

Das System Germanium-Silizium bildet eine lückenlose Reihe von Mischkristallen, besitzt also keinen kongruenten Schmelzpunkt. Homogene Mischkristalle können jedoch mit Hilfe des Zonenhomogenisierens (Zone-Leveling) hergestellt werden. Auch das pulvermetallurgische Verfahren ist geeignet. Das gesinterte Material hat eine deutlich niedrigere Gitterwärmeleitfähigkeit [2.12]; da jedoch die Ladungsträgerbeweglichkeit im gleichen Maße herabgesetzt wird, ändert sich die Effektivität praktisch nicht. In diesem System kommen die günstigen thermoelektrischen Eigenschaften vor allem durch den hohen Wärmewiderstand der Mischkristalle (Bild 2.12) zustande [2.20]. Ähnlich wie $FeSi_2$ bildet sich bei $Ge_{1-x}Si_x$ an der Oberfläche eine SiO_2-Schicht, so daß das Material bei 1000 °C an Luft betrieben werden kann.

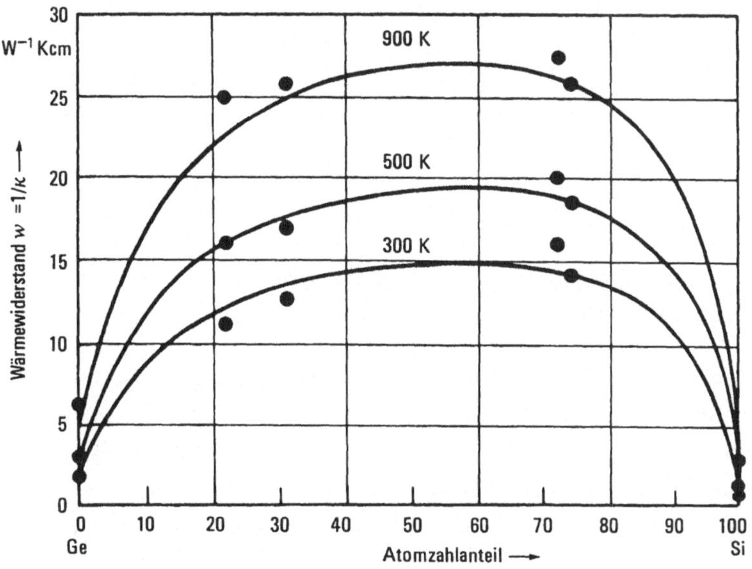

Bild 2.12. Spezifischer Wärmewiderstand $1/\varkappa$ im System Ge-Si. Nach [2.20]

Für drei thermoelektrische Halbleitersysteme sind die Zimmertemperatureigenschaften in Tabelle 2.2 zusammengestellt.

Eine bewährte Kombination für zweistufige Seebeck-Elemente läßt sich aus Ge-Si (p und n) mit Bi-Sb-Te(p) und Bi-Te-Se(n) zusammenstellen, wobei im Bereich zwischen 300 und 1300 K ein mittlerer Wert $zT \approx 0,5$ zu erreichen ist.

Tabelle 2.2. Eigenschaften einiger wichtiger Thermoelektrika bei 300 K

Substanz	Dotie-rung	α μV/K	σ Ω^{-1} cm^{-1}	$\varkappa$ W/cm K	$z \cdot 10^3$ K^{-1}	Bandabstand eV
85 Bi$_2$Te$_3$ 15 Bi$_2$Se$_3$	J Te	– 200	1000	0,015	2,7	0,3
30 Bi$_2$Te$_3$ 70 Sb$_2$Te$_3$	Te	+ 200	1200	0,015	3,3	0,2
FeSi$_2$	Co	– 200	100	0,04	0,4	0,8
FeSi$_2$	Al	+ 400	200	0,08	0,4	0,8
Ge$_{0,3}$Si$_{0,7}$	As	– 160	650	0,06	0,3	0,9
Ge$_{0,3}$Si$_{0,7}$	B	+ 130	1000	0,06	0,3	0,9

2.5 Technische Realisierung von Peltier- und Seebeck-Elementen

Für praktische Anwendungen kommt nur in Ausnahmefällen ein einzelnes Thermoelement gemäß Bild 2.3 in Betracht. Im allgemeinen ist es zur Erzielung hinreichend hoher Leistungen und elektrischer Spannungen erforderlich, mehrere Elemente elektrisch in Reihe und thermisch parallel zu schalten. Aus den Betriebsbedingungen ergeben sich unterschiedliche Bauprinzipien für Peltier- und Seebeck-Elemente.

2.5.1 Peltier-Elemente

Da die Temperaturdifferenz an einem Peltier-Element selten mehr als 50 K beträgt, sind die Probleme, die durch thermische Ausdehnung, Oxidation, Verdampfung und Diffusion auftreten, im allgemeinen nicht sehr gravierend. In den meisten Fällen werden mehrere Peltier-Elemente zu einem Modul (Bild 2.13) vereinigt. Die Thermoelement-schenkel bestehen aus p-leitendem $Bi_{2-x}Sb_xTe_3$ und n-leitendem $Bi_2Te_{3-x}Se_x$. Die Kontaktbrücken aus Kupfer werden mit einem

Weichlot (z.B. Bi-Sn-Sb-Eutektikum [2.21]) an die Schenkel gelötet.
Der Raum zwischen den Schenkeln muß mit einer thermisch und elektrisch schlechtleitenden Masse ausgefüllt werden. Hierfür eignen sich
Kunstharze, die zugleich die mechanische Stabilität des Moduls gewährleisten. Beim Betrieb müssen auf beiden Seiten Wärmeaustauscher angebracht werden. Dabei ist es schwierig, einen guten Wärmeübergang zu erreichen und zugleich die Bedingung der elektrischen
Isolation zu erfüllen. Als Isolatorschicht sind thermisch gutleitende
Harze oder Folien (Glimmer oder Kunststoff) geeignet. In der Regel
sind die Thermoelementschenkel quaderförmig mit linearen Abmessungen von 5 bis 10 mm, entsprechend maximalen Betriebsströmen von
5 bis 10 A. Die praktische Ausführung eines Peltier-Moduls (ohne
Wärmeaustauscher zeigt Bild 2.14. Mit derartigen Einheiten wird eine maximale Temperaturdifferenz von ca. 50 K erreicht (ϑ_w = 30 °C),
ϑ_k = - 20 °C). Um zu tieferen Temperaturen zu gelangen, muß man
mehrstufige Anordnungen wählen, d.h. mehrere Module mit optimierter Größe aufeinandersetzen. Mit einer achtstufigen Anordnung konnte
von Zimmertemperatur ausgehend eine Minimaltemperatur von - 142 °C
erreicht werden. Die Herstellung der geschilderten Module aus geschmolzenen oder metallkeramischen Substanzen in größeren Stückzahlen bietet mannigfaltige Probleme, die hier nur mit den Stichworten Homogenität des Materials, Sägen auf Maß und Kontaktwiderstand
angedeutet seien. Zudem ist es nicht möglich, auf diese Weise Miniaturthermoelemente zu produzieren, die wegen ihres kleinen Raumbedarfs oder wegen ihrer geringen thermischen Trägheit (vgl. Gl. (2.50))
zunehmend interessant werden.

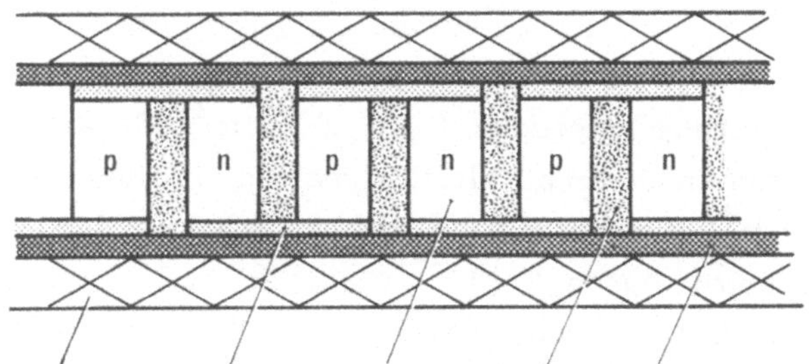

Bild 2.13. Schema eines Peltier-Moduls

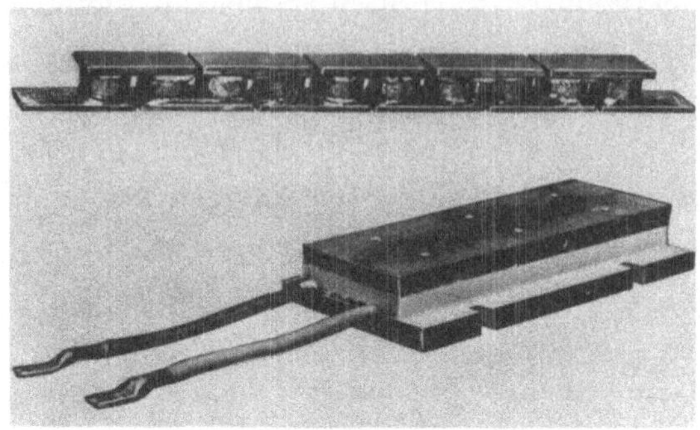

Bild 2.14. Peltier-Modul mit 10 Elementen. (AEG)

Es wäre daher wünschenswert, eine Fertigungsmethode zu benutzen,
bei der gewisse Arbeitsprozesse entfallen oder wenigstens besser zu
kontrollieren sind. Hierfür kommt die Aufdampftechnik in Betracht.
Es ist bekannt, daß viele Halbleiterverbindungen einschließlich Dotierung in dieser Weise hergestellt werden können, wobei die Schichtdik-
ke in der Regel 1 μm nicht überschreitet. Leiden können solche dünnen Schichten aus folgenden Gründen für Leistungsthermoelemente
kaum Anwendung finden: Im allgemeinen wird die Dicke des Trägers,
auf der sich die Aufdampfschicht befindet, wesentlich größer sein als
die Schichtdicke. Benutzt man also das Aufdampfthermoelement so,
daß der elektrische Strom und der Wärmestrom parallel zur Träger-
oberfläche fließen, dann bewirkt der Träger einen unerwünschten thermischen Kurzschluß. Läßt man hingegen den elektrischen und thermischen Strom senkrecht zur Oberfläche des Trägers fließen, dann ergeben sich Optimierungsprobleme. Gemäß Gl. (2.44) beträgt die
Stromstärke für maximale Kälteleistung $I = 2\alpha\,T_k/R$ mit $R = 2\,l/\sigma\,A$.
In der Praxis sollte $I \leqslant 10$ A sein, das erfordert ein Verhältnis
$l/A \approx 1\,\mathrm{cm}^{-1}$. Bei einer Schichtdicke von $l = 10^{-4}$ cm ergibt sich
aus dieser Bedingung ein Schenkelquerschnitt $A = 10^{-4}\,\mathrm{cm}^2$. Derartige Aufdampfelemente hätten die gleiche Kälteleistung wie ein Element
mit $l = 1$ cm und $A = 1\,\mathrm{cm}^2$, die thermische Trägheit wäre um den
Faktor 10^{-8} kleiner und würde durch $\tau \sim 10^{-6}$ s charakterisiert. Es
ist jedoch zweifelhaft, ob sich Thermoelemente mit $l = 10^{-4}$ cm realisieren lassen, da die Kontaktierung und die Beherrschung eines
Wärmestroms von $10^4\,\mathrm{W/cm}^2$ kaum lösbare Probleme bieten. Als
praktisch nutzbare Schichtdecke erscheint $l \approx 10^{-2}$ cm wünschens-

wert. Mittels einer Flash-Aufdampfmethode [2.21] konnten im Laborversuch solche Schichten kürzlich verwirklicht werden (Bild 2.15).

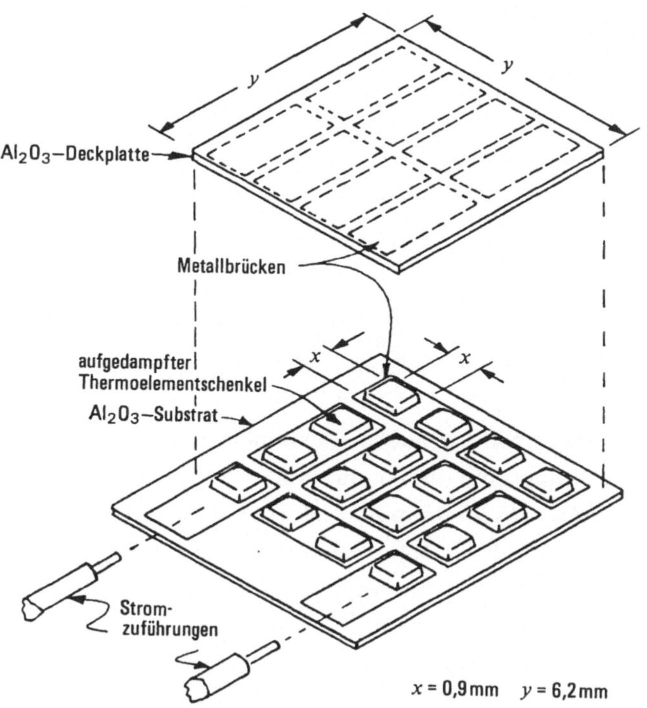

Bild 2.15. Miniatur-Peltier-Modul, hergestellt mit Flash-Aufdampf-verfahren. Nach [2.21]

2.5.2 Seebeck-Elemente

Für die thermoelektrische Stromerzeugung werden Thermoelemente benötigt, die sowohl für hohe Betriebstemperatur als auch für große Temperaturdifferenzen brauchbar sind. Da viele thermoelektrischen Substanzen nur für einen begrenzten Temperaturbereich geeignet sind, ist es manchmal erforderlich, die Thermoelementschenkel aus Segmenten verschiedener Materialien aufzubauen. Bild 2.16 zeigt das Schema eines derartigen Seebeck-Elements. Man beachte die Anpassung der Kontakte mittels einer Druckfeder, die konzentrisch um eine Kupferlitze angeordnet ist. Hierdurch werden mechanische Spannungen, die durch die thermische Ausdehnung bedingt sind, zuverlässig aufgefangen. Die Kupferlitzen gewährleisten hinreichend kleinen Wärmewiderstand.

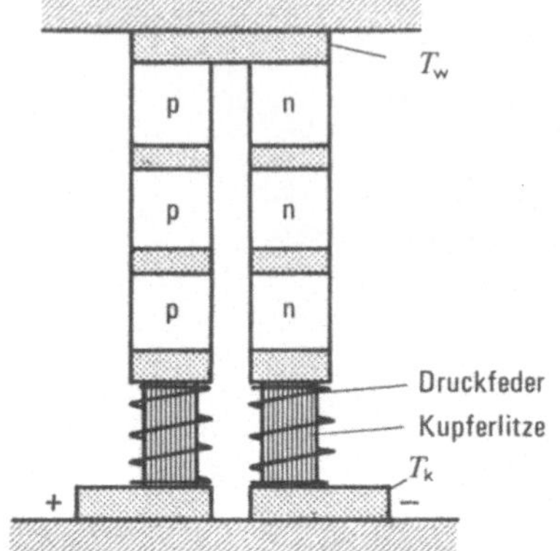

Bild 2.16. Schema eines aus Segmenten aufgebauten Seebeck-Elements

Bei der Auswahl der Substanzen für Seebeck-Elemente muß neben hoher Effektivität auch auf eine gute chemische Stabilität geachtet werden. Insbesondere gilt es, ein Verdampfen oder Oxidieren der Thermoelementschenkel zu vermeiden. Daher sind z.B. Telluride trotz hoher Effektivität nicht günstig für die praktische Anwendung, da sie nur unter Schutzgas oder mit einer Ummantelung aus rostfreiem Stahl benutzt werden können. Diese Nachteile werden vermieden, wenn man Materialien mit hohem Siliziumgehalt verwendet, z.B. β-FeSi$_2$ oder Si$_{1-x}$Ge$_x$-Mischkristalle. Hier bildet sich bei Erwärmung an Luft eine dünne SiO$_2$-Oberflächenschicht, die die Substanz vor weiterer Sublimation und Oxidation schützt. Als Beispiel sei hier der Aufbau eines Ge-Si-Hochtemperaturthermoelements beschrieben [2.22]. Tabelle 2.3 gibt die Daten der benutzten Substanzen an:

Tabelle 2.3. Eigenschaften von Ge-Si-Mischkristallen für Hochtemperaturthermoelemente

Substanz	Dotierung	Thermokraft bei 300 K μV/K	Elektrische Leitfähigkeit bei 300 K Ω^{-1} cm^{-1}
p-Ge$_{0,3}$Si$_{0,7}$	B	+ 130	1000
n-Ge$_{0,3}$Si$_{0,7}$	As	− 160	650
p-Si-Kontaktbrücke	B	+ 90	5000

Von besonderer Bedeutung für das Ge-Si-Element ist der Aufbau der
Kontaktstellen. Da für die heißen Kontaktstellen eine Dauertempera-
tur von 1000 °C vorgesehen ist, kommen Metalle für die heiße Kontaktstelle nicht in Betracht, da sie entweder oxidieren, niedrig-
schmelzende Eutektika bilden oder zu Diffusionserscheinungen Anlaß
geben. Wie in Bild 2.17 gezeigt, kann als heiße Kontaktbrücke hoch-
dotiertes Silizium benutzt werden. Als "Lot" sind dotierte Mischkristalle der Zusammensetzung $Si_{0,3}Ge_{0,7}$ geeignet, deren Liquidus-
temperatur dicht unter der Solidustemperatur des Schenkelmaterials
liegt. Die kalte Kontaktstelle muß anders konstruiert werden, da sie
mit metallischen Stromzuführungen versehen wird. Hier wird eine
Wolframscheibe (Wolfram paßt im Ausdehnungskoeffizient gut zu
Ge-Si) anlegiert, die wiederum mit einem Silberblech hart verlötet
wird. Die Betriebsdaten eines Ge-Si-Elements zeigt Bild 2.18. Bei
$T_w - T_k$ = 800 °C und ϑ_w = 900 °C konnte dem Element mit den Schen-
kelabmessungen $(6 \times 6 \times 6)$ mm^3 eine elektrische Leistung von 1,7 W
bei einem Wirkungsgrad von ca. 7% entnommen werden. Diese Elemente sind für Dauerbetrieb bei 1000 °C geeignet, sie vertragen
auch extreme Temperaturschwankungen. Nach 800 Zyklen hatte sich,
wie in Bild 2.19 dargestellt, die abgegebene elektrische Leistung nicht
verändert.

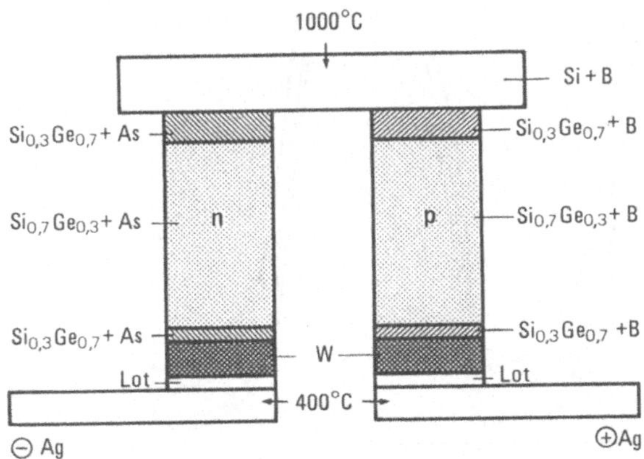

Bild 2.17. Aufbau eines Ge-Si-Elementes für den Betrieb bei 1000 °C
an Luft [2.22]

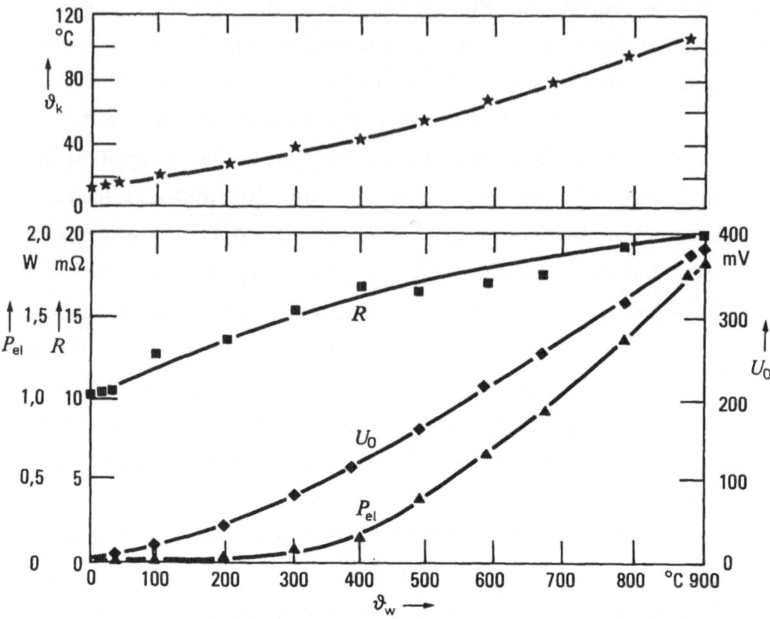

Bild 2.18. Betriebsdaten eines Ge-Si-Elements gemäß Bild 2.17. Dimensionen eines Schenkels: 6 mm × 6 mm × 6 mm

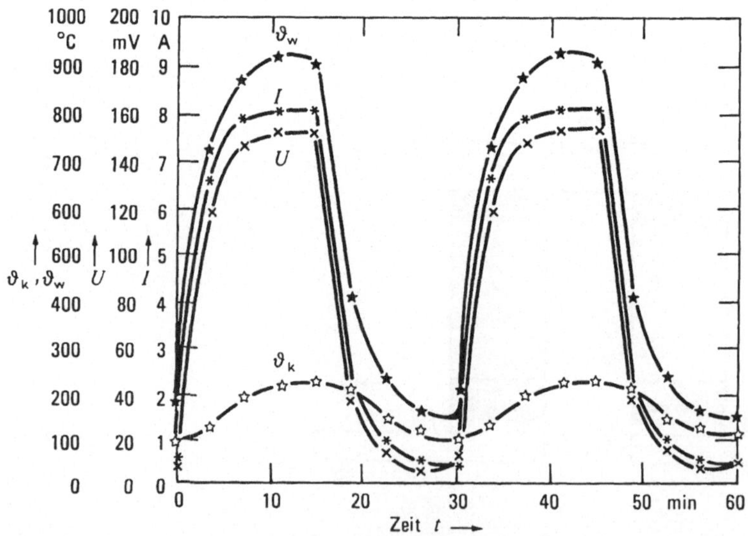

Bild 2.19. Erprobungszyklen für ein Ge-Si-Element gemäß Bild 2.17

Inzwischen sind an Ge-Si-Elementen Langzeitversuche im Hinblick auf
die Anwendung für die interplanetarische Raumfahrt angestellt worden [2.23]. Wie die Bilder 2.20 und 2.21 zeigen, tritt nach mehrjäh-
riger Benutzung bei hoher Temperatur sowohl eine Erhöhung des Widerstands als auch ein Anwachsen der Thermokraft auf. Diese Effekte, die durch Ausscheidung von Dotierungsmaterial bis zum Gleichgewichtszustand erklärt werden, setzen die Leistung der Elemente jedoch nur unwesentlich herab. Aus diesen Dauerversuchen läßt sich
die Vermutung ableiten, daß Ge-Si-Seebeck-Elemente eine Lebensdauer von einigen Jahrzehnten haben können.

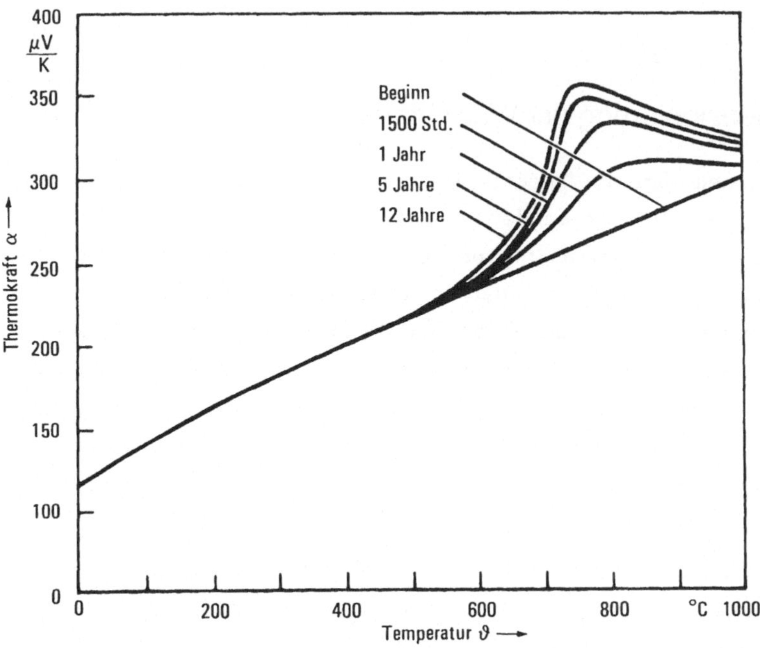

Bild 2.20. Zeitliche Änderung der Thermokraft α von hochdotierten
Ge-Si-Mischkristallen. Nach [2.23]

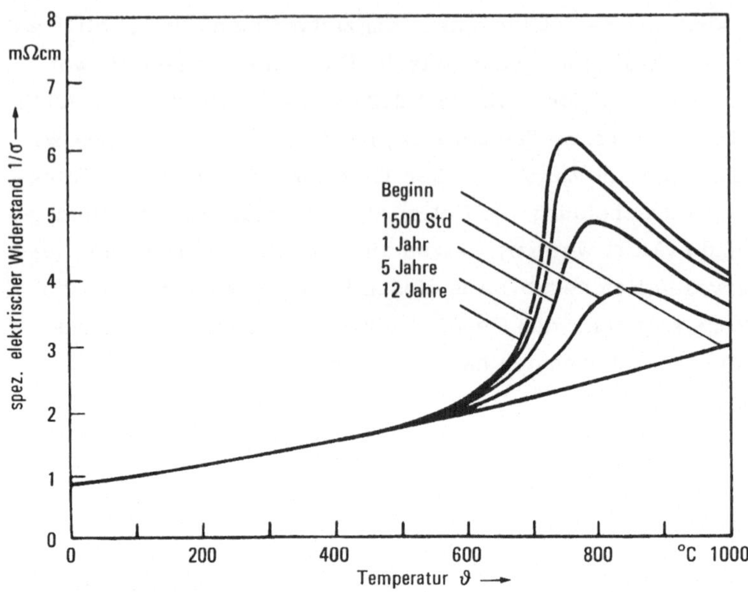

Bild 2.21. Zeitliche Änderung des spezifischen elektrischen Widerstands $1/\sigma$ von hochdotierten Ge-Si-Mischkristallen. Nach [2.23]

2.6 Dimensionierung der Wärmetauscher

Die phänomenologische Theorie des Leistungsthermoelements, die in
Abschn. 2.2 referiert wurde, beschreibt das Verhalten des Seebeck-
und des Peltier-Elements in Abhängigkeit von den Kontaktstellentem-
peraturen T_w und T_k. Da diese Temperaturen bei vorgegebener Umgebungstemperatur von der Größe und Wirksamkeit der Wärmeaustauscher (Kühlrippen o.ä.) abhängen, ist es erforderlich, die phänomenologische Theorie in dieser Hinsicht zu ergänzen [2.24]. In
der Regel ist es notwendig, eine optimale Größe der Wärmeaustauschflächen zu ermitteln.

2.6.1 Wärmeaustauscher für thermoelektrische Generatoren

Hier interessiert vor allem die Wärmeabfuhr an den kalten Kontaktstellen, für die zwei Grenzfälle unterschieden werden können: a) Wärmeabfuhr durch freie oder erzwungene Konvektion, b) Wärmeabfuhr
durch Wärmestrahlung.

Fall a) liegt vor, wenn sich die Wärmeüberträger in einem strömenden Medium wie Luft oder Wasser befinden. Die abgeführte Wärmelei-
stung beträgt dann

$$P_k = w \, A_{eff} (T_k - T_a) \, .$$
(2.65)

(w Wärmeübergangszahl, A_{eff} wirksame Oberfläche der Wärmeüberträger, T_k Temperatur der kalten Kontaktstellen, T_a Umgebungstemperatur). Wärmeübergangszahl und wirksame Fläche werden durch
die Art und die Geschwindigkeit des Mediums bestimmt; sie sind nicht
unabhängig voneinander. Es ist daher zweckmäßig, die Größe

$$\Phi_a = w \, A_{eff}$$
(2.66)

als "Austauschkoeffizient" in die Rechnungen einzuführen. Aus der
Energiebilanz

$$P_w = P_{el} + P_k$$

ergibt sich dann

$$\frac{P_{el}}{\Phi_a} = \frac{\eta}{1 - \eta} \, (T_k - T_a) ,$$
(2.67)

wobei der Wirkungsgrad η nach Beziehung (2.41) zu berechnen ist,
also von z, T_w und T_k abhängt. Hieraus kann bei vorgegebenen Temperaturen T_w und T_a die Temperatur T_k ermittelt werden, bei der
der Ausdruck (2.67) einen maximalen Wert annimmt. Allerdings wird
man in der Regel etwas niedrigere Temperaturen wählen, d.h. zugun-
sten des Wirkungsgrades die wirksame Fläche A_{eff} vergrößern.

Wärmeabfuhr durch Strahlung (Fall b) ist vor allem bei Anwendungen
im Weltraum interessant. Man ist dabei an einem niedrigen Leistungs-
gewicht, d.h. an kleinen Wärmeaustauschflächen interessiert.

Statt Gl. (2.65) gilt bei Kühlung durch Abstrahlung

$$P_k = \varepsilon_r \, \sigma_S \, A_{eff} \left(T_K^4 - T_a^4 \right) \, .$$
(2.68)

(ε_r relatives Emissionsvermögen; σ_S Stefan-Boltzmann-Konstante).

Mit

$$\Phi_s = \varepsilon_r \, A_{eff} \qquad\qquad (2.69)$$

folgt bei Vernachlässigung von T_a^4

$$\frac{P_{el}}{\Phi_s} = \sigma_S \frac{\eta}{1 - \eta} \, T_k^4. \qquad\qquad (2.70)$$

Für einen Generator, dessen thermoelektrische Effektivität durch die Beziehung $zT = 1$ beschrieben wird, erhält man die in Bild 2.22 dargestellten Ergebnisse. Das Verhältnis P_{el}/Φ_s durchläuft für jede Temperatur T_w in Abhängigkeit von T_k ein Maximum. Man sieht, daß z.B. für $T_w = 1200$ K bei $\varepsilon_r = 1$ ein Verhältnis von Leistung zu Radiatoroberfläche von $P_{el}/A_{eff} \approx 2$ kW/m^2 erreicht wird.

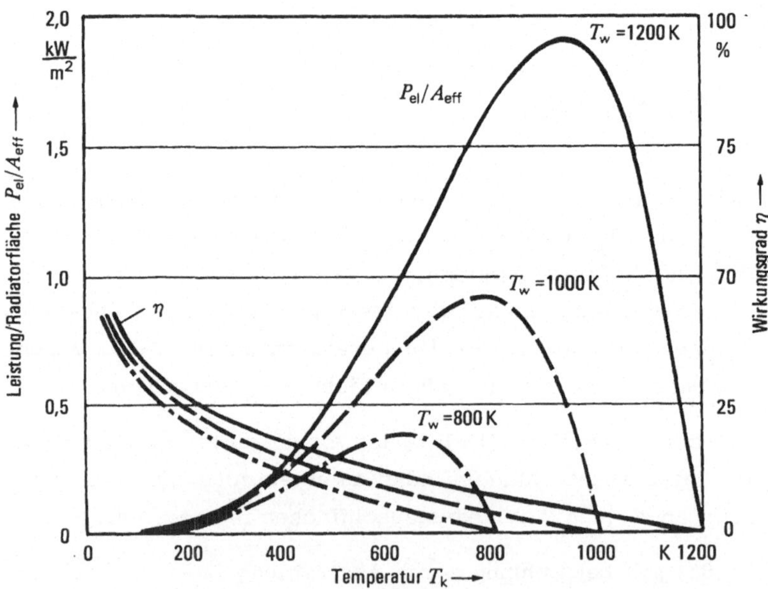

Bild 2.22. Spezifische elektrische Leistung P_{el}/A_{eff} und Wirkungsgrad η eines thermoelektrischen Generators bei Kühlung durch Abstrahlung ($zT = 1$) in Abhängigkeit von der Radiatortemperatur ($\varepsilon_r = 1$) bei verschiedenen Werten von T_w

2.6.2 Wärmeaustauscher für elektrothermische Kühlaggregate

Bei Peltier-Kühlaggregaten ist in der Praxis vor allem die Wärmeabfuhr an den warmen Kontaktstellen von Bedeutung. Nimmt man Wärmeabfuhr durch Konvektion an, dann gilt analog zu Gl. (2.65) die Beziehung

$$P_w = w\, A_{eff}(T_w - T_a) = \Phi_a(T_w - T_a). \qquad (2.71)$$

Aus der Energiebilanz erhält man

$$\frac{P_k}{\Phi_a} = \frac{T_w - T_a}{1 + \dfrac{1}{\varepsilon}}. \qquad (2.72)$$

Die Leistungsziffer ε ist dabei nach Gl. (2.47) zu berechnen. Mit diesem Ansatz lassen sich die Betriebsdaten von Peltier-Geräten für die
verschiedenen Betriebszustände berechnen. Bild 2.23 zeigt das maximal erreichbare Verhältnis $(P_k/\Phi_a)_{max}$ berechnet mit $z = 2.6 \cdot 10^{-3}$
K^{-1} in Abhängigkeit von der Nutztemperaturdifferenz $(T_a - T_k)$. Dabei sind auch negative Werte dieser Differenz zugelassen. Ob eine
Peltier-Kühlung bei Temperaturen, die oberhalb der Umgebungstem-

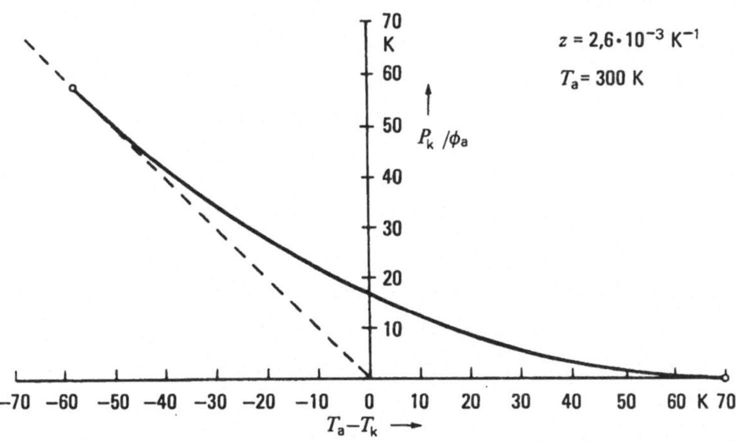

Bild 2.23. Spezifische Kälteleistung P_k/Φ_a eines Peltier-Aggregats
in Abhängigkeit von der Temperaturdifferenz zwischen Umgebungstemperatur T_a und Temperatur des zu kühlenden Objekts T_k. Die ge-
strichelte Gerade entspricht der Kühlleistung eines Wärmeaustauschers ohne Peltier-Elemente

peratur liegen, unter Umständen noch sinnvoll ist, ergibt sich aus dem Vergleich mit der gestrichelten Geraden. Diese Gerade entspricht der Kühlung des Wärmeaustauschers ohne Peltier-Elemente $P_k = P_w = \Phi_a(T_w - T_a) = \Phi_a(T_k - T_a)$. Man sieht, daß z.B. bei einer Temperatur, die um 10 K oberhalb der Umgebungstemperatur liegt, die Kühlleistung eines Wärmeaustauschers durch den Einsatz von Peltier-Elementen verdoppelt werden kann.

2.7 Anwendungsbeispiele

Thermoelektrische Aggregate zeichnen sich dadurch aus, daß keine bewegten Teile vorhanden sind und keine Geräuschentwicklung auftritt. Da die Herstellungskosten verhältnismäßig hoch sind und der Wirkungsgrad kleiner ist als bei konventionellen Wärmekraftmaschinen und Wärmepumpen, gibt es bisher keinen großtechnischen Einsatz der Thermoelektrizität. Es finden sich jedoch eine große Anzahl von interessanten Anwendungsbeispielen, von denen die wichtigsten in Tabelle 2.4 zusammengestellt sind.

Bei thermoelektrischen Generatoren läßt sich theoretisch bei Ausnutzung der bekannten Halbleiter mit $zT \approx 0,5$ und $T_w - T_k = 1000$ K ein Wirkungsgrad von $\eta \approx 15\%$ erreichen. In der Praxis beträgt der Wirkungsgrad aufgrund von Wärmeverlusten, Kontaktwiderständen und Temperatursprüngen an den Wärmeaustauschern jedoch nur maximal 10%.

Thermoelektrische Generatoren klassifiziert man zweckmäßigerweise nach den benutzten Wärmequellen. Generatoren mit fossilen Wärmequellen sind seit Ende des vorigen Jahrhunderts bekannt. Damals lieferte die Gülchersche Thermosäule, die als Ersatz für galvanische Elemente benutzt wurde, 10 W elektrische Leistung bei 1% Wirkungsgrad. Inzwischen sind flammenbeheizte Generatoren bis zu einer Leistung von ca. 5 kW entwickelt worden. Als Beispiel für einen hochentwickelten thermoelektrischen Generator mit Benzinheizung sei ein Aggregat mit 500 W elektrischer Leistung beschrieben [2.25]. Dieses Gerät ist in Bild 2.24 schematisch dargestellt. Das Bauvolumen beträgt etwa $0,3$ m^3. Die elektrische Leistung wird durch 256 Seebeck-

Elemente aus PbTe erzeugt, die zwischen $\vartheta_w = 565\ ^\circ C$ und $\vartheta_k = 162\ ^\circ C$ arbeiten. Der Generator läuft praktisch wartungsfrei bei einem Brennstoffverbrauch von 1,35 kg/h.

Tabelle 2.4. Technische Anwendung von Seebeck- und Peltier-Elementen

Seebeck-Elemente	
Wärmequelle	Anwendungsbereich
fossil (Gas, Öl, Kohle)	Stromversorgung von abgelegenen Verbrauchern, Betrieb von elektrischen Geräten, Signalanlagen, Korrosionsschutz von Rohrleitungen, Steuerung von Heizungssystemen, Ausnutzung von Abwärme
nuklear (Kernreaktoren oder Radionuklide)	Bordstromversorgung von Raumfahrzeugen bei interplanetaren Flügen; Betrieb lunarer Meßstationen
solarer Weltraum	Stromversorgung von Satelliten
solare Erdoberfläche	Bewässerungsanlagen Wasserstoffproduktion
biologisch (Körperwärme)	kleine Notstromgeräte, Armbanduhren, Herzschrittmacher

Peltier-Elemente	
Betriebsart	Anwendungsbereiche
Kühlaggregat	Spezialkühlschränke, Klimageräte, Kühlfallen für Vakuumanlagen, Mikrotome, Kühlung von elektronischen Bauelementen
Heizaggregat	"reversible Raumheizung", Thermostate, Miniaturheizelemente geringer Trägheit

Thermoelektrische Generatoren mit nuklearen Wärmequellen sind für die Raumfahrt von großer Bedeutung. Gut erprobt sind bisher die Radionuklidbatterien, die die Zerfallwärme radioaktiver Isotope nutzen [2.26]. Verwendung finden dabei vor allem α-Strahler mit hinreichend hoher Halbwertszeit. Besonders bewährt hat sich Pu 238 in der Form von PuC mit einer Halbwertszeit von 86 Jahren.

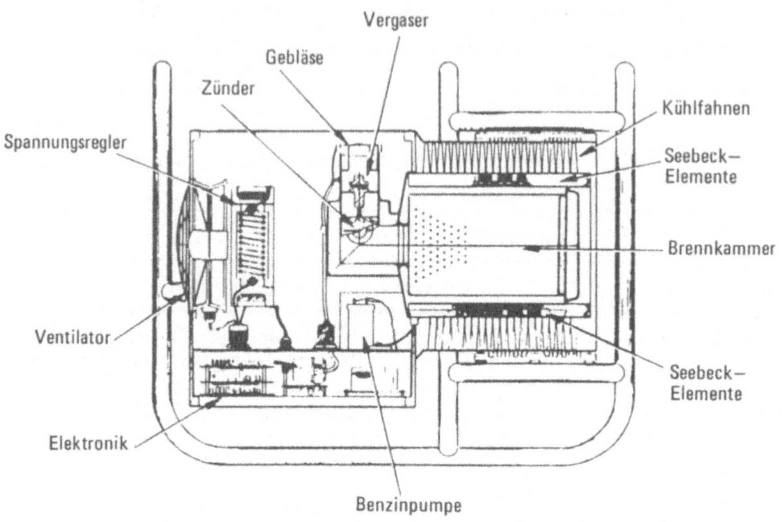

Bild 2.24. Flammenbeheizter thermoelektrischer Generator mit 500 W elektrischer Leistung. Nach [2.25]

Bild 2.25 zeigt das Schema einer thermoelektrischen Radionuklidbatterie. Obwohl diese Generatoren von ihrer Funktion her gesehen ideale Stromquellen mit einem sehr hohen Energieinhalt darstellen, muß jedoch auf die nicht unbeträchtlichen Sicherheitsrisiken hingewiesen werden. Die γ-Strahlung der Isotope erfordert entsprechende Abschirmung und Handhabung. Vor allem aber muß Vorsorge getroffen werden, daß das hochradioaktive Material (bei Pu 238 beträgt die spezifische Aktivität 10,9 Ci/g) nicht durch Explosion oder Überhitzung freigesetzt wird. Da größere Batterien eine Gesamtaktivität von ca. 100 kCi enthalten, hätte ein Unglück verheerende Folgen. Anwendungen auf der Erdoberfläche oder in einer Erdumlaufbahn erscheinen daher problematisch. Für die Bordstromversorgung von Raumfahrzeugen bei Flügen zu den äußeren Planeten, bei denen die Leistung der Solarzellen viel zu gering ist, scheinen die Radionuklidbatterien vorläufig die günstigste Lösung zu sein. Das Raumschiff Voyager 1 (Bild 2.26), das am 5. März 1979 den Jupiter und am 12.11.1980 den Saturn passierte, wird voraussichtlich noch im Januar 1986 vom Uranus Informationen senden. Diese Mission wäre ohne die mitgeführte thermoelektrische Radionuklidbatterie auf der Basis von Germanium-Silizium-Elementen mit einer elektrischen Leistung von ca. 0,5 kW nicht möglich gewesen.

116

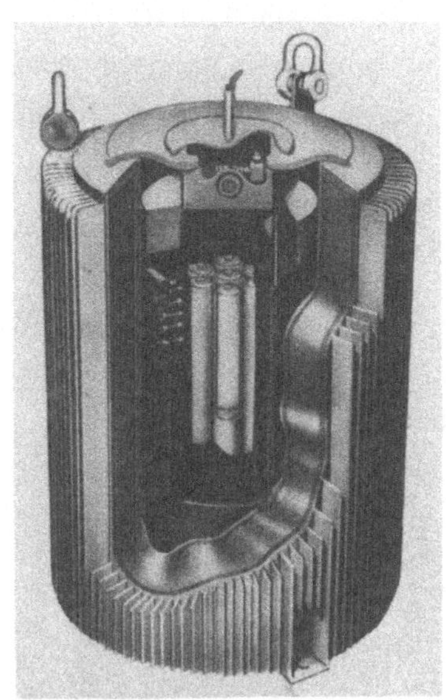

Bild 2.25. Schema einer thermoelektrischen Radionuklidbatterie
(Martin-Marietta)

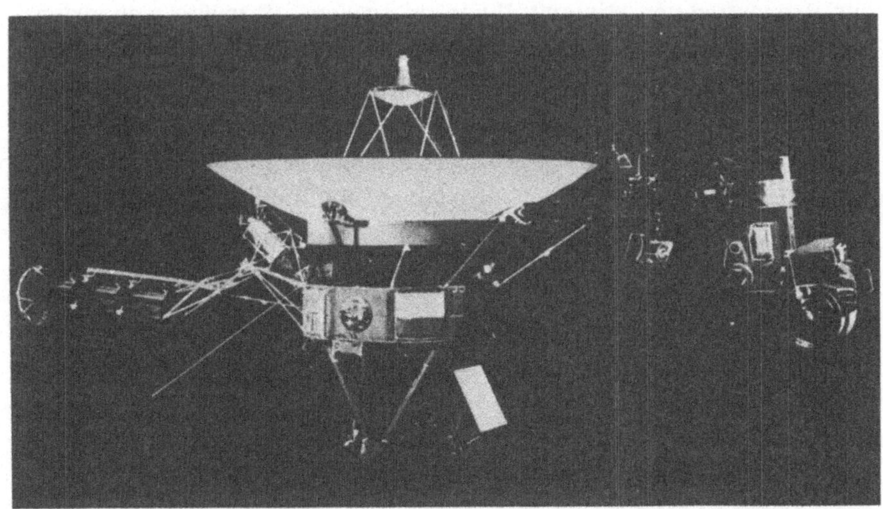

Bild 2.26. Voyager-Raumfahrzeug für die Jupiter-Saturn-Uranus-Mis-
sion. Am Ausleger links sind die thermoelektrischen Radionuklidba-
terien angebracht

Für größere Leistungen von einigen 10^2 kW werden zur Zeit Kleinreaktoren entwickelt [2.27]. Für eine neuere Version ist ein schneller Reaktor mit Berylliumreflektor vorgesehen. Die thermische Energie soll mit Hilfe von Heat pipes bei 1400 K auf Ge-Si-Elemente übertragen werden. Erwartet wird eine elektrische Leistung von 100 kW bei 9% Wirkungsgrad und einer Lebensdauer von 7 Jahren.

Inwieweit sich Seebeck-Elemente bei der Nutzung der Sonnenenergie in der Raumfahrt oder bei terrestrischen Anwendungen bewähren werden, ist noch ungewiß. Ein neues Anwendungsgebiet scheint sich bei der Ausnutzung der Körperwärme (Tabelle 2.4) zu ergeben, bei der Miniaturthermoelemente verwendet werden müssen.

Bei der Entwicklung von Peltier-Aggregaten bestand zeitweise die Hoffnung, den konventionellen Kühlschrank mit Kompressions- bzw. Absorptionsaggregat durch einen elektrothermischen Kühlschrank ersetzen zu können. Diese Hoffnung hat sich nicht erfüllt. Es ist gezeigt worden, daß Substanzen mit einer Effektivität von mindestens $z = 6 \cdot 10^{-3} \, K^{-1}$ zur Verfügung stehen müßten, wenn der Wirkungsgrad einer Kompressoreinheit erreicht werden soll [2.24].

Die Herstellungskosten eines Peltier-Kühlaggregats sind nicht unerheblich. Die Halbleitertechnologie erfordert zahlreiche Arbeitsgänge. Bei der Produktion von Wismuttellurid im großen Stil müßte man zudem mit Verknappung des relativ seltenen Elements Tellur auf dem Weltmarkt rechnen. Aus diesen Gründen werden Peltier-Kühlschränke heute nur noch für Spezialzwecke gebaut, z.B. für die Lagerung von biologischen Präparaten. Ein Anwendungsgebiet, das ständig an Bedeutung gewinnt, ist die Thermostatisierung von elektronischen Bauelementen, bei der sich die ausgezeichnete Regelbarkeit der Peltier-Elemente bewährt.

Literaturverzeichnis

2.1 Seebeck, Th. J.: Magnetische Polarisation der Metalle und Erze durch Temperatur-Differenz. Abh. Kgl. Akad. Wiss., Ber-Berlin (1822/23) 265-373.

2.2 Peltier, J. Ch. A.: Nouvelles expériences sur la caloricité des courans électriques. Ann. Chim. Phys. 56 (1834) 371-386.

2.3 Thomson, **W.**: On the dynamical theory of heat, Part V. Ther-
     mo-electric currents. Trans. R. Soc. Edinburgh 21 (1854)
     123-171.

2.4 Altenkirch, E.: Elektrothermische Kälteerzeugung und rever-
     sible elektrische Heizung. Phys. Z. 12 (1911) 920-924.

2.5 Onsager, L.: Reciprocal relations in irreversible processes
     I. Phys. Rev. 37 (1931) 405-426.

2.6 Telkes, M.: The efficiency of thermoelectric generators I. J.
     Appl. Phys. 18 (1947) 1116-1127.

2.7 Gehlhoff, P. O.; Justi, E.; Kohler, M.: Verfeinerte Theo-
     rien der elektrothermischen Kälteerzeugung. Abh. Braunschw.
     Wiss. Ges. 2 (1950) 149-164.

2.8 Justi, E.; Lautz, G.: On impurity and intrinsic semiconduction
     of intermetallic compounds I. Z. Naturforsch. 7a (1952) 191-
     200.

2.9 Goldschmid, H. J.; Douglas, R. W.: The use of semiconduc-
     tors in thermoelectric refrigeration. Brit. J. App. Phys. 5
     (1954) 386-390.

2.10 Joffe, A. F.: Halbleiterthermoelemente. Moskau, Leningrad
     1956.

2.11 Birkholz, U.: Untersuchung der intermetallischen Verbindung
     Bi_2Te_3 sowie der festen Lösungen $Bi_{2-x}Sb_xTe_3$ und $Bi_2Te_{3-x}Se_x$
     im Hinblick auf die Eignung als Materialien für Halbleiterther-
     moelemente. Z. Naturforsch. 13a (1958) 780-792.

2.12 Birkholz, U.: Fortschritte in der Entwicklung der Halbleiter-
     thermoelemente. Halbleiterprobleme VI (1961) 206-237.

2.13 Heikes, R. R.; Ure, R. W.: Thermoelectricity. New York:
     Interscience 1961.

2.14 Callen, H. B.: Thermodynamics. New York: Wiley 1960.

2.15 Heywang, W.; Pötzl, H. W.: Bänderstruktur und Stromtrans-
     port. Berlin: Springer 1976 (Halbleiter-Elektronik, Band 3).

2.16 Yim, W. M.; Rosi, F. D.: Compound tellurides and their
     alloys for Peltier cooling - A review. Solid State Electron.
     15 (1972) 1121-1140.

2.17 Ware, R. M.; McNeill, D. J.: Iron disilicide as a thermo-
     electric generator material. Proc. Inst. Elect. Eng. 111
     (1964) 178-182.

2.18 Waldecker, G.; Meinhold, H.; Birkholz, U.: Thermal con-
     ductivity of semiconducting and metallic $FeSi_2$. Phys. Status
     Solidi (A) 15 (1973) 143-149.

2.19 Bhandari, C. M.; Rowe, D. M.: Silicon-germanium alloys
     as high temperature thermoelectric materials. Contemp. Phys.
     21 (1980) 219-242.

2.20 Abeles, B.: Lattice Thermal conductivity of disordered Semi-
     conductor alloys at high temperatures. Phys. Rev. 131 (1963)
     1906-1911.

2.21 Harpster, J. W. C.: Vakuum deposited ted's for electronic
     device chip cooling. Proc. 2nd Int. Conf. Thermoel. Conv.
     IEEE, New York 1978, pp 43-47.

2.22 Birkholz, U.: Hochtemperaturthermoelemente aus Ge–Si–Misch-
     kristallen für Thermogeneratoren. Z. Angew. Phys. 22 (1967)
     395–398.

2.23 Raag, V.: Comprehensive thermoelectric properties of n- and
     p-type 78a/o Si- 22a/o Ge alloy. Proc. 2nd Int. Conf. Ther-
     moel. Conv. IEEE, New York 1978, pp 5–10.

2.24 Birkholz, U.: Diagramme für den Aufbau und Betrieb elektro-
     thermischer Kühlaggregate. Z. Kältetech. 13 (1961) 335–339.

2.25 Guazzoni, G.; Herchakowski, A.; Angello, J.: Militarized
     thermoelectric power sources. Proc. 13th Intersoc. Energy
     Conv. Eng. Conf. Vol. 3, 1978, pp 1978–85.

2.26 Scharman, A.: Radionuklid-Batterien, Energie-Umwandlung
     (Hrsg. K. J. Euler) München: Thiemig 1967, S. 136–173.

2.27 Ranken, W. A.; Koenig, D. R.: Baseline design of the ther-
     moelectric reactor space power system. Proc. 14th Intersoc.
     Energy Conv. Eng. Conf. Vol. 2, 1979, pp 1425–1431.

Bezeichnungen und Symbole

Größe	Bedeutung	Einheit
F_i	thermodynamische Kraft	–
j_i	thermodynamische Stromdichte	–
L_{ij}	Onsager-Matrix	–
E	Energie	J
u	Energiedichte	J/m^3
S	Entropie	J/K
s	Entropiedichte	$J/m^3\,K$
V	Volumen	m^3
j_E	Energiestromdichte	W/m^2
j_S	Entropiestromdichte	$W/m^2\,K$
j	elektrische Stromdichte	A/m^2
j_W	Wärmestromdichte	W/m^2
j_N	Teilchenstromdichte	$Teilchen/sm^2$
I	elektrische Stromstärke	A
U	elektrische Spannung	V
R	elektrischer Widerstand	V/A
N	Teilchenzahl	Teilchen
$\tilde{\mu}$	elektrochemisches Potential	J/Teilchen
μ_c	chemisches Potential	J/Teilchen

Größe	Bedeutung	Einheit
Φ	elektrisches Potential	V
σ	elektrische Leitfähigkeit	$\Omega^{-1}\,cm^{-1}$
$\varkappa$	Wärmeleitfähigkeit	W/m K
α	Thermokraft	V/K
π	Peltier-Koeffizient	V
τ_{Th}	Thomson-Koeffizient	V/K
p	Leistung, Energiestrom	W
$\varepsilon, \eta, \gamma$	Wirkungsgrade	–
T	absolute Temperatur	K
ϑ	Celsius-Temperatur	$^{\circ}C$
n	Elektronendichte	$1/m^3$
p	Löcherdichte	$1/m^3$
N_L, N_V, N_{eff}	Zustandsdichten	$1/m^3$
μ	Ladungsträgerbeweglichkeit	m^2/Vs
E_g	Bandabstand	eV
m	Masse	kg
L	freie Weglänge	m
r	Streuparameter	–
A	Querschnitt	m^2
l	Länge	m
τ	Relaxationszeit	s
w	Wärmeübergangszahl	$W/m^2\,K$
Φ_a	Wärmeaustauschkoeffizient	W/K
ε_r	relatives Emissionsvermögen	–
σ_S	Stefan-Boltzmann-Konstante	$W/m^2\,K^4$

3 Heißleiter

3.0 Einleitung

Mit der Bezeichnung Heißleiter soll zum Ausdruck gebracht werden,
daß ein solcher Leiter im heißen Zustand erheblich besser leitet als
im kalten, d.h. daß seine elektrische Leitfähigkeit mit steigender
Temperatur sehr stark wächst bzw. sein Widerstand fällt. Die engli-
sche Bezeichnung Thermistor ist aus thermally sensitive resistor gebildet und wurde kaum verändert in viele andere Sprachen übernommen.
Genauer und ebenfalls sehr verbreitet ist die Bezeichnung NTC-Thermi-
stor = Negative Temperature Coefficient Thermistor für Heißleiter.
Gegenbegriff ist PTC-Thermistor = Positive Temperature Coefficient
Thermistor für Kaltleiter. "Thermistor" ist also hier Oberbegriff für
NTC- und PTC-Thermistoren.

Die hier zu behandelnden Heißleiter basieren auf polykristallinen (keramischen) Halbleitermaterialien, die sich durch einen relativ großen Betrag des Temperaturkoeffizienten α des elektrischen Widerstands
auszeichnen (α = - 0,02 bis 0,06 K^{-1}).

Lange bevor man von Halbleitern und ihrem Leitungsmechanismus wuß-
te, wurden zahlreiche Materialien mit Heißleitereigenschaft entdeckt
und bereits Anwendungsmöglichkeiten erkannt. Schon Faraday hatte eine starke Temperaturabhängigkeit des Widerstands von Silbersulfidpro-
ben (Ag_2S) beobachtet.

Die Herstellung reproduzierbarer Heißleiter gelang jedoch erst sehr
viel später unter Verwendung von oxidischen Halbleitern. Die Anwendung des Heißleiters als Temperaturfühler zur Abtastung von Schwel-

lenwerten, zur Auslösung von Schaltimpulsen und schließlich als elektrisches Thermometer und sogar Präzisionsthermometer wuchs vor allem mit den Möglichkeiten, die Streuung der Widerstandswerte und deren Langzeitstabilität immer mehr zu beherrschen. Anfänglich standen die durch den Widerstandsabfall selbst ermöglichten Anwendungen der Heißleiter im Vordergrund, wie beispielsweise die Begrenzung von Einschaltströmen oder Regelvorgänge. Demgegenüber wird heute mit zunehmender Beherrschung des Materials hauptsächlich der hohe Betrag von α genutzt. Er bietet den Vorteil eines geringen Schaltungsaufwands und, sofern eine Signalverstärkung überhaupt erforderlich ist, ein günstiges Verhältnis von Signal- zu Störpegel.

Heißleiter haben als Halbleiter gegenüber den (normalerweise verwendeten) Metallen weit geringere Leitfähigkeiten, was bedeutet, daß der Widerstand eines Heißleitersensors oder -thermometers gegenüber dem eines Metall-Widerstandsthermometers erheblich größer ist. Das hat den Vorteil, daß der Widerstand des Heißleitersensors groß ist gegenüber dem Zuleitungswiderstand (Präzisionsthermometer, Fernmessung). Die Widerstände der Heißleiter sind in weiten Grenzen variierbar. Ihre meist bei 25 °C definierten Nennwerte reichen von einigen Ohm bis zu einigen 100 kΩ.

3.1 Polykristalline oxidische Halbleiter als Heißleitermaterialien

3.1.1 Spinelle, ihr Leitungsmechanismus und dessen Beeinflussung durch Substitutionsstörstellen

Heißleiter werden fast ausschließlich aus polykristalliner Oxidkeramik hergestellt. Bevorzugt gelangen heute Oxide der Metalle Mangan (Mn), Eisen (Fe), Kobalt (Co), Nickel (Ni), Kupfer (Cu) und Zink (Zn) zur Anwendung. Ebenso wie Germanium, Silizium und III-V-Verbindungen, deren chemische Bindung homöopolaren Charakter hat (Valenzkristalle), gehören auch die genannten Metalloxide zu den elektronischen Halbleitern, doch weisen sie überwiegend oder zumindest teilweise heteropolare Bindung auf wie die Ionenkristalle.

Beim Aufbau des heteropolaren Gitters geben die Metallatome ihre Valenzelektronen an die benachbarten Partner Sauerstoffatome ab, deren äußere Elektronenhülle somit edelgasähnlich wird. Es entstehen Gitter aus elektropositiven Metall- und elektronegativen Sauerstoffionen. Man kann sich diese Gitter auch aus einem Sauerstoffionen- und einem Metallionengitter aufgebaut denken. Im allgemeinen haben Ionenkristalle (z.B. NaCl) einen hohen Bandabstand und daher eine geringe Leitfähigkeit. Anders verhält es sich aber bei den oben erwähnten Metalloxiden.

Die Metalle Mn, Fe, Co, Ni, Cu, Zn gehören der Gruppe der 10 Übergangselemente von 21 Sc bis 30 Zn der 4. Periode des Periodensystems an. Bis auf Cu und Zn weisen sie keine aufgefüllten 3d-Schalen auf, wie nachfolgender Aufstellung zu entnehmen ist. Das ist für die magnetischen und Leitfähigkeitseigenschaften ihrer Oxide von entscheidender Bedeutung.

Element	Sc	Ti	V	Cr	Mn	Fe	Co	Ni	Cu	Zn
Ordnungszahl	21	22	23	24	25	26	27	28	29	30
Anzahl 3d-Elektronen	1	2	3	4	5	6	7	8	10	10
Anzahl 4s-Elektronen	2	2	2	1	2	2	2	2	1	2
Wertigkeiten 1									1	
Wertigkeiten 2			2	2	2	2	2	2	2	2
Wertigkeiten 3	3	3	3	3	3	3	3	3		
Wertigkeiten 4		4	4	4	4	4				
Wertigkeiten 5			5							

Die Ionen dieser Übergangselemente oder Übergangsmetalle haben die Fähigkeit, verschiedene Wertigkeiten anzunehmen, wodurch ein Ladungstransport ermöglicht wird ("Durchreichen" der Wertigkeiten [3.9]). Zugleich gibt es eine Vielfalt von Oxiden und kristallographisch unterschiedlichen Modifikationen. Die halbleitenden Eigenschaften der Oxide der Übergangsmetalle sowie ihre Vorzüge für die Herstellung von Heißleitern wurden 1937 von Verwey u. Mitarbeitern entdeckt [3.1, 3.12, 3.13].

Die Kristallite der oxidkeramischen polykristallinen Heißleiterkörper
enthalten Kristalle der Ausgangsoxide sowie - als wichtigste Komponente - aus diesen durch einen Sinterprozeß entstandene Spinelle (be-
nannt nach dem Halbedelstein Spinell: $Mg^{3+}Al_2^{2+}O_4$) der allgemeinen
Formel

$$A^{2+}B_2^{3+}O_4^{2-}$$

A^{2+} und B^{3+} bedeuten dabei chemisch zwei- bzw. dreiwertige Metalle. Ein bei Heißleitern viel verwendeter Spinell ist

$$Ni^{2+}Mn_2^{3+}O_4^{2-} \quad bzw. \quad (Ni^{2+}O^{2-}) \cdot \left(Mn_2^{3+}O_3^{2-}\right)$$

mit Nickeloxid NiO und Manganoxiduloxid Mn_2O_3.

Die Elementarzelle des Spinellgitters ist kubisch und enthält acht Formeleinheiten AB_2O_4, insgesamt also 56 Ionen, wobei die 32 O^{2-}-Io-
nen ein Grundgitter bilden (Bild 3.1). Die kleineren Metallionen befinden sich auf oktaedrischen Plätzen, d.h. sie sind von den Sauerstoffionen oktaedrisch und tetraedrisch umgeben. Das Volumen d^3
der Elementarzelle ist gleich dem Volumen von 32 Oktaedern und 64
Tetraedern mit der Seitenlänge $2 \times d/4$ ihrer gleichseitigen Begren-
zungsdreiecke; die vorhandenen Oktaeder- und Tetraederplätze können also nicht sämtlich von Metallionen besetzt sein. Zur Veranschau-
lichung der Ionenanordnung empfiehlt es sich, die Elementarzelle in
acht Teilwürfel (Oktanten) aufzuteilen, die bezüglich der O^{2-}-Ionen
völlig gleich augebaut sind. Bezüglich der Metallionen dagegen gibt
es zwei unterschiedliche Oktantentypen, so daß der Elementarwürfel
aus vier Oktantenpaaren zusammengesetzt ist: die Oktanten sind sozusagen schachbrettartig angeordnet. Jeder Oktant enthält vier O^{2-}-
Ionen, deren "Mittelpunkte" auf zwei Raumdiagonalen liegen. (Im Abstand von 1/2-Raumdiagonale vom Eckpunkt) Somit besetzen sie vier
Ecken eines konzentrischen Würfels mit der halben Kantenlänge des
Oktanten. Die vier übrigen Ecken dieses Würfels sind bei einem Ok-
tantentyp mit Al^{3+}-Ionen besetzt, beim anderen unbesetzt (Bild 3.1b).
Die Al^{3+}-Ionen befinden sich somit auf Oktaederplätzen und sind von je
sechs O^{2-}-Ionen (mit Mittelpunkten auf Oktaederecken) umgeben.

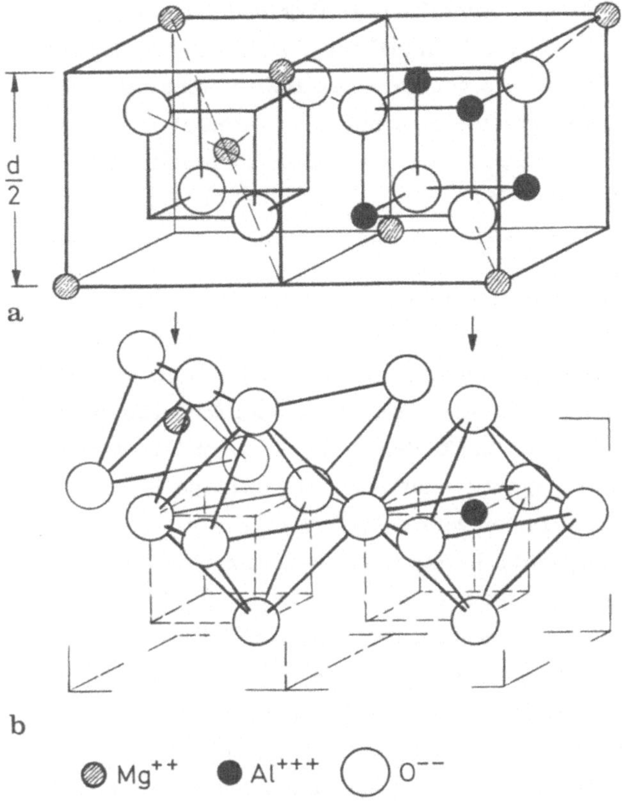

Bild 3.1. Anordnung der Ionen im Gitter des Spinells MgAl₂O₄.
a) zwei Oktanten, aus denen die kubische Elementarzelle aufgebaut
ist. Die Lage der Sauerstoffionen ist in beiden gleich, die der Metallionen unterschiedlich. b) besetzte und unbesetzte Oktaeder- bzw.
Tetraederplätze. (Detailzeichnung, zur besseren Übersicht von der
Darstellung a) getrennt)

Der andere Oktant ist mit einem Mg^{2+}-Ion raumzentriert, weitere
Mg^{2+}-Ionen befinden sich auf Ecken beider Oktanten: Bei dem mit
besetzten Oktaederplätzen im Abstand 1/4-Raumdiagonale von den
O^{2-}-Ionen, beim anderen im Abstand von 3/4-Raumdiagonale von den
O^{2-}-Ionen. Das bedeutet, daß alle Mg^{2+}-Ionen Tetraederplätze ein-
nehmen, bzw. von je vier O^{2-}-Ionen umgeben sind. Somit enthält
das Oktantenpaar (zwei Formeleinheiten $MgAl_2O_4$) $1 + \frac{4}{8} + \frac{4}{8}$ Mg^{2+}-
Ionen. Eine derartige Struktur AB_2O_4 mit einem kubischen Sauerstoffgitter dichtester Kugelpackung, mit A^{2+}-Ionen in Tetraeder- und
B^{3+}-Ionen in Oktaederlagen wird als "normaler" Spinell bezeichnet.

Dagegen sind beim "inversen" Spinell aus Platzgründen die Oktaeder-
plätze mit den größeren zweiwertigen und mit der Hälfte der dreiwertigen Ionen besetzt, während die verbleibende Hälfte der kleineren
dreiwertigen Ionen Tetraederplätze einnimmt. Ein Beispiel hierfür
ist das oben erwähnte $NiMn_2O_4$, das unter Berücksichtigung der
Ionenverteilung in der Form $Mn^{3+}[Ni^{2+}; Mn^{3+}]O_4^{2-}$ zu schreiben
ist, wobei die Oktaederionen eingeklammert sind.

Nun ist bei den verschiedenen für Heißleiter verwendeten Oxidmischungen die Verteilung der Metallionen auf die Zwischenräume und deren
Anordnung in diesen Zwischenräumen recht unterschiedlich. Die Oxide mit Spinellgitter weisen unterschiedlich große Leitfähigkeiten auf,
sie sind miteinander mischbar und bilden feste Lösungen. So hat beispielsweise der bekannte Magnetit, das ferrimagnetische Eisenoxid-
duloxid Fe_3O_4, in obiger Schreibweise $Fe^{3+}[Fe^{2+}; Fe^{3+}]O_4^{2-}$, eine
große elektrische Leitfähigkeit. In den Oktaederhohlräumen sind zwei-
und dreiwertige Fe-Ionen gemischt enthalten. Zwei- und dreiwertige
Metallionen sitzen, unregelmäßig verteilt, an kristallographisch äqui-
valenten Gitterplätzen. Im Falle der lokalisierten 3d-Elektronenzu-
stände entsteht ein elektrischer Strom durch Springen von Elektronen
von Ion zu Ion (Abschn. 3.2). Der Platzwechsel eines Elektrons von
einem Fe^{2+}-Ion zu einem Fe^{3+}-Ion ist gleichbedeutend mit einem Wer-
tigkeitswechsel der beteiligten Ionen. Das erste Ion geht über in Fe^{3+},
das zweite in Fe^{2+}, gemäß dem Schema

$$Fe^{2+} + Fe^{3+} \leftrightharpoons Fe^{3+} + Fe^{2+}.$$

Die Wertigkeit der Ionen ändert sich somit nach dem allgemeinen Schema

$$A^{a+} + B^{b+} \leftrightharpoons A^{(a-1)+} + B^{(b+1)+},$$

in welchem A^{a+} und B^{b+} Metallionen (Kationen) mit den Wertigkeiten a+ und b+ bedeuten. Dieser Vorgang ist der Mechanismus des
"Valenzaustauschs nach Verwey". Durch den Valenzaustausch wird
der Zustand des Kristalls insgesamt nicht verändert. Es sind nur geringe Aktivierungsenergien erforderlich, so daß bei genügend hoher
Konzentration der Ionenpaare mit wechselnder Wertigkeit auch die

Leitfähigkeit hoch sein wird. Mischung und Sinterung der Oxide Co_3O_4 und Fe_3O_4 ergibt den inversen Spinell $CoFe_2O_4$ bzw. $Fe^{3+}[Co^{2+}; Fe^{3+}]\,O_4^{2-}$, für welchen sich nach dem Valenzwechselschema

$$Co^{2+} + Fe^{3+} \leftrightarrows Co^{3+} + Fe^{2+}$$

ergibt, wobei wegen der verschiedenartigen Ionen (Co und Fe) auf den Oktaederplätzen nur geringe Leitfähigkeit auftritt. Bei Mischung der beiden inversen Spinelle

$$Fe^{3+}[Fe^{2+}; Fe^{3+}]O_4^{2-} \quad \text{und} \quad Fe^{3+}[Co^{2+}; Fe^{3+}]O_4^{2-}$$

wird die für ein Übergangsmetalloxid sehr hohe Leitfähigkeit des ersteren nach Maßgabe des Mischungsverhältnisses durch die weit geringere Leitfähigkeit des letzteren erniedrigt. Auch normale Spinelle wie $Mg_3O_4 = Mn^{2+}[Mn^{3+}; Mn^{3+}]O_4^{2-}$ bilden mit inversen feste Lösungen. Dieses sehr leicht variierbare Verfahren ermöglicht also durch Mischen geeigneter Oxide deren Leitfähigkeiten ebenfalls zu mischen und damit gewünschte Werte einzustellen. Die meisten Heißleiter werden nach diesem Verfahren hergestellt, wobei die Zusammensetzung der Spinelle stöchiometrisch oder auch nichtstöchiometrisch sein kann.

Bei dem bisher beschriebenen Mechanismus ist die elektrische Leitfähigkeit bereits in der Grundstruktur des Kristallgitters begründet. Daneben besteht auch bei Oxidhalbleitern, analog zu den Elementhalbleitern, die Möglichkeit, durch Zusatz von Fremdstoffen (Dotierung) die Leitfähigkeit zu beeinflussen. Werden Ionen des Kristallgitters durch solche geringerer Wertigkeit substituiert, so entsteht p-Leitung, bei Einbau höherwertiger Ionen dagegen n-Leitung ("Prinzip der gelenkten Valenz") [1.13]). So wirkt z.B. Lithium im Kristallgitter des NiO als Akzeptor. Li weist nämlich eine gefüllte K-Schale (1s-Zustand) sowie eine hohe zweite Ionisierungsenergie von 67 eV (gegenüber den Ionisierungsenergien von rund 35 eV bei den Ionen der Eisengruppe) auf. Wird nun ein Ni^{2+}-Ion des Gitters durch ein Li^{+}-Ion ersetzt, so kann dieses das Sauerstoffgitter nicht voll absättigen, und es entsteht gegenüber dem ungestörten Gitter eine einfach-negativ geladene Störstelle. Zur Absättigung des Sauerstoffgitters in der Um-

gebung der Störstelle wird von einem benachbarten Ni^{2+}-Ion durch
Übergang in den Ni^{3+}-Zustand ein Elektron nachgeliefert.

Die entstandene Verbindung ist somit als $Li_x^+ Ni_{1-2x}^{2+} Ni_x^{3+} O^{2-}$ aufzufassen, wobei x den Atomzahlanteil der Dotierungssubstanz bedeutet.
Die Ni^{3+}-Ionen können nun wieder mit benachbarten Ni^{2+}-Ionen, mit
denen sie kristallographisch äquivalente Gitterplätze einnehmen, relativ leicht Ladungen austauschen und verhalten sich dabei wie Defektelektronen.

Messungen an Li-dotiertem Nickeloxid $Li_x Ni_{1-x} O$ zeigen daher mit
steigender Dotierung x einen starken Abfall des spezifischen Widerstands ρ: Bei Raumtemperatur liegt ρ in der Größenordnung von
10^{13} Ω cm für x = 10^{-4} At.-% Li. Durch Dotieren von NiO mit Li kann
der spezifische Widerstand bis auf die Größenordnung 1 Ω cm gesenkt
werden. [3.15]. Die starke Nichtlinearität im Zusammenhang zwischen
Leitfähigkeit und Dotierungskonzentration weist bereits darauf hin,
daß der Ladungstransport hier nicht durch eine quasifreie Bewegung
von Elektronen bzw. Defektelektronen im Sinne des Bändermodells erklärt werden kann. Es handelt sich vielmehr um "hopping"-Prozesse
zwischen gleichwertigen Zuständen. Diese sind aber dadurch lokalisiert, daß die Ladungsträger das Kristallgitter in ihrer Umgebung polarisieren (Abschn. 1.2). Die mit steigender Trägerkonzentration zunehmende Überlappung benachbarter Polarisationswolken führt zu einer
Verminderung der für die hopping-Prozesse erforderlichen Aktivierungsenergie und damit zu einer Erhöhung der Beweglichkeit, was einen
überproportionalen Anstieg der Leitfähigkeit zur Folge hat.

Ein Beispiel für die Dotierung mit höherwertigen Ionen ist die Substitution von Zink durch Aluminium in Zinkoxid (ZnO). Es entsteht
$Al_x^{3+} Zn_{1-2x}^{2+} Zn_x^+ O^{2-}$, wobei hier Zn^+-Ionen durch Ladungswechsel
mit benachbarten Zn^{2+}-Ionen scheinbar durch das Kristallgitter wandern können, was einem Transport negativer Ladungen entspricht. Es
handelt sich also um n-Leitung.

Dieses Prinzip der gelenkten Valenz kann auch mit dem Verfahren der
Mischung von Spinellen (Valenzaustausch) kombiniert werden.

3.1.2 Stöchiometrieabweichungen im Gitter der Übergangsmetalloxide

Außer durch Substitutionsstörstellen kann eine erhöhte Leitfähigkeit
bei einigen Metalloxiden durch Überschuß von O^{2-}-Ionen gegenüber
dem stöchiometrischen Verhältnis zustandekommen. Dieser Überschuß kann durch leichte Oxidation erreicht werden oder schon primär
vorhanden sein. Der Sauerstoffüberschuß wird zutreffender als Unter-
schuß von Metallionen beschrieben, d.h. als Lücken im Metallgitter
des Oxids. Bei Einbau von Leerstellen in das Ni-Gitter bei NiO wird
wiederum ein Vorgang der Ladungskompensation ablaufen: Die Leerstellen können das Sauerstoffgitter nicht absättigen und somit entstehen gegenüber dem ungestörten Gitter negativ geladene Leerstellen.
Zur lokalen Absättigung des Sauerstoffgitters werden benachbarte Ni^{2+}-
Ionen durch Elektronenplatzwechsel in den Zustand Ni^{3+} übergehen.
Auch hierbei entstehen also Defektelektronen, wie im Fall der Lithium-
dotierung. NiO ist wegen der primär vorhandenen Leerstellen im Ni-
Gitter "von Natur aus" ein p-Leiter.

Umgekehrt neigen manche Oxide (z.B. Zinkoxid) zu einem Metallio-
nen-Überschuß. Ein solcher Überschuß kann durch Einbau zusätzli-
cher Metallionen auf Zwischengitterplätzen oder auch durch Bildung
von Sauerstoffleerstellen entstehen. Beide Störstellenarten wirken als
Donatoren und verursachen daher n-Leitung, ähnlich wie z.B. der
Einbau von Al-Ionen im ZnO-Gitter [3.10].

Die Konzentration von Gitterleerstellen bzw. Ionen auf Zwischengitterplätzen wird hauptsächlich durch den Sauerstoffpartialdruck während des Sinterprozesses bestimmt. Bei hohen Temperaturen ist die
Beweglichkeit der Ionen im Kristallgitter genügend groß, daß sich ein
Gleichgewicht mit der umgebenden Atmosphäre einstellen kann. Beim
Abkühlen kann die Störstellenkonzentration der Verschiebung des temperaturabhängigen Gleichgewichts wegen der abnehmenden Ionenbeweg-
lichkeit immer schwerer folgen und wird schließlich eingefroren. Maßgebend für den Endzustand sind daher die Sinteratmosphäre und die Abkühlgeschwindigkeit. Hoher Sauerstoffpartialdruck begünstigt die Bildung von Metallionen-Leerstellen, niedriger Sauerstoffpartialdruck
fördert die Entstehung von Sauerstoffleerstellen bzw. die Besetzung
von Zwischengitterplätzen durch Metallionen [3.11].

Halbleiter, deren (Defektelektronen-) Leitfähigkeit mit wachsendem
Sauerstoffpartialdruck steigt, werden Oxidationshalbleiter genannt.
Halbleiter, deren (Elektronen-) Leitfähigkeit mit fallendem Sauer-
stoffpartialdruck steigt, Reduktionshalbleiter.

3.1.3 Oxide der Seltenerdelemente als Heißleitermaterialien (Hoch-temperatursensoren)

Bei der Suche nach geeigneten Halbleitersubstanzen für Hochtemperaturheißleiter (Abschn. 3.7.2) mit höheren Sinter- und Grenzbetriebs-
temperaturen als bei den bisher beschriebenen Spinellen sowie guter
Verarbeitbarkeit waren erhebliche Schwierigkeiten zu überwinden. Untersuchungen an Siliziumkarbid (SiC) und Entwicklungen mit Zirkon-
oxid (ZrO_2) oder Mischungen aus Zirkon- und Yttriumoxid (Y_2O_3)
führten noch nicht zu technisch befriedigenden Lösungen. Hier tritt
bei hohen Temperaturen bereits merklich Ionenleitung auf, die unter
Gleichstrombelastung zu chemischen Veränderungen führt. Dagegen
erwiesen sich einige Oxide der Seltenerdelemente mit nur einer Wer-
tigkeitsstufe im interessierenden Meßbereich als geeignet.

Bei den Seltenerdmetallen [3.26] handelt es sich um die Elemente
21 Sc, 39 Y, 57 La und die Lanthandide von 58 Ce bis 71 Lu, die alle
die gleichen Außenschalen haben, bei denen aber die inneren Schalen
unterschiedlich gefüllt sind. Hierdurch werden je nach Füllungsgrad
unterschiedliche Aktivierungsenergien für den Übergang eines Elektrons von einem Gitterion zum anderen, d.h. unterschiedliche Halb-
leiter- (und magnetische) Eigenschaften hervorgerufen. Die Schmelz-
temperaturen der Oxide der Lanthanide liegen etwa zwischen 2000 und
3000 K und somit weit höher als die der Oxide der Übergangselemente.
Auch hier gibt es eine Vielfalt von Gittertypen und -modifikationen;
bei ein- und demselben Oxid können ja nach Temperaturbereich unterschiedliche Gitter vorkommen. Die Sintertemperatur für solche Oxidmischungen liegt etwas unter 1900 K und damit erheblich unter den
Schmelzpunkten sowie erheblich über der maximalen Einsatztempera-
tur des Heißleiters. Die Leitfähigkeit zeigt wieder eine exponentielle
Abhängigkeit von 1/T wie bei den Oxiden der Eisengruppe [3.7]
(Abschn. 3.2).

3.2 Ladungstransport und Temperaturabhängigkeit der Leitfähigkeit bei Oxiden der Übergangsmetalle

Bei den Oxiden der Übergangsmetalle sind trotz ungesättigter 3d-Schalen die bei 300 K gemessenen Driftbeweglichkeiten sehr gering und liegen zwischen etwa 10^{-1} und 10^{-5} cm^2/Vs. Silizium dagegen weist die sehr hohen Werte μ_n = 1300 cm^2/Vs und μ_p = 500 cm^2/Vs auf. Eine einfache Abschätzung [3.10] zeigt, daß die freie Weglänge der Ladungsträger in der Größenordnung der Gitterkonstanten liegen kann. Die Leitfähigkeiten σ_n = μ_n e n und σ_p = μ_p e p können ebenfalls sehr gering sein, so daß viele der Oxide bei 300 K als gute oder sehr gute Isolatoren zu bezeichnen sind. (Beispiel NiO: σ_n = 10^{-12} (Ωcm)$^{-1}$ bei 300 K).

Die experimentellen Befunde über die Driftbeweglichkeiten der Übergangsmetalloxide mit ihren lokalisierten Zuständen sowie die am Beispiel der Spinelle (Abschn. 3.1) skizzierte Vorstellung des "hüpfenden" Ladungsträgers (hopping) zeigen, daß die Ein-Elektronennäherung des Bändermodells mit einer störungsfrei viele Gitterebenen durchlaufenden Elektronenwelle zur Beschreibung der Leitungsvorgänge ungeeignet ist.

Für die Bewegung der Elektronen (bzw. Defektelektronen) im Gitter von Oxidhalbleitern wurde als zunächst das atomistische Bild eines von Gitterplatz zu Gitterplatz unter Einfluß eines elektrischen Feldes schrittweise vorrückenden Ladungsträgers entworfen, der sich an einzelnen Ionen lokalisiert (Valenzaustausch). Um einen Platzwechsel zu erreichen, muß von den thermischen Gitterschwingungen (anregenden Phononen) eine gewisse Mindestenergie E_h (hopping) aufgebracht werden. Dieser durch Lokalisierung und Aktivierungsenergie gekennzeichnete Platzwechselvorgang kann als Diffusionsprozeß aufgefaßt werden, bei welchem als treibende Kraft anstelle eines Konzentrationsgradienten eine elektrische Kraft $-$ eE tritt. Bezeichnet ν_L die charakteristische Gitterfrequenz, so gilt für die Sprungwahrscheinlichkeit, d.h. Platzwechselfrequenz die Boltzmann-Verteilung $\nu = \nu_L \exp(- E_h/kT)$ [3.27]. Der Diffusionskoeffizient ist durch den Ausdruck $D = a^2 \nu/2$ gegeben, wobei a die Sprungweite bedeutet. Mit der Einsteinschen Beziehung $\frac{\mu}{D} = \frac{e}{kT}$ ergibt sich für die Driftbeweglichkeit

$$\mu_D = \frac{1}{2} \frac{e\, a^2}{h} \frac{h \nu_L}{kT} \exp(- E_h/kT) \sim T^{-1} \exp(- B/T). \tag{3.1}$$

Dieser Ausdruck erlaubt eine Abschätzung der hopping-Beweglichkeit.
Wird die Sprungweite a gleich der Gitterkonstanten, etwa $3 \cdot 10^{-10}$ m,
und $h\nu_L = kT$ gesetzt, so ergibt sich die Größenordnung 10^{-1} cm^2/Vs.
Gl. (3.1) wurde jedoch auch zur experimentellen Überprüfung der
Temperaturabhängigkeit der Beweglichkeit bzw. Leitfähigkeit herange-
zogen. Dabei ergab sich bei inversen Spinellen $Co_xFe_{3-x}O_4$ (durch
Mischen von Co_3O_4 und Fe_3O_4 entstanden) [3.17] sowie auch bei
Li-dotiertem NiO ($Ni_xLi_{1-x}O$), CoO, MnO, CuO [3.14] eine gute
Übereinstimmung mit den Meßkurven. Bei diesen Monoxiden liegt p-
Leitung vor; die Gitter haben NaCl-Struktur mit vier Metallionen pro
Elementarkubus, d.h. einer Metallionenkonzentration $4/a^3$. Wird
ein Bruchteil x der Me-Ionen durch Li-Ionen ersetzt, so beträgt die
Defektelektronenkonzentration im Kristall $n = x\ 4/a^3$. Für den spezi-
fischen Widerstand ρ ergibt sich damit

$$\frac{1}{\rho} = \sigma = e\ \mu_D\ n = \gamma\ \frac{4\ x\ e^2\ \nu_L}{a\ k\ T}\exp(-\ E_h/kT)\,,$$

worin γ ein die Gitterstruktur berücksichtigender Faktor ist. Diese
einfache Auffassung des Leitungsvorgangs als Diffusionsprozeß liefert
bereits eine Temperaturabhängigkeit, die der bei Heißleitern praktisch verwendeten σ-T-Kennliniengleichung (3.4) zugrunde liegt
(Abschn. 3.3 und 3.6.1). Eine auf die Struktur der oxidischen Halbleiter eingehende Beschreibung wird über die Leitfähigkeit hinaus weitere Festkörperphänomene umfassen. Jedoch ist auch da ein nume-
risch mit Heißleiter-Meßkurven übereinstimmender Verlauf günsti-
genfalls bei (schwierig darstellbaren) einkristallinen Substanzen zu
erwarten, nicht bei technischen Heißleitern aus polykristallinen Gefü-
gen. Die für das Verständnis des Leitungsvorgangs und die Entwicklung von Heißleitermaterialien aufschlußreiche Beschreibungsweise
unter Zugrundelegung des Polaronenbildes soll im folgenden nur kurz
skizziert werden.

Ein tieferes Verständnis des elektrischen Leitungsmechanismus in po-
larisierten Kristallen erfordert den Einsatz der Quantentheorie. Beim
Bändermodell erwies sich die Konzeption quasifreier Ladungsträger-
Elektronen und -Defektelektronen als äußerst nützlich für die quantitative Beschreibung wie auch für anschauliche Überlegungen. Für po-
larisierbare Kristalle wurde die ebenfalls sehr hilfreiche Beschreibungsweise des "Polarons" [3.9] konzipiert. Dabei wird nun ein Teil

der Wechselwirkungen in die Definition dieser Quasiteilchen einbezogen, um eine störungstheoretische Behandlung mittels dann hinreichend schwachen Wechselwirkungen durchführen zu können. Bei der Bewegung des Ladungsträgers durch das Gitter wird dieses örtlich polarisiert. d.h. durch Verschiebung der Ionen deformiert [3.9]. Der Gitterverzerrung entspricht eine Anregung optischer Phononen. Die Wechselwirkung des Ladungsträgers mit dem Gitter wird durch Austausch von (virtuellen) Phononen beschrieben. Durch die Deformation des Gitters wird die potentielle Energie des Ladungsträgers herabgesetzt, es entsteht eine Potentialabsenkung (Potentialtopf). Bei starker Wechselwirkung kann es zur Selbstlokalisierung (self-trapping) des Ladungsträgers an irgendeinem Gitterplatz kommen, die Tiefe des Potentialtopfes wird größer ("Eingrabungs- oder Selbstenergie"). Ladungsträger nebst Gitterdeformation und virtuellen (longitudinalen) Phononen werden zu einem Quasiteilchen, eben dem Polaron zusammengefaßt. Dies ist auch anschaulich sinnvoll, denn beim Ladungstransport führt der Ladungsträger die ihn umgebende Polarisationswolke mit sich. Die Deformation kann sich über viele Gitterabstände erstrecken oder im Falle starker Wechselwirkung (Kopplung in der Größenordnung der Gitterkonstanten) liegen. Somit wird dem Polaron ein Radius zugeordnet, zwischen großem und kleinem Polaron unterschieden. Beide unterscheiden sich auch bezüglich des Leitungsmechanismus. Durch die Selbstlokalisation wird die hopping-Energie E_h vergrößert und damit die Driftbeweglichkeit verringert. Der stärkeren Wechselwirkung des kleinen Polarons mit dem Gitter entspricht eine größere Trägheit, d.h. eine größere effektive Masse. Die Bewegung des kleinen Polarons geschieht durch "phonon-activated hopping" von Potentialmulde zu Potentialmulde. Die zur Delokalisation erforderliche Aktivierungsenergie E_h entspricht etwa der Deformationsenergie und diese der halben Bindungsenergie des kleinen Polarons. Für diesen hopping-Prozeß - d.h. genauer für das "nicht-adiabatische kleine Polaron", das wegen der größeren effektiven Masse die Bewegungen der Ionen nicht mitvollziehen kann - ergibt die Rechnung als Driftbeweglichkeit [3.16, 3.20, 3.23]

$$\mu_D = \pi^{3/2} \frac{e\, a^2}{h} \frac{J^2 E_h^{-1/2}}{(kT)^{3/2}} \exp(-E_h/kT) \sim T^{-3/2} \exp(-B/T)\,, T > \Theta/2,$$

$$(3.2)$$

(Θ Debye-Temperatur: $k\Theta = h\,\nu_L$; J Resonanzintegral (eV)).

Die Temperaturabhängigkeit der Driftbeweglichkeit ist damit gegenüber Gl. (3.1) nur wenig verändert. Eine experimentelle Bestätigung
solcher Unterschiede in der Temperaturabhängigkeit an oxidischen
Halbleitersubstanzen (wie auch die Überprüfung theoretischer Ergebnisse über andere Eigenschaften) setzt die Herstellbarkeit einkristalliner Proben voraus. So wurde beispielsweise an mit MoO_3 dotierten
V_2O_5-Einkristallen im Temperaturbereich 350 bis 600 K durch Messungen des spezifischen Widerstands und des Seebeck-Koeffizienten
der durch das kleine nicht-adiabatische Polaron beschriebene Leitungsmechanismus bestätigt. Die Dotierungen betrugen 1; 2; 5; 10%
Atomzahlanteil MoO_3 (Beispiel: $E_h = 0,102$ eV für 1%; $\Theta = 750$ K
bei V_2O_5; Sprungfrequenz $3,5 \cdot 10^{-8}$ s^{-1}) [3.24]. Ebenfalls wurde
an $CoWO_4$-Einkristallen die Gl. (3.2) im Temperaturbereich 500 bis
750 K bestätigt [3.25].

Verwey u. Mitarb. hatten die Temperaturabhängigkeit der Leitfähigkeit der von ihnen untersuchten Oxide durch die Temperaturabhängigkeit der Trägerdichten n(T) unter Anwendung des Massenwirkungsge-
setzes erklärt, wobei die Beweglichkeit als konstant angesehen wurde:
$\sigma = e \, \mu_0 \, n_0 \, \exp(- E_h/kT)$ [3.1]. Steigende Temperatur bewirkt die
Aktivierung weiterer Ladungsträger wie in den Fällen der Störstellenre-
serve und der Eigenleitung. Die experimentelle Bestätigung der Rechnungen der Polaronenleitung bzw. zum hopping-Prozeß mit einer temperaturabhängigen Beweglichkeit an einigen untersuchten Proben be-
rechtigt noch nicht zur Annahme der allgemeinen Gültigkeit für alle
hier zur Rede stehenden (bei Heißleitern durchweg polykristallinen)
Substanzen. Zur Frage, ob und in welchen Fallgruppen die exponen-
tiell von 1/T abhängige Leitfähigkeit bei Schmalband-Halbleitern ganz
oder überwiegend durch ebensolche Temperaturabhängigkeiten der Beweglichkeit oder der Trägerdichte bestimmt ist, muß auf die zusam-
menfassende Literatur verwiesen werden [3.17 - 3.23]. Ebenfalls kann
nur erwähnt werden, daß auch noch andere Konzepte zum Verständnis
der optischen, magnetischen und Transporteigenschaften bei Kristallen mit lokalisierten Zuständen vorliegen.

Entscheidend für die Anwendung ist die sich in jedem Fall ergebende
exponentielle Abhängigkeit der elektrischen Leitfähigkeit bzw. des
spezifischen Widerstands von der reziproken absoluten Temperatur.
Diese Abhängigkeit charakterisiert die Eigenschaften des hohen Be-

trags und des negativen Vorzeichens des Temperaturkoeffizienten der
Heißleiter in den interessierenden Arbeitsintervallen.

3.3 Temperaturabhängigkeit des elektrischen Widerstands des Heißleiters

Zur Beschreibung der Temperaturabhängigkeit des spezifischen Widerstands ρ der oxidkeramischen Heißleiter kann nach Abschn. 3.2 von
einem Ausdruck der Form

$$\rho(T) = A \exp(B/T) \tag{3.3}$$

mit temperaturabhängigen Größen A und B ausgegangen werden. Der
Widerstand des Heißleiters kann dann durch

$$R(T) = R_\infty \exp(B/T) \quad \text{mit} \quad R_\infty = \lim_{T \to \infty} R \tag{3.4}$$

ausgedrückt werden. Zur Elimination des Wertes R_∞ wird die R-T-
Kennlinie auf den Nennwert R_N bei einer Nenn- bzw. Referenz-Tem-
peratur T_N bezogen. Somit ergibt sich die bei den meisten Anwendungen ausreichend genaue Darstellung

$$R(T) = R_N \exp B\left(\frac{1}{T} - \frac{1}{T_N}\right). \tag{3.5}$$

Der sogenannte B-Wert ist eine international gebräuchliche Größe. T
und B werden in Kelvin (K) angegeben, ϑ in $^\circ$C. Wenn nicht anders
vermerkt, ist $T_N = 298,15$ K (d.h. $\vartheta_N = 25\ ^\circ$C).

3.4 Bauformen

Heißleiter werden in verhältnismäßig großer Vielfalt von Bauformen
hergestellt, weil auch die Bedingungen bei ihrer Anwendung verschie-
denartig sind. In Bild 3.2 sind nur die verbreiteten Grundformen dargestellt.

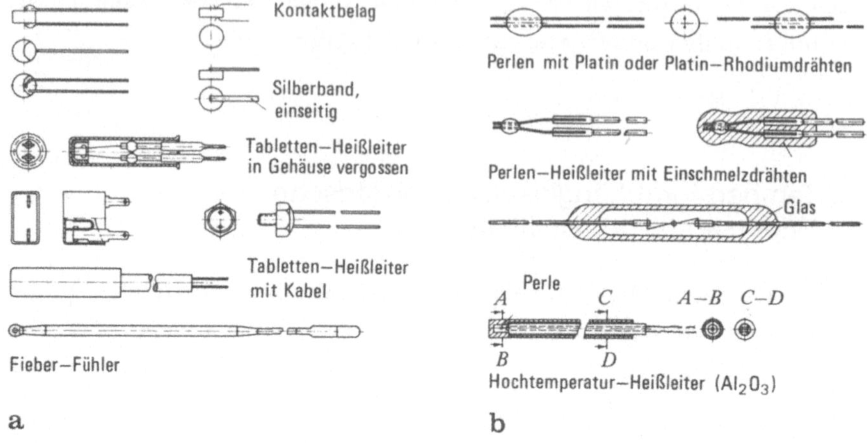

Bild 3.2. Heißleiterbauformen. a) Tablettenheißleiter; b) Perlen-heißleiter

3.4.1 Tablettenheißleiter (Scheiben, discs, wafers)

Die Tablettendurchmesser liegen vorwiegend zwischen 2 und 12 mm, die Dicken zwischen 0,4 und 6 mm. Bei der Bestimmung der Maße, bei der Wahl der Kontaktierung am Meßobjekt sowie bei der Wahl der Gehäuse- oder Umhüllungsart sind vor allem Wärmeleitungswerte, thermische Zeitkonstanten, Belastbarkeit und Preis zu beachten und abzustimmen. Die Tablette kann auch mit nur einem Anschlußdraht (-band) versehen und mit der Gegenfläche auf das Meßobjekt geklebt werden.

3.4.2 Perlenheißleiter

Gehäuselose, ungeschützte Perlen haben die kleinsten Zeitkonstan-ten. Ihre Verwendung ist auf Laboruntersuchungen, meist von Strö-mungsvorgängen, beschränkt. Die Ummantelung von Perlen richtet sich nach dem Temperaturbereich, nach den Wärmeableitungswerten und Zeitkonstanten. Weichglas ermöglicht Grenztemperaturen bis 300 °C, Hartglas bis 600 °C. Die Perle kann dünn umglast werden oder in ein Glasgehäuse mittels angepaßter Einschmelzdrähte einge-baut sein. Solche an Einschmelzdrähten angepunktete Perlen sind entweder freistehend im Glaskölbchen angeordnet oder in das Glas ein-gebettet; diese Einbauarten unterscheiden sich durch Zeitkonstante und Erschütterungsempfindlichkeit. Die Einschmelzdrähte sind Cr-Ni-

Legierungen oder Cu-Manteldrähte, vergoldet oder verzinnt. Für
Temperaturen bis etwa 1000 °C gelangt Keramik oder auch Quarz zur
Anwendung (Abschn. 3.7.2). Bei Kunststoffumhüllungen kann die höhere Temperaturgrenze des Perlenheißleiters nicht mehr genutzt werden; bei medizinischen Thermometern mit besonders kurzen Anzeige-
zeiten beispielsweise wird die Perle in ein Hüllröhrchen eingebracht
und mit Kunststoff vergossen.

3.5 Die Herstellungsmethoden und ihr Einfluß auf die Eigenschaften

Die oxidischen Heißleiter werden nach den in der keramischen Indu-
strie gebräuchlichen pulvermetallurgischen Verfahren hergestellt.

Die Ausgangsoxide werden im vorgesehenen Mischungsverhältnis ein-
gewogen, gemahlen, gemischt und homogenisiert. Es entsteht ein
rollfähiges Granulat. Weitaus die meisten Heißleiterkörper haben
Tablettenform und werden mittels mechanischer Tablettenpressen gepreßt. Bei der nachfolgenden Sinterung dieser Formkörper entsteht
das erwähnte polykristalline Gefüge. Die Sintertemperaturen richten
sich nach den verwendeten Oxiden und einzustellenden elektrischen
Werten; sie liegen bei den gebräuchlichsten Oxiden zwischen 1050 und
1200 °C.

Alle Arbeitsgänge bedürfen laufender Kontrolle, um die Streuung gering zu halten. Beim Sintern entsteht ein Längen- bzw. Volumen-
schwund. Bei Heißleitern mit geringeren Widerstandstoleranzen werden die Tabletten planparallel geläppt oder geschliffen. Die Kreisflä-
chen der Tablette werden mit einem leitfähigen, gut haftenden und kon-
taktierbaren Belag versehen. Dabei haben sich Silberpasten mit Zusatz von Glaspulver besonders bewährt, die zwischen 700 und 800 °C
eingebrannt werden.

Wenn es die Genauigkeit erfordert, können die kontaktierten Tabletten
zylindrisch geschliffen, also mit erheblich geringeren Toleranzen der
Durchmesser hergestellt werden.

Bei Tabletten mit Anschlußdrähten müssen die erforderlichen Löttemperaturen und -dauern genau eingehalten werden, weil sonst durch Lösungs- und Diffusionsprozesse der Widerstandswert etwas verändert werden kann. In manchen Anwendungsfällen genügt auch Druckkontaktierung der metallisierten Tablette.

Die bedrahteten Tabletten können lackiert oder unlackiert sein, in Gehäusen eingebaut und mit Kunstharzen vergossen sein oder zusätzlich mit flexiblen Kabeln ausgerüstet werden. Durch Metallbeläge, Lötung, Kunststoffeinbettung ergeben sich obere Grenzen für die zulässige Betriebstemperatur, die den Datenblattangaben entnommen werden können. Die obere Grenztemperatur hängt überdies von den Genauigkeitsforderungen (Toleranzen), von der Belastung und vom verwendeten Heißleiterwerkstoff ab. Je nach Bauform liegen die zulässigen oberen Grenztemperaturen bei 100, 125, 150 $^\circ$C. Scheiben für Präzisionsheißleiter werden planparallel und zylindrisch geschliffen und überdies nach erfolgter Kontaktierung durch geringfügiges Anschleifen im thermostatisierten Ölbad bei gleichzeitiger Beobachtung eines Nullinstruments auf den Sollwert abgeglichen, d.h. justiert.

Eine zweite, sehr wichtige Grundform ist der <u>perlenförmige Heißleiter</u>. Bei der Herstellung wird das Oxidgemisch in Kunststoff aufgeschlämmt und als feiner Tropfen unter dem Mikroskop auf zwei parallel gespannte Drähte aus einer Platinlegierung aufgebracht. Durch den Schwund beim Sintern werden die Drähte fest umschlossen und dienen als unmittelbare Kontaktdrähte. Die "Perle" (bead) hat etwa die Gestalt eines Rotationsellipsoids mit Durchmessern von 0,4 bis 0,8 mm. Gegenüber der Tablette hat sie die Vorteile geringerer Wärmeträgheit und höherer Grenztemperatur. Die Drähte der Perlen werden meist an dickere Zuleitungsdrähte punktgeschweißt. Ein mechanischer Widerstandsabgleich zur Einengung der Streuung ist bei Perlenheißleitern nicht durchführbar. Bei Anwendung als Präzisionsheißleiter muß durch eine Widerstandskombination abgeglichen werden. Die kürzere Ansprech- bzw. Meßzeit des Präzisionsheißleiters in Perlenausführung wird somit durch aufwendigere Konstruktions- und Herstellungsweise erkauft.

Der <u>stabförmige Heißleiter</u>, eine dritte und weit weniger gebräuchliche Grundform, ist vorwiegend für höhere elektrische Belastungen ausgelegt. Das Oxidgemisch wird mit einem Bindemittel angeteigt und unter hohem Druck durch eine Düse zu zylindrischen Strängen gepreßt, die nach erfolgter Sinterung in Stücke zerteilt und mit Kontakten versehen werden.

Es werden auch sehr dünne <u>Heißleiterplättchen</u> sowie <u>Heißleiterpasten</u> hergestellt; letztere werden mittels eines Siebdruckverfahrens auf Keramikunterlagen aufgetragen und dann gesintert.

Die <u>Messung des Widerstandswertes</u> der Heißleiter muß wegen der starken Temperaturabhängigkeit stets unter Verwendung von Thermostaten durchgeführt werden. Um die Regelschwankungen möglichst gering zu halten, werden diese Prüfthermostaten in klimatisierten Räumen betrieben, wodurch Schwankungen von nur ± 0,05 K erreicht werden.

3.6 Eigenschaften der Heißleiter

3.6.1 Widerstands-Temperatur-Kennlinie R(T)

Aus Gl. (3.5) ergibt sich mit zwei Meßpunkten (T_1; R_1 und T_2; R_2) der B-Wert zu

$$B = \frac{T_1 \, T_2}{T_1 - T_2} \ln \frac{R_1}{R_2}. \tag{3.6}$$

Die durch Gl. (3.3) beschriebene Kennlinie stimmt wegen unterdrückter Temperaturabhängigkeit des Faktors A um so genauer mit den Messungen überein, je kleiner der Temperaturbereich ist. Bei manchen Anwendungen ist eine bessere Annäherung auch in weiteren Bereichen notwendig. Dabei hat sich im Gegensatz zur theoretischen Ableitung eine Variation der Konstanten B als besonders zweckmäßig erwiesen, die linear oder quadratisch angesetzt wird:

$$B(T) = B_a (1 + b(T - T_a))$$

oder

$$B(T) = B_a (1 + b(T - T_a)) + c(T - T_a)^2. \tag{3.7}$$

Dabei ist B_a der B-Wert bei der "Arbeitstemperatur" T_a.

Die Konstanten dieser Ansätze werden aus Meßpunkten der Kennlinie
mittels des Ausdrucks

$$B_a = B_N(1 + b(T_a - T_N)) = \frac{T_a\,T_N}{T_a - T_N}\,\ln\frac{R_a}{R_N}\,T_N; \quad B_N\ \text{Nennwert}$$

bestimmt. Eine brauchbare lineare Korrektur bietet ein Ansatz nach
Gl. (3.7):

$$B(\vartheta) = B(\vartheta_N)\,(1 + b(\vartheta - 100))$$

$b = 2,5 \cdot 10^{-4}$ für $\vartheta > 100\ ^\circ C$; $b = 5,0 \cdot 10^{-4}$ für $\vartheta \leqslant 100\ ^\circ C$.

Aus Gl. (3.5) folgt die Steigung der $R(T)$-Kennlinie

$$\frac{dR(T)}{dT} = -\frac{B}{T^2}\,R(T).$$

Daraus ergibt sich mit der Definition des Temperaturkoeffizienten

$$\alpha(T) = \frac{1}{R(T)}\,\frac{dR(T)}{dT} \tag{3.8}$$

die Beziehung

$$\alpha = -\frac{B}{T^2}. \tag{3.9}$$

Der Temperaturkoeffizient ist also temperaturabhängig und wird durch
den materialabhängigen B-Wert bestimmt. Bild 3.3 zeigt typische Verläufe von $R(T)$ mit B als Parameter. Oft wird der Widerstand gegen
die reziproke Temperatur $1/T$ aufgetragen, womit diese Kennlinie für
B = const eine Gerade ist.

3.6.2 Spannungs-Strom-Kennlinie

Die einem Heißleiter zugeführte elektrische Leistung bewirkt eine Erwärmung des Heißleiterkörpers und durch Wärmeleitung einen Wärme-
fluß in das umgebende Medium. In der Bilanzgleichung

$$N = G_{th}(T - T_U) + c_{HL}\frac{dT}{dt} \tag{3.10}$$

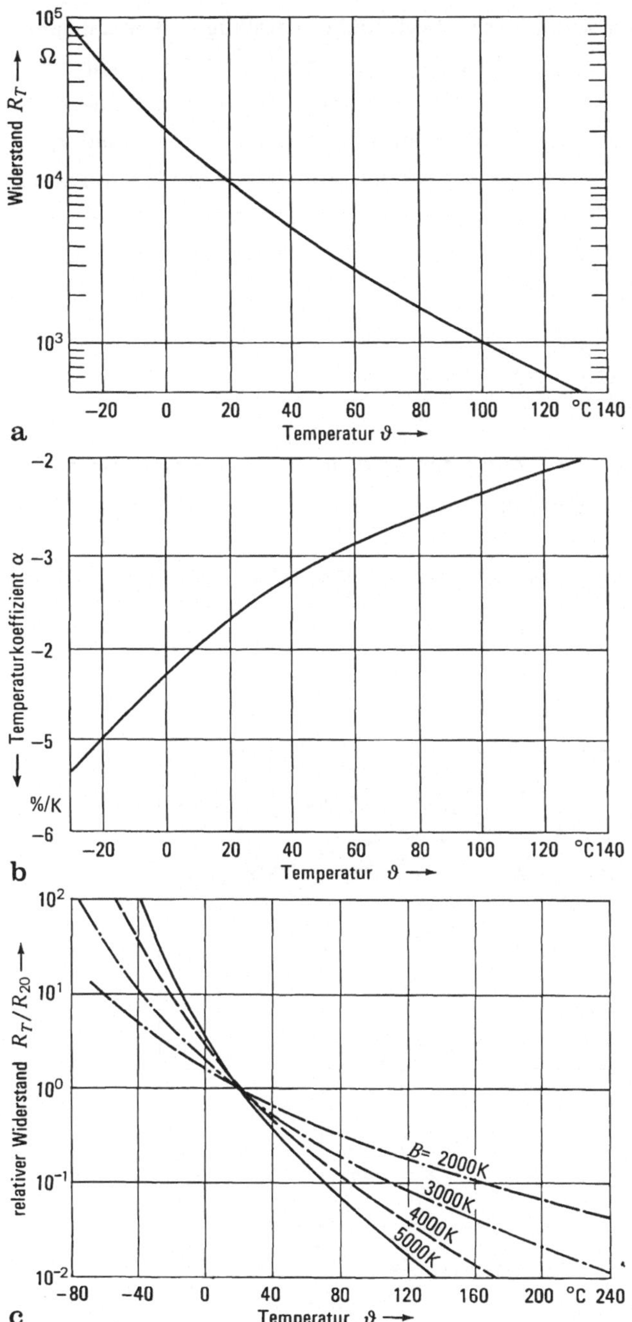

Bild 3.3. Typische Heißleiterkennlinie. a) Widerstands-Temperatur-Kennlinie; b) Temperaturkoeffizient α des Widerstands desselben Heißleiters; c) auf den Widerstand R_{20} bei 20 °C normierte Widerstands-Temperatur-Kennlinien für Heißleiter mit verschiedenen B-Werten

bedeuten N = U I die zugeführte elektrische Leistung mit Spannungsabfall U am Heißleiter, T(t) die Temperatur des Heißleiters zur Zeit t,
T_U die Temperatur des umgebenden Mediums, G_{th} den Wärmeableitungskoeffizienten vom Heißleiter zum umgebenden Medium und c_{HL}
die Wärmekapazität des Heißleiters. Die Gleichgewichtstemperatur
ist erreicht, wenn dT/dt = 0 ist, d.h. die zugeführte elektrische
Energie N gleich der an die Umgebung abgeführten Energie ist. Es
ergeben sich also die Ausdrücke

$$N = I^2\, R(T) = \frac{U^2}{R(T)} = G_{th}(T - T_U)$$

mit R(T) nach Gl. (3.5). Zur Konstruktion der U-I-Kennlinie eignet
sich die Parameterdarstellung

$$I(T) = \sqrt{\frac{1}{R(T)}\, G_{th}(T - T_U)}\,; \quad U(T) = \sqrt{R(T)\, G_{th}(T - T_U)}. \quad (3.11)$$

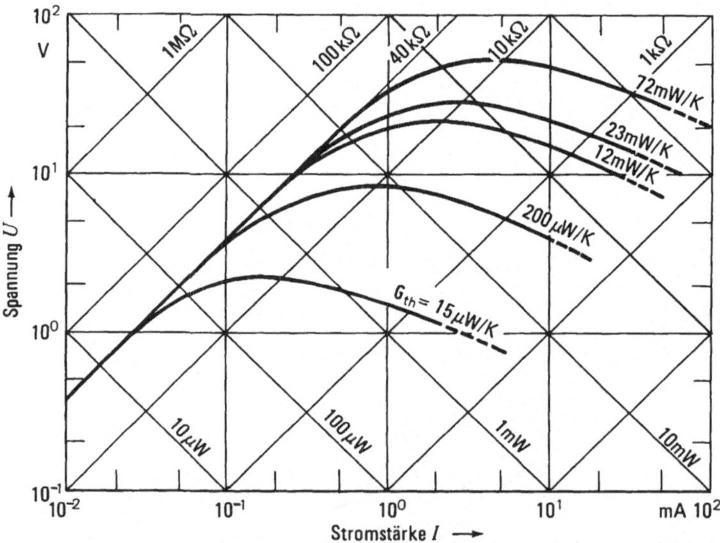

Bild 3.4. Stationäre Spannungs-Strom-Kennlinien eines Heißleiters,
der bei Raumtemperatur einen Widerstand von 40 kΩ besitzt, für
verschiedene Wärmeableitungskoeffizienten G_{th} zum umgebenden
Medium (mit eingezeichneten Linien konstanten Heißleiterwiderstands
bzw. konstanter abgeführter Leistung)

144

Nach Einsetzen der bekannten Funktion $R(T)$ aus Gl. (3.5) können $I(T)$ und $U(T)$ für eine Folge von T-Werten berechnet und graphisch aufgetragen werden. In Bild 3.4 sind U-I-Kennlinien doppellogarithmisch für verschiedene Wärmeableitungskoeffizienten G_{th} dargestellt. Die Spannung steigt bei kleinen Strömen mit zunehmender Stromstärke, durchläuft ein Maximum und fällt mit steigendem I wieder ab. Die U-I-Charakteristik hat also einen steigenden und einen fallenden Teil, beide werden in Anwendungen genutzt. Nur im näherungsweise geradlinigen, also dem ohmschen Gesetz folgenden Teil ist die zugeführte Leistung N gering und führt zu keiner merklichen Erwärmung des Heißleiters. In diesem Fall ist sein Widerstand durch die Umgebungstemperatur bestimmt. Zur Temperaturmessung mit Heißleitern muß also die elektrische Belastung hinreichend gering gehalten werden.

3.6.3 Thermische Zeitkonstante

Wird am Heißleiter die elektrische Belastung N abrupt abgeschaltet, so ergibt sich durch Integration der Bilanzgleichung $G_{th}(T - T_U) +$ $+ c_{HL}\, dT/dt = N = 0$ für den Temperaturverlauf $T(t)$ am Heißleiter

$$T - T_U = (T_0 - T_U)\, \exp\left(- \frac{t}{\tau_{th}}\right); \quad \tau_{th} = \frac{c_{HL}}{G_{th}}. \tag{3.12}$$

T_0 ist die Temperatur im Augenblick des Abschaltens der Last; τ_{th} die Zeitkonstante der Abkühlung. Diese Abkühlkonstante ist eine brauchbare Vergleichsgröße, sie ist proportional zur Wärmekapazität und umgekehrt proportional zur Wärmeleitungskonstanten. Es bedarf jeweils einer Angabe über das umgebende Medium, z.B. ruhende Luft.

Die thermischen Abkühlzeitkonstanten der Heißleiter überstreichen einen großen Bereich. Eine Perle ohne Glasschutz von etwa 0,3 mm Durchmesser hat in ruhender Luft eine Abkühlzeitkonstante τ_{th} von ca. 0,4 s; eine in Glas eingeschmolzene Perle je nach Größe des Gehäuses einen Wert von rund 1 bis 40 s. Bei Tabletten beträgt τ_{th} wenige Sekunden bis beispielsweise 20 s bei bedrahteten Ausführungen.

3.6.4 Strom-Zeit-Kennlinie

Der Aufheizprozeß ist nicht so einfach zu charakterisieren wie der Ab-
kühlprozeß. Die zugeführte Leistung ändert sich mit sinkendem Widerstand. Es werden daher zeitliche Verläufe des Heißleiters $I(t)$ oder
des Widerstandswertes $R(t)$ unter Festlegung von Batteriespannung
und Vorwiderstand graphisch dargestellt, weil die Aufheizzeit auch
von diesen Größen abhängt. Liegt der Heißleiter über einen Vorwiderstand R_V an der Spannungsquelle, so wird beim Anlegen der Spannung
U_B der Strom vorwiegend durch den hohen Widerstandswert des noch
kalten Heißleiters bestimmt (Kaltwiderstand: Linie 1 in Bild 3.5a). Er
wird durch diesen Strom erwärmt, sein Widerstand sinkt und der
Strom steigt somit weiter an. Der Strom strebt einem Endwert I_E zu,
den man graphisch aus dem Schnittpunkt der Widerstandsgeraden (R_V)
mit der U-I-Kennlinie des thermischen Gleichgewichts (Kurve 2) bestimmen kann. Bild 3.5a zeigt im unteren Teilbild die Konstruktion
einer $I(t)$-Kennlinie für eine feste Wertekombination R_V; U_B; Bild
3.5b drei $I(t)$-Kennlinien bei verschiedenen Wertekombinationen; nunmehr mit t als Abszisse.

Bei den im Gehäuse vergossenen Heißleitern erhält man Aufheizzeiten
bis etwa 500 s.

3.6.5 Streuung der Widerstandskennlinie: Fertigungstoleranz

Widerstandsnennwert R_N und B-Wert beinhalten Geometrie und Materialeigenschaften des Heißleiters. Beide Werte sind mit Fertigungstoleranzen behaftet. Bei der Herstellung der Oxidmischungen ist auf
gleichbleibende Qualität der primär verwendeten Oxide, auf Konstanz
der Mischungsverhältnisse, Homogenität, Preßbedingungen, Sinterbedingungen (Temperatur-Zeit-Verlauf: Sinteratmosphäre) zu achten.
Schwankungen bei diesen Daten bewirken Schwankungen des B-Wertes.
Schwankungen des Widerstandsnennwertes werden zusätzlich durch die
der geometrischen Größen, wie wirksame Kontaktflächen, Elektroden-
abstand und dgl., verursacht. Solche Streuungen sind bei Perlenheißleitern bedeutend höher als bei mechanisch nachbearbeiteten Scheibenheißleitern. Für die Streuung des Widerstands $R_T(R_N; B)$ ergibt sich
mit Gl. (3.5)

$$\Delta R_T/R_T = \Delta R_N/R_N + \Delta B/B \, \ln(R_T/R_N). \qquad (3.13)$$

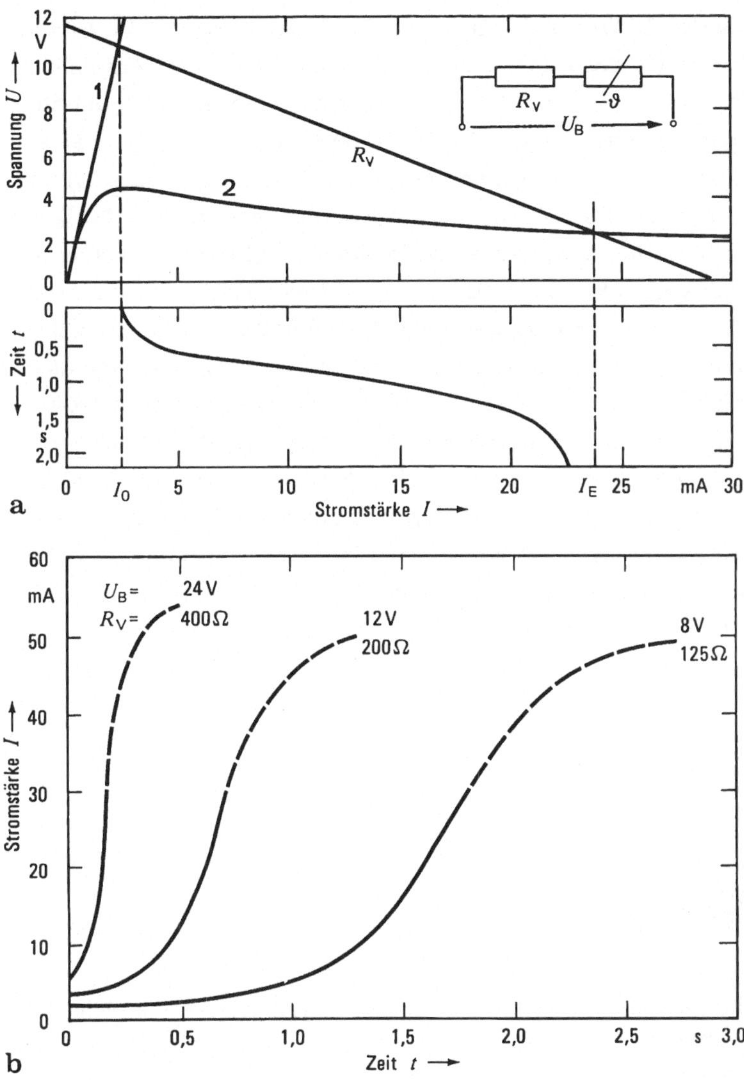

Bild 3.5. a) Spannungs-Strom-Kennlinien des kalten Heißleiters (Kurve 1) und des Heißleiters im thermischen Gleichgewicht (Kurve 2). Mit dem Spannungsabfall im Vorwiderstand R_V ergibt sich die Anfangsstromstärke I_0 und die Gleichgewichtsstromstärke (Endwert) I_E. Der zeitliche Verlauf der Stromstärke zwischen diesen beiden Werten ist im unteren Teilbild dargestellt; b) zeitlicher Verlauf der Stromstärke bei verschiedenen Klemmenspannungen U_B und verschiedenen Vorwiderständen R_V

$\Delta R_N/R_N$ ist die relative Streuung oder Toleranz des Nennwiderstands bei Nenntemperatur T_N; $\Delta B/B$ die des B-Wertes bei Nenntemperatur.

147

Die Streuung des B-Wertes liegt in der Größenordnung ± 5%. Für die
Wahl der Toleranzklasse des Widerstandsnennwertes sind Anwendung
des Heißleiters und - davon abhängig - Herstellaufwand maßgeblich.
Diese Klassen reichen von ± 0,5% bis ± 30%. In besonderen Fällen
kann der Wert 0,5% auch unterschritten werden. Präzisionsheißleiter, deren Toleranz kleiner als 2% ist, erfordern eine sorgfältigere
Wahl der Materialien sowie einen Widerstandsabgleich. Letzterer kann
durch Flächenabgleich unter gleichzeitiger Messung des Widerstandswertes im Thermostaten erfolgen. Bei Perlenheißleitern können durch
Hintereinander- oder Parallelschalten zweier in ihren Nennwertab-
weichungen ausgesuchter (gruppierter) Exemplare geringere Toleranzen erreicht werden. Beide Perlen - eingeglast oder nicht - müssen dabei untereinander guten Wärmekontakt haben. Bei Parallelschaltung ist der Meßstrom so gering zu wählen, daß das etwas nie-
derohmigere Exemplar nicht vorwiegend Leistung aufnimmt. Schließlich kann die Abweichung vom Soll-Nennwert noch durch einen Vorwiderstand behoben werden (Bild 3.6).

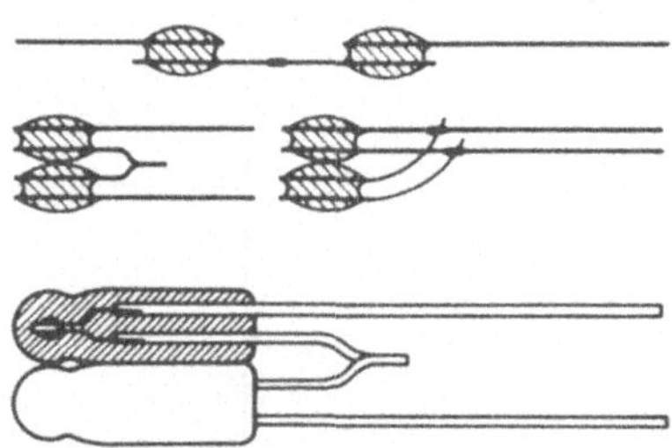

Bild 3.6. Paaren ausgewählter Heißleiter zum Abgleich von Fertigungstoleranzen

3.6.6 Langzeitstabilität

Wie bei allen Festkörpern treten in polykristallinen Heißleitern lang-
sam ablaufende Gefügeänderungen wie auch Diffusionsprozesse an den
Kontakten auf. Bei Scheibenheißleitern überwiegen letztere Effekte
bei weitem, obwohl bei den gesinterten Oxidmischungen deutliche Unterschiede bezüglich der Langzeitstabilität festzustellen sind. Solche
Vorgänge können über längere Zeiträume zu Änderungen der Kennlinie führen. Die jährliche relative Widerstandsänderung bei Präzi-
sionsheißleitern muß um den Faktor 10 kleiner sein als die Wider-

standstoleranz. Durch thermische Nachbehandlung ("Tempern") wird
die Langzeitstabilität verbessert.

3.6.7 Linearisierung der R-T-Kennlinie

Bei Temperaturmessung, Temperaturregelung und Kompensation von
Temperaturgängen ist oft eine lineare Temperaturabhängigkeit des Widerstandswertes erforderlich. Die Nichtlinearität von $R(T) \sim \exp(B/T)$
ist stärker als die der Metallwiderstände und Thermospannungen von
Thermoelementen.

Nun bietet aber der Heißleiter den Vorteil hoher Temperaturkoeffizienten und hoher Widerstandswerte, gegenüber denen der Spannungsabfall der Zuleitungen vernachlässigbar ist. Es wurde daher eine Reihe
von Möglichkeiten zur Linearisierung der R-T-Kennlinie bei Heißleitern gefunden. Für nicht zu große Temperaturbereiche gelingt das
schon mittels einer Heißleiter-Festwiderstandskombination, also mit
sehr geringem Aufwand. Schaltet man z.B. einen Widerstand R_P parallel zum Heißleiterwiderstand R_T, so ist der Gesamtwiderstand

$$R_{ges} = \frac{R_P\,R_T}{R_P + R_T}\,; \quad R_T = R_N \, \exp B \left(\frac{1}{T} - \frac{1}{T_N} \right).$$

Für kleine Temperaturen nähert sich R_{ges} asymptotisch R_P, für
große Temperaturen wird $R_T \ll R_P$ und R_{ges} nähert sich R_T. R_{ges}
muß daher einen Wendepunkt haben, in dessen Umgebung R_{ges} durch
die Wendepunkt-Tangente gut angenähert wird. Aus der Bedingung
$d^2 R_{ges}/dT^2 = 0$ folgt eine Bedingungsgleichung für die Temperatur,
bei der der Wendepunkt liegt. Wählt man umgekehrt den Wendepunkt
als Mittelpunkt T_M des Arbeitsbereichs, so liefert diese Bedingungsgleichung den Wert für den erforderlichen Parallelwiderstand

$$R_P = R_T(T_M) \, \frac{B - 2\,T_M}{B + 2\,T_M} \;\; \text{für } B \gg 2\,T_M.$$

Diese Linearisierung geht auf Kosten des Temperaturkoeffizienten
der Schaltung, ist aber bei bestimmten Anwendungen trotzdem vor-

teilhaft (Bild 3.7a). Der Temperaturkoeffizient des Gesamtwiderstands hängt dann gemäß

$$\alpha_{ges}(T) = \frac{1}{R_{ges}} \frac{d\,R_{ges}}{dT} = \left(-\frac{B}{T^2}\right) \frac{R_T}{R_{ges}} \frac{1}{\left(1 + \frac{R_T}{R_P}\right)^2}$$

von der Temperatur ab. Mit den Ausdrücken für R_{ges} und $\alpha_T = -\,B/T^2$
wird

$$\alpha_{ges}(T) = \frac{R_P}{R_P + R_T} \alpha_T .$$

Legt man einen Heißleiter mit Parallelwiderstand R_P über einen Vorwiderstand R_V an eine Spannung U_0 (Bild 3.7b), so ergibt sich für
die Spannung am Heißleiter

$$U_T = U_0 \frac{R_P}{R_V + R_P} \cdot \frac{R_T}{R_G + R_T} \text{ mit } R_G = \frac{R_V R_P}{R_V + R_P}$$

und für die Spannungsänderung mit der Temperatur

$$\frac{dU_T}{dT} = U_0 \frac{R_P}{R_V - R_P} \alpha_T \frac{R_T}{R_G} \frac{1}{(1 + R_T/R_G)^2} .$$

Hier ergibt sich für den Wendepunkt der formal gleiche Ausdruck

$$R_G = R_T(T_M) \frac{B - 2\,T_M}{B + 2\,T_M} .$$

Damit ist nun am Wendepunkt die Spannung am Heißleiter linearisiert.
Die temperaturbezogene Spannungsänderung dU/dT ist mittels des
Teilerverhältnisses einstellbar und man kann linear von der Temperatur abhängige Spannungen kompensieren. Man kann diese Kombination
zur Linearisierung noch durch einen Vorwiderstand im Heißleiterzweig
ergänzen und erhält einen ähnlichen Ausdruck für die Zusatzwider-
stände. Eine weitere Möglichkeit zur Linearisierung bietet ein Netzwerk mit mehreren Heißleitern, in der praktischen Anwendung zwei
oder höchstens drei Heißleiter. Im einfachsten Fall liegen zwei paral-

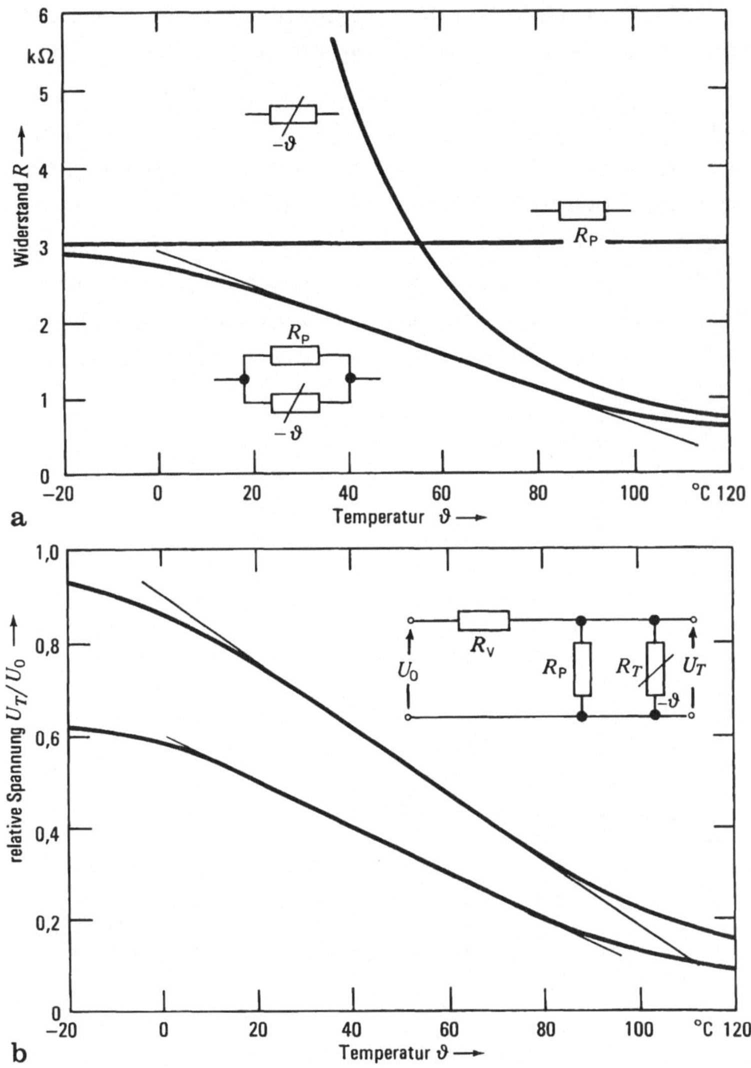

Bild 3.7. Linearisierung der Widerstands-Temperatur-Kennlinie.
a) durch einen Parallelwiderstand; b) durch eine Spannungsteiler-
schaltung; untere Kurve: R_V = 4,5 kΩ; R_P = 9 kΩ; obere Kurve:
R_V = 3 kΩ; R_P = ∞. Heißleiter: R_N = 11 kΩ; B = 3250 K

lel geschaltete Heißleiter HL 1 und HL 2 mit einem Vorwiderstand R_2
im Zweig von HL 2 in Reihe mit einem gemeinsamen Vorwiderstand
R_1. HL 1 und HL 2 sind beide Fühler, müssen aber möglichst guten
Wärmekontakt untereinander aufweisen (Bild 3.8). Ihre Kennlinien
$R_{T1}(T)$ und $R_{T2}(T)$ unterscheiden sich im Widerstandsnennwert und

im B-Wert. Jede der beiden Kennlinien weist für sich durch den jeweiligen Parallelzweig einen linearisierten Bereich im Sinne voriger Überlegungen auf. Heißleiter und Festwiderstände sind so ausgelegt, daß die beiden Bereiche sich überlappen. Der Linearitätsbereich der Netzwerkkennlinie ergibt sich damit durch Überlagerung beider Einzellinearbereiche, wobei bei niederen Temperaturen HL 1 den wesentlichen Beitrag zum Widerstandswert leistet und bei höheren Temperaturen HL 2. HL 1 und HL 2 sind Präzisionsheißleiter und R_1 und R_2 entsprechend tolerierte Festwiderstände. Der linearisierte Bereich kann etwa 100 K bei einer Abweichung bis $\pm\,0,2$ K betragen (s. auch Abschn. 3.6.8).

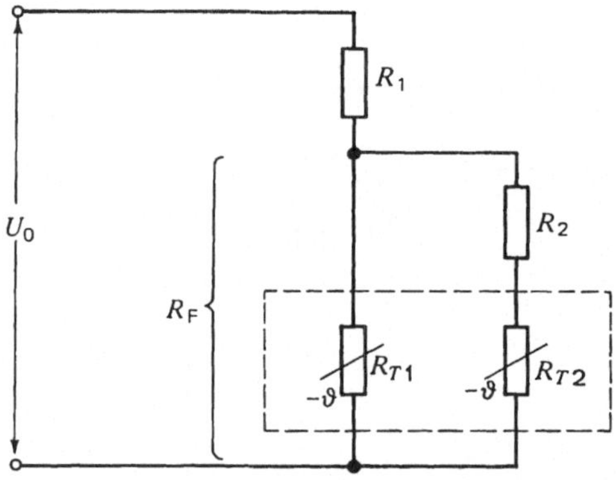

Bild 3.8. Schaltung mit zwei thermisch gekoppelten Heißleitern und zwei Festwiderständen zur Erzielung eines großen Linearitätsbereichs für die Temperaturabhängigkeit des Gesamtwiderstands

3.6.8 Heißleiter in Brückenschaltungen

Die Verwendung von Brückenschaltungen ist häufig von Vorteil; der Heißleiter stellt einen der Zweige einer Ausschlagsbrücke dar. Die Diagonalspannung in der Wheatstoneschen Brücke ist dann eine Funktion von $\exp(B/T)$ und damit von T. Als Leerlaufspannung U_0 für eine Brücke mit den Widerständen $R_1 = R_T$; R_2; R_3; R_4 ergibt sich

$$U_0 = U_B\left(\frac{R_T}{R_T + R_2} - \frac{R_3}{R_3 + R_4}\right).$$

Das Signal U_0 wird zweckmäßig mittels eines integrierten Operationsverstärkers weiterverarbeitet.

Die Anwendung integrierter Schaltkreise, besonders mit integrierten Operationsverstärkern, bietet weitere Möglichkeiten der Linearisierung der Kennlinie und der Signalverarbeitung. So kann das Linearisierungsintervall vergrößert bzw. die Linearität verbessert werden. Auch mit solchem Mehraufwand hat der Heißleiter noch funktionelle und wirtschaftliche Vorteile gegenüber Metallwiderständen. So kann der Widerstandswert groß gegenüber den Zuleitungswiderständen gewählt werden (Fernanzeige), die Widerstandswerte sind in weiten Grenzen wählbar, das Verhältnis von Signal- und Rauschspannung ist günstig, gegenüber Metallwiderständen sind Kleinheit und geringe Zeitkonstanten von Vorteil. Bei entsprechender Wahl der Materialien ist die Langzeitstabilität gegenüber Thermoelementen erheblich größer. Auch bei anspruchsvolleren schaltungstechnischen Lösungen ist der Aufwand im allgemeinen geringer als bei anderen elektrischen Temperaturfühlern.

Um bei Messungen mit Heißleitern störende Einflüsse der Umgebungstemperatur zu eliminieren, kann man die Brücke mit zwei <u>gepaarten Heißleitern</u> möglichst geringer Streuung ausstatten, dem eigentlichen Meßfühler und einem Referenzheißleiter. Solche Anordnungen werden bei der elektronischen Messung von Strömungsgeschwindigkeiten in Gasen und Flüssigkeiten, von Wärmeleitfähigkeiten, Gasdrücken, Vakuum usf. verwendet. Die Brücke mit zwei Heißleitern kann auch der Messung von Temperaturdifferenzen dienen. Ordnet man in zwei gegenüberliegenden Brückenzweigen gepaarte Heißleiter an, so ergibt sich etwa eine Verdoppelung des Diagonalsignals dU/dT. Die Heißleiterbrücken können mit Gleich- oder Wechselstrom betrieben werden.

3.7 Anwendungen

3.7.1 Anwendungsgebiete

Durch den hohen Betrag des Temperaturkoeffizienten und durch dessen negatives Vorzeichen ergeben sich zwei Hauptanwendungsgebiete. Einmal die Anwendung als Sensor zur Messung und Überwachung von Temperaturen oder temperaturabhängigen Größen; zum anderen die Nutzung des Verlaufs von Strom-Spannungs- oder Widerstands-Strom-Kennlinie der Heißleiter in Schaltkombination mit Widerständen.

Bei der Temperaturmessung gewinnen Heißleiter zunehmend an Bedeutung, besonders als Präzisionsfühler und in letzter Zeit auch in Hochtemperaturausführungen (Abschn. 3.7.2). Es gibt eine Vielzahl praktischer Anwendungen von Temperatursensoren. Sie sind besonders in der Kraftfahrzeugtechnik, der Haushaltgerätetechnik, bei der Messung von Strömungsgeschwindigkeiten in Flüssigkeiten und Gasen, bei der Flüssigkeitsniveauregelung, in Chemie und Medizin verbreitet (Abschn. 3.7.3).

Anlaufströme können durch den hohen Anfangswiderstand des sich durch Strombelastung erwärmenden Heißleiters begrenzt werden. Solche zur Strombegrenzung dienenden Heißleiter werden auch als Anlaßheißleiter bezeichnet und vorwiegend zur Anzugs- und Abfallverzögerung von Relais verwendet (Abschn. 3.7.4).

Kennlinien mit flachem Minimum ermöglichen Spannungsregelung (Regelheißleiter, Abschn. 3.7.5).

Bei fremd- oder indirekt geheizten Heißleitern schließlich handelt es sich um stromabhängig steuerbare Widerstände, die bei speziellen Regelungsvorgängen Anwendung finden (Abschn. 3.7.6).

3.7.2 Hochtemperaturheißleiter

Die obere Temperaturgrenze üblicherweise verwendeter Perlenheißleiter liegt bei 350 °C (bis höchstens 600 °C). Bei höheren Temperaturen treten chemische Veränderungen am Heißleiterkörper sowie Zerstörung der Umhüllung ein.

Die im Meßbereich von 400 bis 1000 °C am besten geeigneten Oxide der Seltenerdelemente (Abschn. 3.1.3) werden ebenfalls als Perlen hergestellt. Die Umhüllung bilden nunmehr Teile aus Oxidkeramik wie etwa Aluminiumoxid Al_2O_3 oder auch Quarz SiO_2 [3.7]. Die Enden der dünnen, in die Oxidperle eingesinterten Platinanschlußdrähte werden an die beiden dickeren Zuleitungsdrähte aus Palladium angepunktet, welche ihrerseits haarnadelförmig durch je zwei Bohrungen

eines Vierlochkapillarröhrchens aus Al_2O_3 gezogen sind und zur Zug-
entlastung der Perle am anderen Ende der Kapillare verdrallt werden. Ein einseitig verschlossenes Hüllrohr, ebenfalls aus Al_2O_3,
nimmt die Kapillare auf, wodurch eine verschmolzene Keramikkap-
sel mit Anschlußdrähten und der Heißleiterperle an der Rohrspitze
gebildet wird (Bild 3.2). Mit den geringen Außenabmessungen von
40 mm × 30 mm läßt sich eine günstige Zeitkonstante erreichen. Der
Heißleiter folgt einem abrupten Temperatursprung von 900 auf 1000 °C,
in 10 s auf den "Halbwert" 950 °C. Für die R-T-Kennlinie solcher
Heißleiter aus Oxiden von Seltenerdemetallen gilt mit hinreichender
Genauigkeit wieder der Ausdruck Gl. (3.5) (Bild 3.9). Der zwischen 600 und 800 °C gemessene B-Wert liegt bei 6500 K (± 10%)
und der bei 600 °C gemessene Widerstandsnennwert R_N bei 30 K
(± 30%). Die obere Grenztemperatur beträgt 1000 °C. Bild 3.10
zeigt den Vergleich mit dem für technische Messungen im genannten
Bereich meistverwendeten Metall-Widerstandsthermometer und dem
Thermoelement. Der Temperaturkoeffizient der Metallthermometer
liegt in der Größenordnung von ± 0,2%/K; die Signalspannungen von
Thermoelementen betragen maximal $8 \cdot 10^{-5}$ V/K. Damit liegen die
technischen Vorteile des Hochtemperaturheißleiters wiederum im ho-

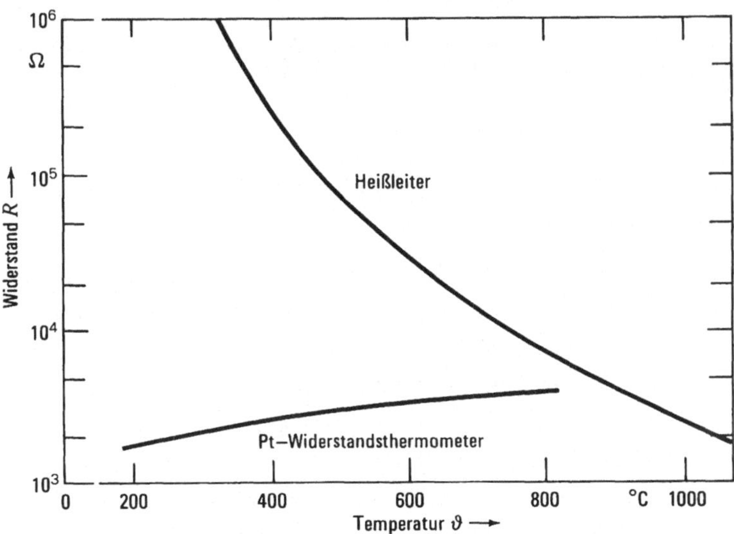

Bild 3.9. Vergleich der R(T)-Kennlinie eines Hochtemperaturheißleiters und eines Pt-Widerstandsthermometers

hen Temperaturkoeffizienten, im hohen Widerstandswert (Fernmessung - Zuleitungswiderstände) und gegenüber Widerstandsthermometern in der kleineren Zeitkonstanten. Diese Heißleiter sind vor allem für die Abgasüberwachung bei Verbrennungsmotoren, für Temperaturmessung und -regelung bei Anlaßöfen und Heizungssystemen konzipiert worden [3.7].

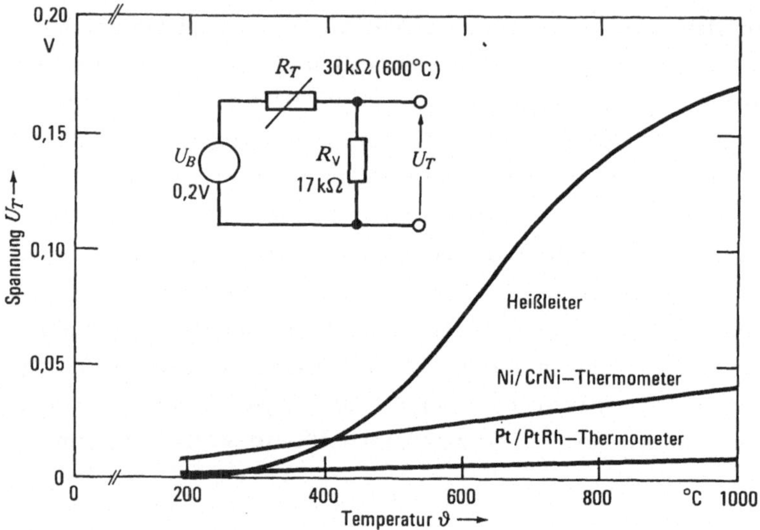

Bild 3.10. Vergleich einer linearisierten R(T)-Kennlinie desselben Heißleiters mit Kennlinien von Thermoelementen

3.7.3 Heißleiter für medizinische Anwendungen; Austauschbarkeit der Exemplare

Heißleiter werden in steigendem Maße als elektrische Thermometer in der medizinischen Forschung und Praxis angewendet. Der in einen Griffel eingebaute Heißleiter (Perle oder Scheibchen) wird über ein Kabel mit Stecker mit dem meist digitalen Anzeigegerät verbunden. Jedes Fühlerexemplar muß ohne Nachjustierung am Anzeigegerät verwendbar, also innerhalb eneger Fertigungstoleranzen austauschbar sein. Bei Fiebermessungen darf der Meßfehler nicht mehr als 0,1 K betragen. Die Vorteile solcher Elektrothermometer gegenüber den Quecksilber-Glas-Thermometern liegen vor allem in der wesentlich kürzeren Ablesezeit (10 bis 50 s gegenüber 6 bis 7 min), der

Vermeidung von Schäden durch auslaufendes Quecksilber bei Glasbruck und in der besseren Sterilisierbarkeit.

3.7.4 Anzugs- und Abfallverzögerung von Relais (Anlaßheißleiter)

Anlaßheißleiter werden vorwiegend zum zeitverzögernden Anzug oder Abfall von Relais verwendet. Zu Beginn des Schaltvorgangs ist bei der Anzugs- wie auch bei der Abfallverzögerung der Widerstand des Heißleiters hoch (Kaltwiderstand) und erreicht dann bei zunehmendem Heißleiterstrom den niedrigeren, dem Schaltvorgang entsprechenden Wert. Der Verzögerungsvorgang hängt in erster Linie von der Zeitkonstante des Heißleiters und von der Höhe der angelegten Spannung ab. Die Zeitkonstanten variieren von 1/10 s bis zu einigen Minuten.

Bei Hintereinanderschaltung von Relaisspule und Heißleiter läuft der Vorgang der Anzugsverzögerung folgendermaßen ab (Bild 3.11): Der Einschaltstrom wird durch den Kaltwiderstand des Heißleiters begrenzt Durch die Leistungsaufnahme steigt seine Temperatur und der Widerstand sinkt. Der Strom erreicht den Wert des Relais-Ansprechstroms und stellt sich schließlich auf einen Endwert ein. Aus der U-I-Kennlinie mit dem Spulenwiderstand als Widerstandsgerade gemäß Bild 3.5 gewinnt man Hinweise für die Dimensionierung. Der Schnittpunkt der Widerstandsgeraden mit der Kennlinie liefert den Endwert des Stroms I_E, der Anfangsstrom I_0 wird graphisch durch den Schnittpunkt mit der Spulengeraden bestimmt. Der Relaisansprechstrom muß also kleiner als I_E sein, etwa $0,8\,I_E$. Die Versorgungsspannung U_B sollte 1,5 bis 6mal so hoch wie das Maximum der U-I-Kennlinie sein und das 1,5- bis 2fache der Relaisanzugsspannung betragen.

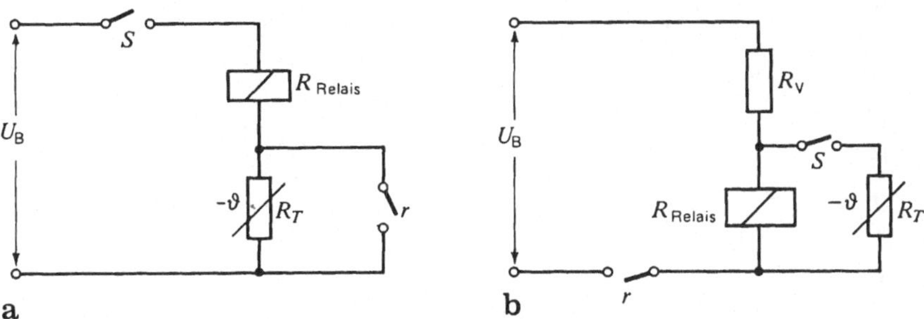

Bild 3.11. Schaltungen zur Verzögerung des Anzugs (a) bzw. des Abfalls (b) von Schaltrelais

Bei der Abfallverzögerung mit Parallelschaltung von Relaisspule und Heißleiter wird bei Zuschalten des Heißleiters der ihn durchfließende Anfangsstrom durch den Kaltwiderstand begrenzt, wiederum sinkt der Widerstand mit der Leistungsuafnahme und damit die Spannung am Heißleiter bis diejenige Spannung erreicht ist, bei der das Relais abfällt. Mittels eines Relaiskontakts wird der Strom abgeschaltet. Die Spannung, bei der das Relais abfällt, sollte den 1,5fachen Wert der Nennspannung des Heißleiters nicht überschreiten und die Spulenspannung sollte bei kaltem Heißleiter über dem 1,5fachen Wert des Spannungsmaximums der Kennlinie liegen.

3.7.5 Spannungsregelung (Regelheißleiter)

Die Strom-Spannungs-Kennlinie eines Heißleiters mit Vorwiderstand R_V weist ein flaches Minimum auf; sie ergibt sich durch Addition der Geraden $U = R_V I$ und der U-I-Kennlinie des Heißleiters. Somit können mit Heißleitern auch Spannungen stabilisiert werden (Bild 3.12). Spannungsregelung mit Heißleitern hat gegenüber derjenigen mit Zener-Dioden den Vorteil, daß keine Oberwellen entstehen. Nur wenn bei tiefer Frequenz die Periode die Größenordnung der Zeitkonstanten des Heißleiters erreicht, dann verursacht der sich während einer Halbwelle ändernde Widerstandswert ein merkliches Klirren (unterhalb 20 Hz).

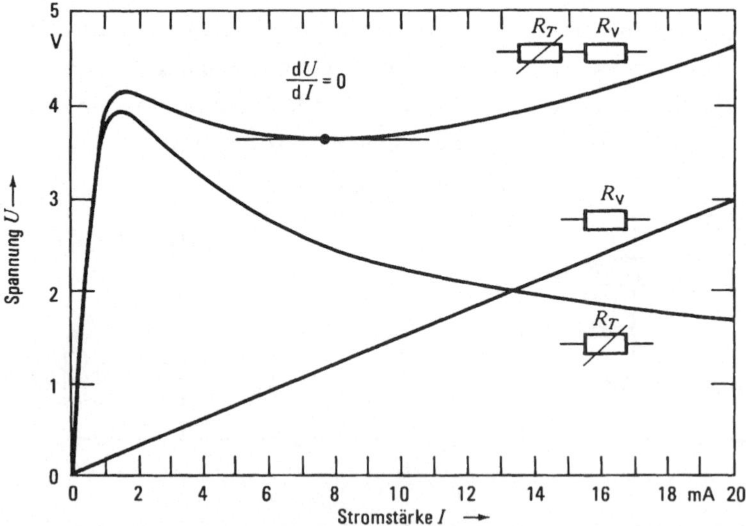

Bild 3.12. Spannungsregelung bei Stromschwankungen mit Hilfe eines Heißleiters mit Vorwiderstand

<u>3.7.6 Fremdgeheizte Heißleiter</u>

Im Gegensatz zu den entweder durch das umgebende Medium oder
durch den Heißleiterstrom geheizten Heißleitern, also den "direktge-
heizten", werden auch "fremdgeheizte" (oder indirekt geheizte) Heißleiter benutzt. Sie bestehen aus einer Heißleiterperle der beschriebenen Art, die in einen mit einer Heizwendel versehenen Wickelkörper
aus Glas elektrisch isoliert eingeschmolzen ist. Dieses Heißleiter-
Heizer-System ist in ein Glas-, Glas-Metall- oder Keramikgehäuse
eingebaut und hat damit vier Anschlußdrähte (Bild 3.13). Der Widerstandswert der Perle wird durch den Heizerstrom gesteuert. Von Interesse ist also hier die Widerstands-Heizstrom-Kennlinie $R_T(I_{Hz})$.
Die Verlustleistung des Heißleiters soll klein gegen die Heizerleistung
sein. Heizkreis und Heißleiter sind galvanisch getrennt, die Kapazität zwischen beiden Kreisen ist sehr gering und liegt in der Größenordnung 2 pF. Diese stromabhängig steuerbaren Widerstände können
also mit Vorteil als Stellglieder von Regelkreisen verwendet werden.
Ein bekanntes Anwendungsbeispiel ist die Amplitudenstabilisierung
in Trägersystemen.

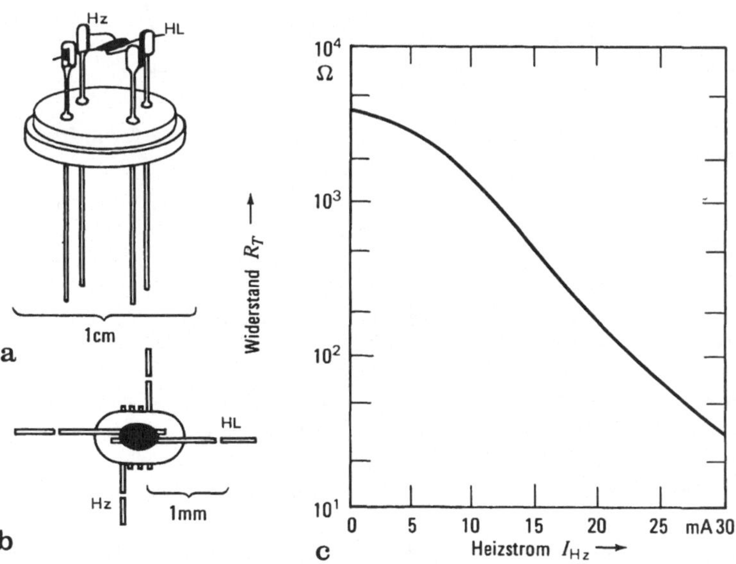

Bild 3.13. Fremdgeheizter Heißleiter. a) Aufbau des Heißleiters mit
Heizwicklung auf Bodenplatte bei abgenommener Gehäusekappe;
b) Schnitt durch die Heißleiterperle mit Anschlußdrähten (HL) und die
um die Glasperle liegende Heizwicklung (Hz); c) Heißleiterwiderstand
R_T als Funktion des Heizstroms I_{Hz}

Die Regelschwankung eines Zweipunktreglers für Thermostaten kann
man mittels eines fremdgeheizten Heißleiters wesentlich verringern,
so daß ein solcher Regler quasistetig arbeitet. In einer Brücken-
schaltung liegt ein fremdgeheizter Heißleiter in Reihe mit dem Meß-
fühler-Heißleiter. Mittels Verstärker und Relais werden gleichzeitig
Badheizung und Heizung des fremdgeheizten Heißleiters ein- und aus-
geschaltet. So entstehen Schaltimpulse, deren Längen von der Ist-
Temperatur abhängen, wodurch die Regelschwankungen wirksam ge-
dämpft werden (Bild 3.14).

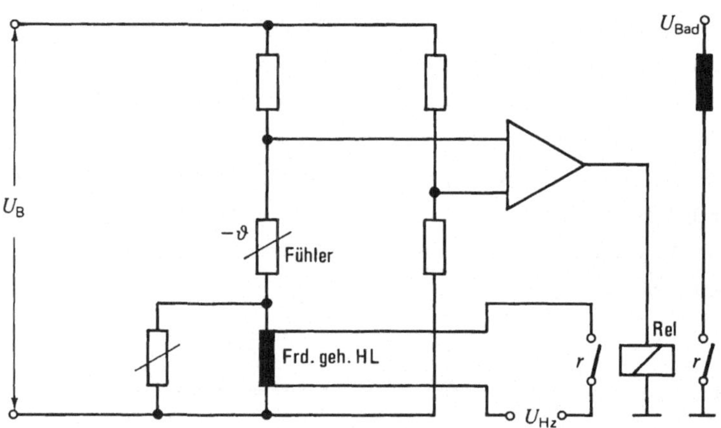

Bild 3.14. Temperaturregelung mit Heißleiterfühler und fremdgeheiz-
tem Heißleiter

Literaturverzeichnis

3.1 Verwey, E. J. W.; Haayman, P. W.; Romeyn, F. C.:
     Halbleiter mit großem negativen Temperaturkoeffizienten des
     Widerstandes. Philips Tech. Rundsch. 9 (1947/48) 239.

3.2 Becker, J. A.; Green, G. B.; Pearson, G. L.: Properties
     and uses of thermistors – thermally sensitive resistors. Bell.
     Syst. Tech. J. 26 (1947) 170.

3.3 DIN 44070 (Sept. 1975): Temperaturabhängige Widerstände,
     Heißleiter direkt geheizt.

3.4 Hahn, H.: Thermistoren. Hamburg, Berlin, R.v. Decker's
     Verlag. G. Schenk, 1965.

3.5 Ruthemann, G.: Heißleiter. In: Taschenbuch der Hochfrequenz-
     technik, 3. Aufl. (Hrsg. H. Meinke, F. W. Gundlach)
     Berlin: Springer 1968.

3.6 Schneller, A.: Heißleiter. Handbuch für Hochfrequenz- und
     Elektrotechniker. Bd. 1. Heidelberg: Hüthig 1977, S. 602.

3.7 Walch, H.: Der Hochtemperaturheißleiter. Siemens Bauteile Report 16 (1978) Nr. 6.

3.8 Müller, R.: Grundlagen der Halbleiter-Elektronik, 3. Aufl., Berlin: Springer 1979 (Halbleiter-Elektronik, Bd. 1).

3.9 Heywang, W.; Pötzl, H. W.: Bänderstruktur und Stromtransport. Berlin: Springer 1976 (Halbleiter-Elektronik, Bd. 3).

3.10 Spenke, E.: Elektronische Halbleiter. Berlin: Springer 1965

3.11 Madelung, O.: Festkörpertheorie III. Lokalisierte Zustände. Berlin: Springer 1973 (Heidelberger Taschenbücher, Bd. 126).

3.12 de Boer, J. H.; Verwey, E. J. W.: Proc. Phys. Soc. London, Extra Part 49 (1937) 59.

3.13 Verwey, E. J. W.; Haayman, P. W.; Romeyn, F. C.; Osterhout, F. C.: Controlled-valency semiconductors. Philips Res. Rep. 5 (1950) 173.

3.14 Heikes. R. R.; Johnston, W. D.: Mechanism of conduction in Li-substituted transition metal oxides. Chem. Phys. 26 (1957) 58.

3.15 Morin, F. J.: Oxides of the 3d-transition metals. Bell. Syst. Tech. J. (July 1958) 1047.

3.16 Holstein, T.: Studies of polaron motion. Ann. Phys. 8 (1959) 325 (Part I); 343 (Part II).

3.17 Jonker, G. H.; van Houten, S.: Semiconduction properties of transition metals. Halbleiterprobleme VI. Braunschweig: Vieweg 1961, S. 118.

3.18 Gehrtsen, P.; Kauer, E.; Reik, H. G.: Halbleitung einiger Übergangsmetalloxide im Polaronenbild. Festkörperprobleme V. Braunschweig: Vieweg 1966.

3.19 Adler, D.: Insulating and metallic states in transition metal oxides. Solid State Phys. 21 (1968) 1.

3.20 Appel, J.: Polarons. Solid State Phys. 21 (1968) 193.

3.21 Adler, D.: Band structure and electronic properties of ceramic crystals. In: Physics of electronic ceramics, Part A. New York: Dekker 1971, p 29.

3.22 Bransky, I.; Tallan, M. N.: Electrical conduction in low mobility materials. In: Physics of electronic ceramics, Part A, New York: Dekker 1971, p 63.

3.23 Baltz, R. V.; Birkholz, U.: Polaronen. Festkörperprobleme XII. Braunschweig: Vieweg 1972, S. 233.

3.24 Stanescu, L.; Adrelean, I.; Burzo, E.: Evidence of small-polaron conduction in V_2O_5-MoO_3 solid solution. Solid State Commun. 32 (1979) 1289.

3.25 Bharati, R.; Singh, R. A.; Wanklyn, B. M.: On electrical transport in $CoWO_4$ single crystals. J. Mater. Sci. 16 (1981) 775

3.26 Gmelin: Handbuch der Anorganischen Chemie, 8. Aufl. Seltenerdelemente, Teil C, Syst. 39. Berlin: Springer 1974.

3.27 Kittel, Ch.: Einführung in die Festkörperphysik, 5. Aufl. München: Oldenbourg 1980.

Bezeichnungen und Symbole

Größe	Bedeutung	Einheit
a	mittlere Sprungweite der Ladungsträger bei Platzwechselvorgängen in Kristallen mit lokalisierten Zuständen (hopping-Prozeß)	m
B	$= E_h/k$	K
c_{HL}	Wärmekapazität des Heißleiters	$Ws\ K^{-1}$
D	Diffusionskoeffizient $D = a^2\ \nu/2$	$m^2\ s^{-1}$
e	Elementarladung $(1,6021 \cdot 10^{-19}\ As)$	As
E_h	Aktivierungsenergie bei hopping-Prozeß (für Platzwechsel erforderliche Mindestenergie)	eV
G_{th}	Wärmeableitungskoeffizient vom Heißleiter an das umgebende Medium	$W\ K^{-1}$
h	Plancksche Konstante $(4,1357 \cdot 10^{-15}\ eV\ s)$	eV s
I	Stromstärke	A
k	Boltzmann-Konstante $(8,6173 \cdot 10^{-5}\ eV\ K^{-1})$	$eV\ K^{-1}$
n	Ladungsträgerkonzentration	m^{-3}
N	elektrische Leistung	W
R_T	Heißleiterwiderstand	Ω

Größe	Bedeutung	Einheit
R_N	Nennwiderstand des Heißleiters (bei $T = T_N$)	Ω
t	Zeit	s
T	absolute Temperatur	K
T_N	Nenntemperatur des Heißleiters	K
U	elektrische Spannung	V
U_B	Klemmenspannung	V
α	Temperaturkoeffizient des Heißleiterwiderstands	K^{-1}
ϑ	Celsius-Temperatur	$^{\circ}C$
ϑ_N	Nenn-Celsius-Temperatur	$^{\circ}C$
Θ	Debye-Temperatur $\Theta = h\,\nu_L/k_B$	K
μ_D	(Drift-)Beweglichkeit von Ladungsträgern unter Einfluß eines elektrischen Feldes	$m^2\,(Vs)^{-1}$
ν	Platzwechsel- oder Sprungfrequenz (hopping-Prozeß)	s^{-1}
ν_L	Grenzfrequenz longitudinaler optischer Phononen $\nu \leqq \nu_L$	s^{-1}
σ	elektrische Leitfähigkeit	$(\Omega\,cm)^{-1}$
ρ	spezifischer elektrischer Widerstand	$\Omega\,cm$

4 Kaltleiter

4.0 Einleitung

Kaltleiter sind Widerstände mit positivem Temperaturkoeffizienten.
Im englischen Sprachraum ist die Bezeichnung PTC-Thermistor [1] ge-
bräuchlich. Ein solches Verhalten zeigen die meisten Metalle, wenn
auch mit sehr kleinem Temperaturkoeffizienten, sowie einige einkristalline Halbleiter in bestimmten Temperaturbereichen.

Eine Sonderstellung nimmt der keramische Kaltleiter auf der Basis
von Bariumtitanat ein. Bei ihm werden in einem etwa 100 bis 150 K
breiten Temperaturbereich sehr hohe positive Temperaturkoeffizienten
(bis zu $0,3\ K^{-1}$) gefunden. Die totale Widerstandsänderung in diesem
Bereich kann mehr als sechs Größenordnungen betragen. Dieses ei-
gentümliche Verhalten hat dem keramischen Kaltleiter eine Reihe von
Anwendungsfällen erschlossen, deren Anforderungen auf andere Weise nur mit erheblich höherem Aufwand erfüllt werden könnten.

Die Entdeckung dieses Kaltleitereffekts läßt sich nicht genau datieren.
Schon um 1940 wurde erkannt, daß Bariumtitanat einige besondere Eigenschaften aufweist, wie Ferroelektrizität, Piezoelektrizität und eine außergewöhnlich hohe Permittivitätszahl. Im Vordergrund des In-
teresses stand zunächst die Verwendung als Kondensatordielektrikum,
die natürlich auch ein gutes elektrisches Isolationsvermögen voraus-
setzt. Unter bestimmten Herstellungsbedingungen kann Bariumtitanat
aber Halbleitereigenschaften annehmen. Solange diese Bedingungen

---

[1] Thermistor: Temperaturabhängiger Widerstand (Sammelbegriff für
Heiß- und Kaltleiter). PTC: Positive Temperatur Coefficient.

nicht genau bekannt waren, bestand die Gefahr schwerwiegender Störungen bei der Fertigung von Keramikkondensatoren. Es lag nahe,
daß die Hersteller solcher Kondensatoren an der Aufklärung der Stö-
rungsursachen interessiert waren und daher das Entstehen von Halbleitung in Bariumtitanat näher untersuchten. Dabei mußten sie auch
auf den Kaltleitereffekt stoßen. Immerhin dauerte es etwa zehn Jahre,
bis die praktische Bedeutung dieses Effekts erkannt wurde [4.1].
Seitdem ist er erheblich verbessert worden und kann heute in einem
weiten Bereich den Anforderungen des jeweiligen Einsatzfalls angepaßt werden.

4.1 Grundeigenschaften

4.1.1 Die Widerstands-Temperatur-Kennlinie

Wie bereits erwähnt, tritt der positive Temperaturkoeffizient beim
keramischen Kaltleiter nur in einem engen Temperaturbereich auf.
Außerhalb dieses Bereichs ist der Temperaturkoeffizient hingegen ne-
gativ, wie man dies von einem Halbleiter im allgemeinen erwartet.
Dessen Ladungsträger sind bei tiefen Temperaturen an Atome oder
Ionen des Materials gebunden und werden erst bei Zufuhr thermischer
Energie abgelöst, um dann zur elektrischen Leitfähigkeit beizutragen.
Der Kaltleitereffekt stellt sich somit als Anomalie dar, die aus den
Grundphänomenen der Halbleiterphysik zunächst nicht zu verstehen
ist.

Bild 4.1 zeigt den typischen Verlauf des Widerstands als Funktion der
Temperatur bei kleiner Spannung. Die Einschränkung hinsichtlich der
am Kaltleiter anliegenden Spannung ist notwendig, da der Widerstand
auch von der Spannung abhängt, wie im nächsten Abschnitt noch näher
erläutert wird. Dieser Effekt kann jedoch vernachlässigt werden,
wenn die Spannung einer Feldstärke von nicht mehr als 10 V/cm
entspricht.

Wie aus Bild 4.1 ersichtlich ist, durchläuft der Widerstand zwei Ex-
tremwerte R_{max} und R_{min}, bei denen der Temperaturkoeffizient jeweils sein Vorzeichen wechselt. Ein wichtiges Qualitätsmerkmal für
einen Kaltleiter ist das Verhältnis R_{max}/R_{min}, das den praktisch

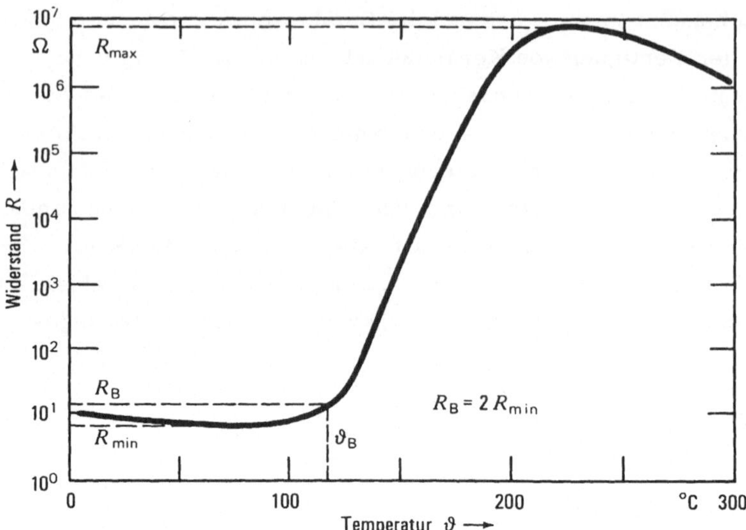

Bild 4.1. Widerstands-Temperatur-Kennlinie eines keramischen Kaltleiters (ϑ_B = 120 °C)

nutzbaren Widerstandshub angibt. Dieser kann, wie bereits erwähnt,
über 10^6 liegen. Der Temperaturbereich zwischen den beiden Extrem-
werten des Widerstands, also der eigentliche Kaltleiterbereich, läßt
sich durch geeignete Wahl der Zusammensetzung der Keramik in weiten Grenzen verschieben. Zur Charakterisierung eines Kaltleiters
benötigt man daher auch eine Angabe über die Lage dieses Tempera-
turbereichs. Es hat sich eingebürgert, hierfür diejenige Temperatur
heranzuziehen, bei der der Widerstand das Doppelte des Minimal-
werts R_{min} annimmt. Diese Temperatur wird als "Bezugstemperatur" oder "Nenntemperatur" bezeichnet (ϑ_B). Das Spektrum der Be-
zugstemperaturen handelsüblicher Kaltleiter reicht derzeit von - 30
bis + 250 °C.

Eine weitere wichtige Kenngröße ist der Temperaturkoeffizient des
Widerstands

$$\alpha_R = \frac{1}{R}\,\frac{dR}{d\vartheta}, \qquad\qquad (4.1)$$

der beim keramischen Kaltleiter stark temperaturabhängig ist. In den
meisten Anwendungsfällen wird man den Arbeitspunkt möglichst in den
steilsten Teil der Kennlinie legen, um die besondere Eigenschaft des

keramischen Kaltleiters, den hohen Maximalwert des Temperaturkoeffizienten, voll ausnutzen zu können. Dieser Maximalwert ist daher
die praktisch interessierende Größe, die zudem sehr leicht aus einer
Kennlinie wie in Bild 4.1 graphisch zu ermitteln ist, da in einer solchen Darstellung mit logarithmischer Widerstandsskala die größte
Steilheit in einem annähernd geradlinigen Teil der Kurve auftritt. Die
erreichbaren Höchstwerte des Temperaturkoeffizienten hängen von der
Bezugstemperatur ab. Für $\vartheta_B = 120\ ^\circ C$ kann $\alpha_R = 0,3\ K^{-1}$ erreicht
werden, für Sonderanwendungen sind noch höhere Werte möglich. Ei-
ne Verschiebung der Bezugstemperatur nach oben oder unten ist zwar
grundsätzlich mit einer Verminderung des Temperaturkoeffizienten
verbunden, doch bleibt für alle Typen $\alpha_R \geqslant 0,1\ K^{-1}$.

4.1.2 Der Einfluß von Spannung und Frequenz

Der Widerstand eines keramischen Kaltleiters nimmt bei konstanter
Temperatur mit steigender elektrischer Feldstärke ab (Bild 4.2).
Dieser Varistoreffekt (Varistor: Spannungsabhängiger Widerstand)
ist im hochohmigen Zustand besonders stark ausgeprägt, insbesondere bei Temperaturen in der Umgebung des Maximums der R-ϑ-Kenn-
linie. Daher nimmt auch das Verhältnis R_{max}/R_{min} stets mit steigender Feldstärke ab, was in manchen Anwendungsfällen als störend
empfunden wird. Man versucht deshalb, den Varistoreffekt möglichst
gering zu halten. Seine völlige Beseitigung ist jedoch nach dem gegen-
wärtigen Stand des Wissens über die dem Kaltleitereffekt zugrunde
liegenden physikalischen Mechanismen nicht möglich.

In den Datenunterlagen über Kaltleiter findet man in der Regel keine
Angaben über die Spannungsabhängigkeit des Widerstands. Der Grund
liegt darin, daß Messungen, wie sie z.B. zur Ermittlung der in Bild
4.2 gezeigten Kurven nötig sind, nur mit kurzen Spannungsimpulsen
durchgeführt werden dürfen, da andernfalls die Ergebnisse durch die
Eigenerwärmung des Kaltleiters, besonders bei höherer Feldstärke,
verfälscht würden. Ein solcher Impulsbetrieb kommt aber in der Praxis kaum vor. Hier wird die Eigenerwärmung häufig sogar ausgenutzt.
Die adäquate Beschreibung für das Verhalten des Kaltleiters in einem
solchen Fall liefert die stationäre Strom-Spannungs-Kennlinie, die
außer der Temperatur- und Spannungsabhängigkeit des Widerstands

auch die Wärmeabgabe an die Umgebung berücksichtigt. Dies wird im
Abschn. 4.4 ausführlich erörtert.

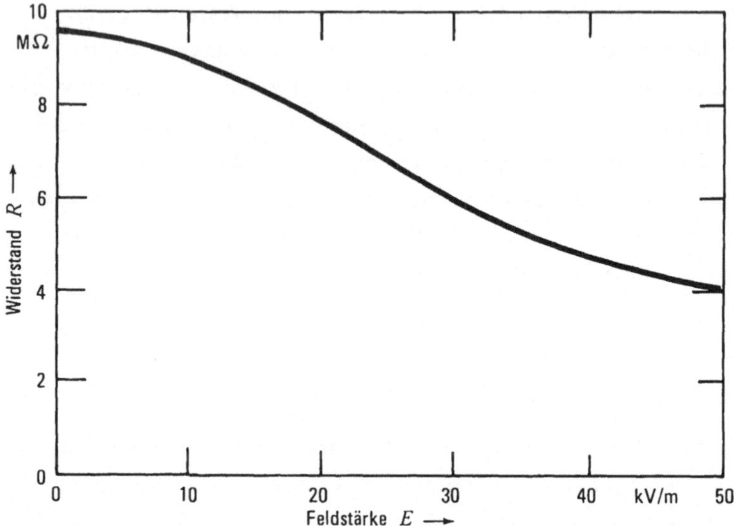

Bild 4.2. Kaltleiterwiderstand als Funktion der Feldstärke bei der
Temperatur des Widerstandsmaximums

Die bisher besprochenen Kennlinien werden normalerweise mit Gleichspannung ermittelt, doch ist für den praktischen Einsatz auch der Betrieb mit Wechselspannung, vorzugsweise bei einer Frequenz von
50 Hz, von großem Interesse. In diesem Zusammenhang erhebt sich
die Frage nach der Frequenzabhängigkeit des Kaltleiterwiderstands.
Hierüber gibt Bild 4.3 Auskunft. Hier ist die Meßspannung analog zu
Bild 4.1 so klein gewählt, daß der Varistoreffekt vernachlässigt werden kann. Man erkennt, daß der Einfluß der Frequenz bei der Temperatur des Maximalwiderstands am größten ist, während er unterhalb
der Bezugstemperatur praktisch verschwindet. Das Widerstandsverhältnis R_{max}/R_{min} nimmt daher mit steigender Frequenz stark ab.
Bei 50 Hz ist dieser Effekt jedoch noch relativ gering, so daß man in
der Praxis meistens von den Gleichstromkennlinien ausgehen darf.

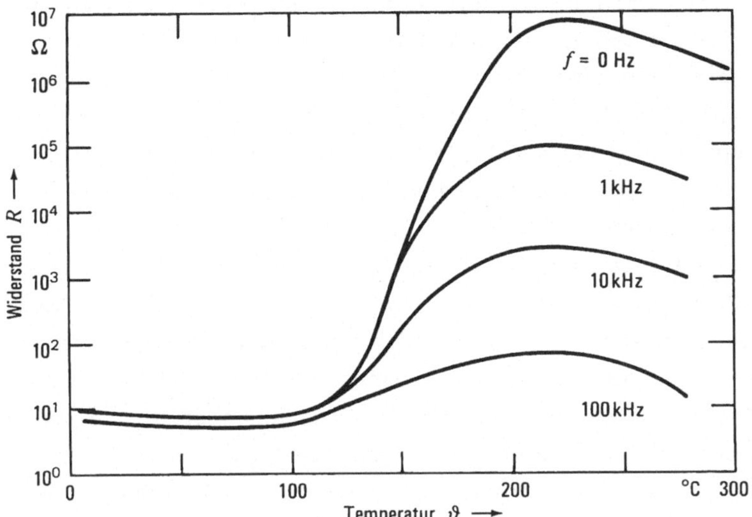

Bild 4.3. Kaltleiterwiderstand als Funktion der Temperatur für verschiedene Frequenzen (ϑ_B = 120 °C)

4.1.3 Ersatzschaltbild, Modellvorstellungen

Die in Bild 4.3 dargestellte Frequenzabhängigkeit des Widerstands legt ein Ersatzschaltbild nahe, wonach dem eigentlichen Kaltleiterwiderstand R (ermittelt durch Gleichstrommessung) eine Kapazität C parallelgeschaltet ist. Der Wechselstromwiderstand des Kaltleiters ist somit als Scheinwiderstand Z dieser Parallelschaltung aufzufassen:

$$Z = \frac{R}{\sqrt{1 + \omega^2 R^2 C^2}} . \qquad (4.2)$$

Wie bereits eingangs erwähnt, besitzt Bariumtitanat eine sehr hohe Permittivitätszahl von der Größenordnung 10^3. Die Bestimmung der Kapazität nach Gl. (4.2) unter Verwendung der gemessenen Frequenzabhängigkeit des Scheinwiderstands führt jedoch zu Werten der Permittivitätszahl, die noch um mindestens eine Größenordnung höher liegen.

Diese Diskrepanz läßt bereits vermuten, daß beim Kaltleiter, zumindest im hochohmigen Zustand, eine starke Inhomogenität der Leitfä-

higkeit vorliegt. Nach dieser Vorstellung ist der eigentliche Kaltleitereffekt in dünnen Schichten des Materials lokalisiert, während die
übrigen Bereiche nur einen niedrigen und kaum temperaturabhängigen
Vorwiderstand darstellen. Der Umstand, daß an Einkristallen aus dotiertem Bariumtitanat bei sorgfältiger Kontaktierung kein Kaltleitereffekt festzustellen ist, sowie der bereits erwähnte Varistoreffekt
führten zu der Annahme, daß es sich bei diesen dünnen Schichten um
Sperrschichten an den Korngrenzen der Keramik handelt [4.2]. Das
Ersatzschaltbild ist dann gemäß Bild 4.4 zu ergänzen. Die einzelnen
Sperrschichten ergeben, in Reihenschaltung zusammengefaßt, den
Sperrschichtwiderstand R_S und die Sperrschichtkapazität C_S, während R_V den Widerstand des restlichen Volumens darstellt. Letzterer
macht sich nur bei Temperaturen unterhalb von ϑ_B bemerkbar, weil
nur hier R_S vergleichbar niedrige Werte annimmt. Die dem Kaltleiter eigene starke Temperaturabhängigkeit des Widerstands beschränkt
sich auf R_S, so daß der Frequenzgang des Scheinwiderstands praktisch allein durch die Kapazität C_S repräsentiert wird. Diese Kapazität wird nun aber durch die Summe der einzelnen Sperrschichtdicken
bestimmt, die erheblich kleiner ist als die Gesamtdicke des Kaltleiterkörpers, wodurch ein überhöhter Wert für die Permittivitätszahl
vorgetäuscht wird.

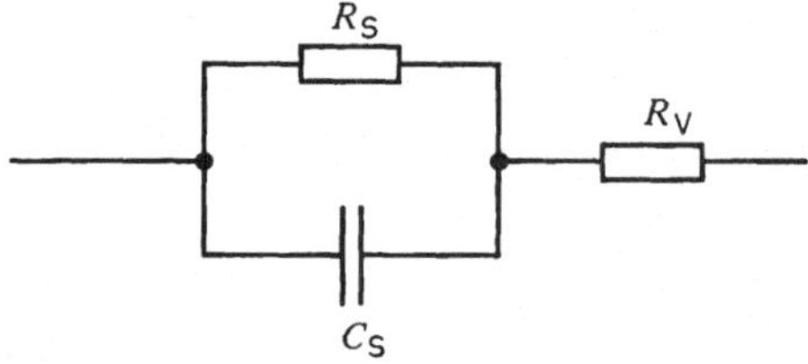

Bild 4.4. Vereinfachtes Ersatzschaltbild für einen keramischen Kaltleiter

Auf diesen Modellvorstellungen beruht die heute allgemein anerkannte
Theorie des Kaltleitereffekts, auf die im Abschn. 4.3 näher eingegangen wird. Die ihr zugrunde liegende Annahme von Sperrschichten
an den Korngrenzen der Keramik erfuhr übrigens später eine direkte
experimentelle Bestätigung durch Untersuchungen im Emissionselek-
tronenmikroskop, mit dem sich elektrische Felder auf Festkörper-
oberflächen sichtbar machen lassen [4.3].

4.2 Material

<u>4.2.1 Chemische Zusammensetzung</u>

Unter Bariumtitanat versteht man im allgemeinen eine chemische Verbindung der Formal $BaTiO_3$. Die Bezeichnung ist allerdings ungenau, da im System $BaO\text{-}TiO_2$ mehrere stabile Verbindungen existieren [4.4], so z.B. Bariumorthotitanat (Ba_2TiO_4) sowie eine Reihe von Polytitanaten, deren wichtigstes, $Ba_6Ti_{17}O_{40}$, eine bedeutende Rolle bei der Herstellung von Kaltleiterkeramik spielt. Der Hauptbestandteil dieser Keramik ist jedoch die eingangs erwähnte Verbindung $BaTiO_3$, die eigentlich als Bariummetatitanat bezeichnet werden müßte.

In der Praxis wird dieses Material fast nie in reiner Form verwendet. Einerseits sind kleine Abweichungen vom exakten stöchiometrischen Verhältnis Ba:Ti = 1:1 für die Herstellung nützlich (Titanüberschuß), andererseits setzt man häufig Fremdstoffe zu, um die elektrischen Eigenschaften gezielt zu beeinflussen. So bewirkt z.B. ein teilweiser Ersatz von Barium durch Strontium bzw. Blei oder von Titan durch Zirkon bzw. Zinn eine Verschiebung der ferroelektrischen Curie-Temperatur. Dies wird zur Einstellung des Temperaturgangs der Permittivität bei keramischen Kondensatorwerkstoffen ausgenutzt, spielt aber auch beim Kaltleiter eine wichtige Rolle, da dessen Bezugstemperatur in einem engen Zusammenhang mit der Curie-Temperatur steht, wie später noch ausführlich erörtert wird.

Von besonderer Bedeutung ist schließlich die Möglichkeit, durch Zusatz bestimmter Dotierungsstoffe in geringen Mengen das im reinen Zustand elektrisch gut isolierende Bariumtitanat leitfähig zu machen, eine notwendige Voraussetzung für die Herstellung keramischer Kaltleiter (s. Abschn. 4.2.3).

<u>4.2.2 Kristallstruktur, Ferroelektrizität</u>

Bariumtitanat kristallisiert in Perowskit-Struktur. Dabei handelt es sich um ein kubisch flächen- und raumzentriertes Kristallgitter, wie in Bild 4.5 dargestellt. Die Barium-Ionen besetzen jeweils die Eckpunkte eines Würfels, dessen Zentrum von einem Titan-Ion eingenommen wird, während die Lage der Sauerstoff-Ionen durch die Schnitt-

punkte der Flächendiagonalen des Würfels markiert ist. Der Name
Perowskit leitet sich von einem Mineral ab, das im wesentlichen aus
Kalziumtitanat $(CaTiO_3)$ besteht. Charakteristisch für die Perowskit-
Struktur ist die Anordnung von jeweils sechs Sauerstoff-Ionen in Form
eines Oktaeders um ein Zentral-Ion (hier Titan).

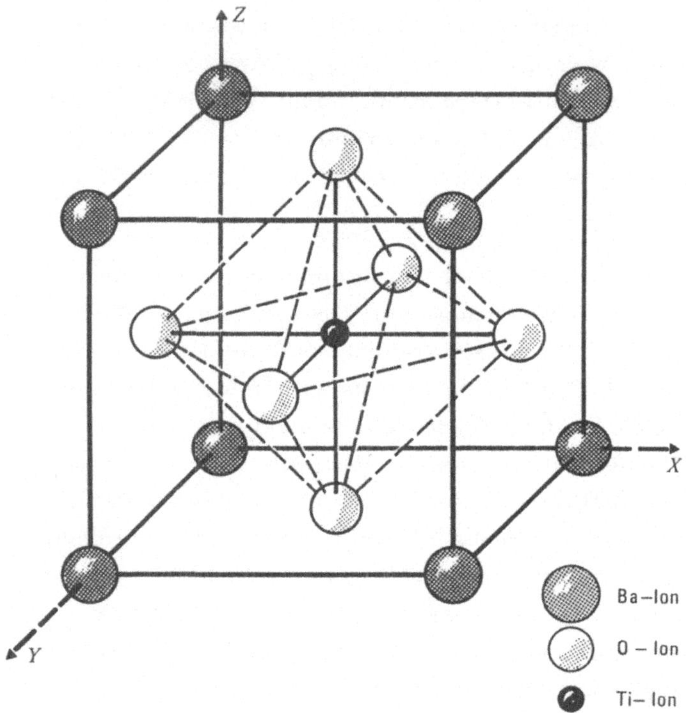

Bild 4.5. Perowskit-Struktur

Die exakt kubische Struktur liegt beim Bariumtitanat allerdings nur
oberhalb von 120 °C vor. Bei tieferen Temperaturen treten verschiedene Verzerrungen des Kristallgitters auf. So kommt es z.B. beim
Abkühlen unter 120 °C zu einer reversiblen Umwandlung in den tetra-
gonalen Zustand, der durch eine geringfügige Verlängerung in einer
der drei Würfelkantenrichtungen gegenüber den anderen gekennzeichnet ist. Damit ist eine Verschiebung der Titan-Ionen parallel zu den
verlängerten Würfelkanten und eine entsprechende Verformung auch
des Sauerstoffgerüsts verbunden. Hierdurch ergibt sich eine elektrische Polarisation der Gitterzelle, für deren Beschreibung wir die

Verschiebung des Titan-Ions als repräsentativ ansehen können. Es
bestehen nunmehr für jedes Titan-Ion zwei energetisch gleichwertige
stabile Lagen symmetrisch zur Zentralposition. Die Richtung der Verschiebung ist dabei innerhalb bestimmter Bereiche (Domänen), die
sich unter Umständen über den ganzen Kristall erstrecken können,
einheitlich. Derartige Domänen weisen daher ein elektrisches Dipol-
moment auf. Da dieses ohne Einwirkung eines äußeren Feldes zustande kommt, spricht man von "spontaner Polarisation". Durch Anlegen eines äußeren Feldes kann jedoch die Dipolorientierung beeinflußt werden, wobei es zu Hystereseerscheinungen zwischen Polarisation und Feldstärke kommt. Phänomenologisch bestehen hier starke
Ähnlichkeiten zu den an ferromagnetischen Stoffen zu beobachtenden
Erscheinungen, was in der Bezeichnung "Ferroelektrizität" zum Ausdruck kommt.

Die Ferroelektrizität kann hier nur so weit erörtert werden, wie sie
für das Verständnis des Kaltleitereffekts notwendig ist. In diesem Zusammenhang interessieren die Tatsachen, daß oberhalb einer bestimmten Temperatur, der sogenannten Curie-Temperatur ϑ_C (bei $BaTiO_3$
ca. 120 °C), die ferroelektrischen Erscheinungen verschwinden, was
durch den Übergang zum exakt kubischen Kristallgitter begründet ist,
und daß für $\vartheta > \vartheta_C$ die Temperaturabhängigkeit der Permittivitätszahl
ε_r einem Curie-Weiss-Gesetz

$$\varepsilon_r = \frac{c}{\vartheta - \vartheta_C} \qquad\qquad (4.3)$$

(c Curie-Konstante)

gehorcht.

4.2.3 Dotierung, Leitfähigkeit

Obwohl die chemischen Bindungskräfte in Bariumtitanat überwiegend
heteropolaren Charakters sind, das Kristallgitter also aus Ionen besteht, spielt die Ionenleitung zufolge der äußerst geringen Beweglichkeit der Ionen praktisch keine Rolle. Im folgenden wird daher nur von
Elektronenleitung die Rede sein.

Das hohe Isolationsvermögen von undotiertem Bariumtitanat ist vor
allem auf den großen Bandabstand von ca. 3 eV zurückzuführen, der
eine sehr geringe Eigenleitfähigkeit zur Folge hat. Es ist nun eine
Reihe von Dotierungsstoffen bekannt, die als Donatoren in das Kristallgitter eingebaut werden können und daher elektronische Über-
schußleitung (n-Leitung) erzeugen. Die Aktivierungsenergie dieser
Donatoren liegt durchwegs unter 0,1 eV, so daß sie bereits bei Raumtemperatur nahezu vollständig dissoziiert sind, und je Donator ein
Elektron freigesetzt ist. Trotzdem darf die Konzentration der freien
Elektronen nicht einfach der Donatorenkonzentration gleichgesetzt
werden. Dies liegt an den stets vorhandenen Gitterleerstellen, also
freien Plätzen im Kristallgitter, die ebenfalls einen erheblichen Einfluß auf die Elektronenbilanz haben. So wirken z.B. Sauerstoffleerstellen als Donatoren und können daher zusätzliche Elektronen ins
Gitter abgeben. Da solche Leerstellen in Bariumtitanat sehr leicht
gebildet werden können, erhebt sich natürlich die Frage, wozu überhaupt Dotierungsstoffe benötigt werden, da ja schon durch Sauerstoff-
entzug, z.B. durch reduzierende Atmosphäre während des Sinterprozesses, recht hohe Leitfähigkeitswerte erzielt werden können. Nun
ist die elektronische Leitfähigkeit allein noch keine hinreichende Bedingung für das Auftreten des Kaltleitereffekts. Dieser aber wird
durch Sauerstoffleerstellen empfindlich beeinträchtigt. Es ist im Gegenteil sogar eine gewisse Konzentration von Bariumleerstellen erforderlich. Verständlich wird diese Tatsache aus der in Abschn. 4.3
skizzierten Theorie der Sperrschichten.

Bei der Herstellung keramischer Kaltleiter müssen also reduzierende
Einflüsse vermieden werden. Die gewünschte Grundleitfähigkeit des
Materials muß durch Zugabe von Dotierungsstoffen erzeugt werden.
Zur Dotierung eignen sich solche Elemente, die höhere positive Ionen-
ladungen annehmen können als die in $BaTiO_3$ zu ersetzenden Ionen,
z.B. Yttrium, Lanthan und andere seltene Erden (vorzugsweise dreiwertig) anstelle von Barium (zweiwertig) oder Niob und Tantal (vorzugsweise fünfwertig) anstelle von Titan (vierwertig). Die Mannig-
faltigkeit der theoretisch in Frage kommenden Dotierungsstoffe wird
dadurch begrenzt, daß nicht alle in das Bariumtitanat-Kristallgitter
eingebaut werden. Hier spielt z.B. der Ionenradius eine Rolle.

Die höchste durch Dotierung erreichbare Leitfähigkeit σ in $BaTiO_3$ Keramik liegt bei etwa $10\ \Omega^{-1}\ m^{-1}$. Dazu ist eine Dotierungskonzentration n_D von ca. $5 \cdot 10^{25}\ m^{-3}$ erforderlich. Aus Messungen der Thermokraft und des Hall-Effekts [4.5] kennt man die Elektronenbeweglichkeit in $BaTiO_3$, nämlich $\mu_n = 5 \cdot 10^{-5}\ m^2\ V^{-1}\ s^{-1}$. Setzt man diesen Wert und obige Leitfähigkeit in die bekannte Beziehung

$$\sigma = e\, n\, \mu_n \tag{4.4}$$

ein, wobei $e = 1,6 \cdot 10^{-19}$ As die elektrische Elementarladung bedeutet, so ergibt sich für die Elektronenkonzentration $n = 1,25 \cdot 10^{24}\ m^{-3}$, also nur $1/40$ der Donatorenkonzentration. Hier macht sich offensichtlich die kompensierende Wirkung von Bariumleerstellen und eventuell auch von Verunreinigungen mit Akzeptorcharakter bemerkbar. Allerdings darf der so errechnete Konzentrationswert n nicht als räumlich konstante Größe aufgefaßt werden. Die bereits im Abschn. 4.1.3 erwähnte Inhomogenität der Leitfähigkeit erfordert vielmehr auch eine entsprechende Inhomogenität der Trägerkonzentration.

Grundsätzlich ist das Bariumtitanat-Kristallgitter in der Lage, noch höhere Dotierungskonzentrationen aufzunehmen, was aber bei Keramik, im Gegensatz zu Einkristallen, nicht zu einer weiteren Steigerung der Leitfähigkeit führt. Es kommt im Gegenteil sogar zu einem abrupten Abfall bis hin zum praktisch isolierenden Zustand. Dies hängt mit dem Einfluß der Dotierungssubstanzen auf das Kornwachstum während des Sinterprozesses zusammen.

Bisher wurde nur der Fall der n-Leitung betrachtet. Der Grund liegt darin, daß p-Leitung (Defektleitung) in Bariumtitanat technisch ohne Bedeutung ist, da sie nur zu sehr geringer Leitfähigkeit führt. Dafür kommen mehrere Ursachen in Frage, wie z.B. kleine Beweglichkeit der Defektelektronen und große Aktivierungsenergie der Akzeptoren. Ausschlaggebend dürfte aber der Umstand sein, daß die Kompensation der Akzeptoren durch Sauerstoffleerstellen praktisch vollständig ist, im Gegensatz zu der eben erwähnten Kompensation der Donatoren durch Bariumleerstellen. Im einzelnen ist dies eine Frage der Leerstellengleichgewichte, wie sie sich beim Sinterprozeß bei Temperaturen über 1000 $^\circ$C einstellen, als Funktion von Temperatur und Sauerstoffpartialdruck in der umgebenden Atmosphäre.

Daraus darf allerdings nicht geschlossen werden, daß Akzeptoren in
Kaltleiterkeramik keine Rolle spielen könnten. Erstens haben die meisten der üblicherweise vorkommenden Verunreinigungen Akzeptorcharakter, was bei der Materialentwicklung entsprechend berücksichtigt
werden muß, zweitens hat es sich als zweckmäßig erwiesen, zur
Züchtung bestimmter Eigenschaften im Hinblick auf den jeweiligen Anwendungsfall geringe Mengen von Dotierungsstoffen, welche Akzeptoren bilden können, gezielt zuzugeben (s. Abschn. 4.3.2).

4.2.4 Herstellung

Unter Keramik versteht man einen anorganischen, nichtmetallischen,
polykristallinen Festkörper. Folgt man dem herkömmlichen Sprachgebrauch, so empfindet man diese Definition noch nicht als ausreichend, denn sie kann auch auf in der Natur vorkommende Gesteine zu-
treffen, die man keineswegs als Keramiken zu bezeichnen pflegt. Man
muß daher als weiteres Merkmal die künstliche Herstellung hinzuneh-
men. Diese vollzieht sich stets in den drei Hauptstufen Pulveraufbe-
reitung, Formgebung und Sinterung. Im Detail finden sich zahlreiche
Varianten; z.B. müssen nicht alle Ausgangsstoffe in Pulverform vorliegen. Es können auch Lösungen verwendet werden, was besonders
für die gleichmäßige Verteilung von solchen Zusatzstoffen vorteilhaft
sein kann, die in sehr geringen Mengen benötigt werden, wie z.B.
Dotierungssubstanzen. Ferner empfiehlt es sich häufig, die Ausgangsstoffe nach gründlicher Vermischung, aber noch vor der Formgebung,
bei hoher Temperatur zur Reaktion zu bringen (Vorbrand, Umsatz).
Daran schließt sich eine Feinmahlung, die für die Reaktivität des Pul-
vers bei der späteren Sinterung und damit für die Ausbildung des Ke-
ramikgefüges von Bedeutung ist.

Das so gewonnene Pulver wird nun meistens unter Zusatz eines Pla-
stifizierungsmittels zu Tabletten verpreßt (ein häufig verwendetes
Plastifizierungsmittel ist z.B. eine wäßrige Lösung von Polyvinylal-
kohol). Doch sind, je nach der gewünschten Bauform, auch Strang-
zieh- oder Foliengießverfahren in Gebrauch.

Der wichtigste Schritt im Herstellungsgang ist der Sinterprozeß. Hierbei gewinnt das Material erst seine endgültigen Eigenschaften. Diese
sind keineswegs bereits durch die chemische Zusammensetzung fest-

gelegt, sondern hängen auch von verschiedenen Prozeßparametern
ab, vor allem von den Sinterbedingungen. Für Kaltleiterkeramik gilt
dies in besonderem Maße, da deren elektrische Eigenschaften überwiegend durch Sperrschichten an den Korngrenzen bestimmt werden,
so daß hier dem Keramikgefüge entscheidende Bedeutung zukommt.
Für die Ausbildung des Gefüges spielen aber gerade die Sinterbedingungen eine ausschlaggebende Rolle.

Bei Kaltleiterkeramik werden je nach Zusammensetzung und gewünschten Eigenschaften Sintertemperaturen zwischen 1250 und 1400 $^{\circ}$C angewandt. Es kommt jedoch nicht nur auf die jeweils höchste Temperatur, die das Sintergut erreicht, und auf die Dauer ihrer Einwirkung,
sondern auch auf die Aufheiz- und Abkühlgeschwindigkeit an. Vor allem letztere ist, neben der Sinteratmosphäre, für die Ausbildung der
Sperrschichten maßgebend.

Die praktische Anwendung von Kaltleitern erfordert elektrische An-
schlußmöglichkeiten. Die einfachste Methode für das Anbringen flächenhafter Kontakte besteht in der Verwendung von Einbrenn-Metall
präparaten, die neben der metallischen Komponente einen organischen
Träger und anorganische Haftvermittler enthalten. Sie werden meistens mittels Siebdruck auf die gesinterten Keramikkörper aufgetragen.
Das Einbrennen erfolgt bei Temperaturen zwischen 500 und 800 $^{\circ}$C.
Bei den meisten keramischen Bauelementen werden Silberpräparate
verwendet. Sie führen jedoch bei Kaltleitern zu Komplikationen, da
sie Sperrschichten an der metallisierten Keramikoberfläche verursachen. Besser geeignet sind unedle Metalle, wie z.B. Aluminium.
Da jedoch in vielen Fällen der Wunsch nach lötbaren Metallbelägen
besteht, mußten spezielle Kontaktierungsverfahren entwickelt werden,
die Sperrfreiheit und Lötbarkeit bei guter Haftfestigkeit gewährleisten.

Zur Herstellung eines kompletten Bauelements gehört ferner die Umhüllung, wenn auch manche Anwendungsfälle den Einsatz "nackter"
Kaltleiter zulassen. Das Spektrum reicht hier von der einfachen
Schutzlackierung bis zum völlig dichten Einbau in Glas- oder Metall-
gehäuse. Dabei muß aber stets auf einen guten Wärmeübergang zwischen dem Kaltleiterkörper und seiner Umgebung geachtet werden,
da dies für die Anwendung des Kaltleiters besonders wichtig ist.

4.3 Physikalische Grundlagen

4.3.1 Die Theorie des Kaltleitereffekts

Der entscheidende Schritt zum Verständnis des Kaltleitereffekts erfolgte schon vor etwa zwanzig Jahren [4.6]. Ausgangspunkt war die bereits erwähnte Modellvorstellung, wonach dieser Effekt in dünnen Sperrschichten an den Korngrenzen der Keramik lokalisiert ist. Ein weiterer wichtiger Aspekt war der offensichtliche Zusammenhang mit den ferroelektrischen Eigenschaften des Materials.

Als Ursache für die Ausbildung der Sperrschichten wurde eine flächenhafte Belegung der Kristallite mit Akzeptoren angenommen, über deren Natur zunächst nichts näheres bekannt war. Wenn solche Akzeptoren Leitungselektronen einfangen, entsteht eine negative Oberflächenladung, die zu einer Anhebung des elektrostatischen Potentials an den Korngrenzen führt (Bild 4.6). Die Höhe dieses Potentialberges φ_0 beeinflußt die Leitfähigkeit σ gemäß

$$\sigma \sim \exp(-\,e\,\varphi_0/kT), \tag{4.5}$$

was bei einem temperaturunabhängigen Wert von φ_0 eine Heißleitercharakteristik zur Folge hätte.

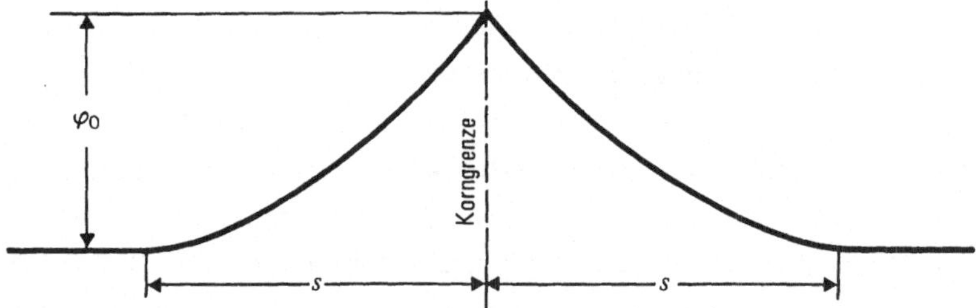

Bild 4.6. Potentialverlauf an einer Korngrenze bei flächenhafter Akzeptorbelegung ohne äußeres Feld

Aus Neutralitätsgründen muß der negativen Oberflächenladung eine positive Raumladung gegenüberstehen, die sich über eine bestimmte Strecke s in den Kristallit hinein erstreckt. In diesem Gebiet besteht eine starke Verarmung an beweglichen Ladungsträgern, so daß die

Raumladungsdichte ρ praktisch allein durch die Donatorenkonzentration n_D bestimmt wird:

$$\rho = e \, n_D. \qquad (4.6)$$

Hierbei ist allerdings vorausgesetzt, daß im Inneren der Kristallite keine Akzeptoren vorhanden sind, die eine teilweise Kompensation der Donatoren bewirken. Man könnte aber auch n_D als "effektive Donatorenkonzentration" auffassen, in der eine solche Kompensation be-bereits berücksichtigt ist.

Ist N_A die Anzahl der Akzeptoren auf einem Oberflächenbereich der Größe A, von denen N_A' durch Bindung eines Elektrons negativ geladen sind, so beträgt die Gesamtladung auf dieser Fläche $- e \, N_A'$. Die angrenzende positive Raumladung ist dann ρ As. Die Neutralität fordert

$$\rho \, As - e \, N_A' = 0,$$

woraus mit Gl. (4.6) folgt:

$$s = N_A' / n_D \, A. \qquad (4.7)$$

Das Potential φ ist durch die Poissonsche Gleichung

$$\Delta\varphi = - \rho / \varepsilon_r \, \varepsilon_0 \qquad (4.8)$$

mit der Raumladungsdichte ρ verknüpft. Daraus ergibt sich unter Verwendung der Gl. (4.6) und (4.7) die Höhe der Potentialstufe:

$$\varphi_0 = \frac{e}{2 \, n_D \, \varepsilon_r \, \varepsilon_0} \left(\frac{N_A'}{A} \right)^2. \qquad (4.9)$$

Hierin ist die Permittivitätszahl ε_r enthalten, die oberhalb der Curie-Temperatur dem bereits erwähnten Curie-Weiss-Gesetz (4.3) gehorcht. Daraus resultiert für φ_0 eine Temperaturabhängigkeit der Form

$$\varphi_0 \sim \vartheta - \vartheta_c. \qquad (4.10)$$

In Gl. (4.5) eingesetzt, liefert dies für die Leitfähigkeit

$$\sigma \sim \exp(+\,\beta/kT)\,, \qquad\qquad\qquad (4.11)$$

worin β eine Konstante bedeutet, die u.a. auch N_A' enthält. Gl.
(4.11) beschreibt eine Kaltleitercharakteristik, die aber, den experimentellen Beobachtungen entsprechend, nur in einem begrenzten
Temperaturbereich gilt. Nach oben wird dieser Bereich dadurch begrenzt, daß N_A' bei hohen Temperaturen abnimmt, weil die an die
Korngrenzakzeptoren gebundenen Elektronen mit zunehmender Anhebung des Korngrenzpotentials wieder freigesetzt werden. Die hierzu
nötige Aktivierungsenergie E_A bestimmt den Dissoziationsgrad der
Akzeptoren.

$$\frac{N_A'}{N_A} = \left[\frac{N_C}{n_D} \exp\left(\frac{\varphi_0 - E_A}{kT} \right) + 1 \right]^{-1}. \qquad\qquad (4.12)$$

Hierbei bedeutet N_C die effektive Zustandsdichte im Leitungsband.
Oberhalb einer bestimmten Temperatur kehrt daher der Temperaturgang der Leitfähigkeit wieder um.

Die untere Grenze für Gl. (4.11) ist durch die Curie-Temperatur gegeben, an der ja das Curie-Weiss-Gesetz seine Gültigkeit verliert.
Unterhalb dieser Temperatur kommt es zur Ausbildung einer sponta-
nen Polarisation, die zumindest in Teilbereichen so orientiert ist,
daß sie die negativen Oberflächenladungen kompensieren kann. Dadurch bleibt hier φ_0 auf einem niedrigen und nur wenig temperaturabhängigen Wert [4.7, 4.8].

Die geschilderte Theorie beschreibt den Kaltleitereffekt auch quantitativ recht gut, wenn einige nicht direkt experimentell zugängliche
Parameter wie N_A und E_A entsprechend angepaßt werden. Insbesondere gibt sie auch den Varistoreffekt richtig wieder. Durch Anlegen einer Spannung U wird der Potentialverlauf an der Korngrenze
gemäß Bild 4.7 verzerrt. Die Ausdehnung der Raumladungszonen ist
jetzt zu beiden Seiten der Korngrenze verschieden (s_1 bzw. s_2),
doch muß die Gesamtladung gleichbleiben, was in der Beziehung

$$s_1 + s_2 = 2s \qquad\qquad\qquad (4.13)$$

zum Ausdruck kommt. Ferner ergibt sich aus der Anwendung der
Poissonschen Gleichung auf beiden Seiten

$$U = \frac{e\,n_D}{2\,\varepsilon_r\,\varepsilon_0}\left(s_2^2 - s_1^2\right),\tag{4.14}$$

was zusammen mit Gl. (4.13) zu

$$s_2 - s_1 = \frac{U\,\varepsilon_r\,\varepsilon_0}{e\,n_D\,s}\tag{4.15}$$

führt. Für den Übergang eines Elektrons von einem Korn ins andere
ist jetzt nicht mehr der Potentialberg φ_0, sondern der niedrigere
Wert

$$\varphi_u = \frac{e\,n_D}{2\,\varepsilon_r\,\varepsilon_0}\,S_1^2 = \varphi_0\left(1 - \frac{U}{4\,\varphi_0}\right)^2\tag{4.16}$$

maßgebend. Für die Leitfähigkeit gilt somit die Beziehung

$$\sigma \sim \exp\left[\,(-\,e\,\varphi_0/kT)\,(1 - U/4\,\varphi_0)^2\,\right].\tag{4.17}$$

Im Falle $U \geqslant 4\,\varphi_0$ wird der Potentialberg völlig abgebaut. Praktisch
spielt dies keine Rolle, weil derart hohe Belastungen ohnehin zum
thermischen Durchbruch führen, der später anhand der Strom-Spannungs-Kennlinie noch näher erörtert wird.

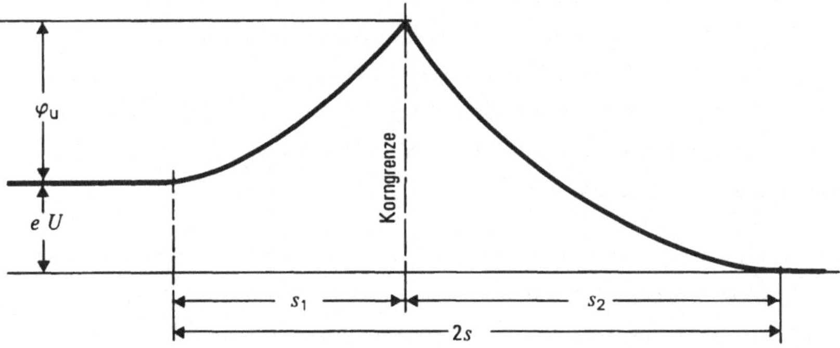

Bild 4.7. Potentialverlauf an einer Korngrenze bei flächenhafter Akzeptorbelegung mit äußerem Feld

Es sei ausdrücklich festgestellt, daß hier unter U die Spannung an
der einzelnen Korngrenze zu verstehen ist. Da sich die gesamte an
einen Kaltleiter gelegte Spannung auf viele in Reihe geschaltete Korngrenzen verteilt, ist es verständlich, daß feinkörnige Kaltleiter unter sonst gleichen Bedingungen einen geringeren Varistoreffekt aufweisen als grobkörnige.

4.3.2 Die Bedeutung der Gitterleerstellen

Die Theorie des Kaltleitereffekts postuliert die Existenz von Akzeptoren an den Kornoberflächen. Es erhebt sich nun die Frage nach der
Natur dieser Akzeptoren.

Schon vor geraumer Zeit wurde erkannt, daß durch Zusatz geringster
Mengen von Substanzen, die in Bariumtitanat als Akzeptoren wirken,
wie z.B. Kupfer oder Eisen, die Kaltleitereigenschaften stark beeinflußt werden können [4.9]. Dies äußert sich zunächst in einer Erhöhung des positiven Temperaturkoeffizienten des Widerstands, doch
wird dieser Vorteil mit steigender Menge der Zusatzstoffe dadurch
wieder zunichte gemacht, daß auch der Kaltwiderstand stark zunimmt, bis schließlich ein Zustand erreicht wird, in dem der Kaltleitereffekt völlig verschwunden ist und das Material praktisch isoliert. Bemerkenswert an diesem Zustand ist, daß die scheinbare
Permittivitätszahl eines solchen Materials, bestimmt durch Messung der Kapazität an Proben definierter Geometrie, um mindestens
eine Größenordnung höher liegt als die von undotiertem Bariumtitanat mit gleichem Keramikgefüge. Dies hat später zur Entwicklung
des keramischen Sperrschichtkondensators geführt, bei dem die ka-
pazitiv wirksame Dicke des Dielektrikums nur durch die Summe der
Sperrschichtdicken an den Oberflächen der in Reihe geschalteten Kristallite besteht, während das Innere der Körner eine hohe Leitfähigkeit aufweist und daher nur als leitende Verbindung zwischen den
Sperrschichtkapazitäten wirkt [4.8].

Erklärt wurde diese Erscheinung dadurch, daß mit steigendem Ange-
bot an Akzeptoren diese nicht mehr nur Kornoberflächen besetzen,
sondern mehr und mehr auch in Richtung auf das Korninnere hin eingebaut werden. Dann wäre eine Steuerung der Potentialstufe über
die Permittivität, wie sie für den Kaltleitereffekt Voraussetzung ist,

nicht mehr möglich. Diese Hypothese wird durch die Tatsache ge-
stützt, daß eine noch weitergehende Steigerung der Akzeptorzugabe
zu einem starken Abfall der Permittivität führt, da nun im gesamten
Kornvolumen die Leitfähigkeit durch Akzeptoren "vergiftet" wird.

Wenn es nun ausschließlich solche Zusatzstoffe wären, die im Sinne
der Kaltleitertheorie als Oberflächenakzeptoren wirken, müßten sie
in geringen Mengen bereits als Verunreinigung in den verwendeten
Rohstoffen vorhanden sein, da sich auch ohne ihre absichtliche Zugabe brauchbare Kaltleiter herstellen lassen. Diese Vorstellung ist etwas unbefriedigend.

Noch ein weiteres Phänomen konnte zunächst nicht erklärt werden,
nämlich die starke Abhängigkeit der Kaltleitereigenschaften von der
Abkühlgeschwindigkeit beim Sintern. Da sich das Keramikgefüge in
der Abkühlphase nicht mehr ändert, muß es sich hier um eine Beeinflussung der Störstellenverteilung selbst handeln.

Wesentliche Fortschritte zur Klärung dieser Fragen brachten Untersuchungen über Leerstellen-Gleichgewichte in dotiertem und undotiertem Bariumtitanat [4.10]. Hierzu wurden Messungen der Leitfähigkeit in Abhängigkeit von Temperatur und Sauerstoffpartialdruck durchgeführt, und zwar bei so hohen Temperaturen (900 bis 1300 $^{\circ}$C),
daß sich dabei innerhalb der Meßdauer tatsächlich Gleichgewichtszu-
stände einstellen konnten. Auf die Interpretation der Meßergebnisse
kann hier nicht im Detail eingegangen werden. Es sollen nur die wesentlichen Schlußfolgerungen wiedergegeben werden.

Die Leitfähigkeit wird, außer durch Fremdstoffdotierungen, im wesentlichen durch Barium- und Sauerstoffleerstellen bestimmt. Deren
Konzentration hängt von Temperatur und Sauerstoffpartialdruck, aber
auch von Art und Menge etwa vorhandener Fremdstoffdotierungen ab.
Zusatz von Donatoren begünstigt die Bildung von Bariumleerstellen,
während durch Akzeptoren die Entstehung von Sauerstoffleerstellen
gefördert wird; vgl. auch Kapitel 3 (Heißleiter), Abschn. 3.1.2.

Nun sei speziell ein Material betrachtet, das Störstellen zunächst
nur in Form von Donatoren der Konzentration n_D enthält. Sintert
man ein solches Material bei hohem Sauerstoffpartialdruck, z.B. in
Luft von normalem Atmosphärendruck (eventuell sogar mit Sauerstoff

angereichert), so entstehen Bariumleerstellen, die als Akzeptoren
wirken. Die Konzentration der Sauerstoffleerstellen ist dagegen unter
diesen Bedingungen zu vernachlässigen. Besonders wichtig ist nun
die Erkenntnis nach [4.10], daß in einem Material dieser Art die
Gleichgewichtskonzentration der Bariumleerstellen mit steigender
Temperatur abnimmt. Beim Abkühlen müssen daher laufend Leerstellen neu gebildet, also Barium-Ionen aus dem Kristallit ausgeschieden
werden. Da deren Beweglichkeit aber recht gering ist und zudem mit
sinkender Temperatur stark abnimmt [4.11], wird dabei die Abweichung vom Gleichgewichtszustand immer größer, und es kommt
schließlich zu einem Einfrieren einer Leerstellenverteilung, die sich
bei weiterem Abkühlen nicht mehr ändert. Die Konzentration n_V der
Bariumleerstellen in diesem Zustand ist aber nicht mehr im ganzen
Kristallit gleich groß, da die einzelnen Barium-Ionen verschieden
lange Wege bis zur Kornoberfläche zurückzulegen haben. Es ist zu
erwarten, daß n_V an den Korngrenzen am höchsten ist und nach dem
Korninneren hin mehr oder weniger abfällt. Dieses Leerstellenprofil
wird um so steiler, je schneller die Abkühlung erfolgt.

Jede Bariumleerstelle kann bis zu zwei Leitungselektronen an sich
binden und ist daher in der Lage, zwei Donatoren zu kompensieren,
da die hier in Frage kommenden Donatorarten nur je ein Elektron
abgeben können. Ist $n_D > 2\,n_V$, so bleiben freie Leitungselektronen
übrig, deren Konzentration durch

$$n = n_D - 2\,n_V \tag{4.18}$$

gegeben ist. In diesem Falle sind nahezu alle Leerstellen doppelt negativ geladen, also

$$n_V = n_V''. \tag{4.19}$$

Ist dagegen $n_D < 2\,n_V$, so werden die Donatoren praktisch voll kompensiert, die Elektronenkonzentration n ist vernachlässigbar klein
und die Leitfähigkeit dementsprechend gering. Dann muß ein Teil der
Leerstellen im einfach negativ geladenen Zustand vorliegen (n_V'),
damit die Neutralität gewahrt ist:

$$n_D = n_V' + 2\,n_V''. \tag{4.20}$$

Da ferner die Beziehung

$$n_V' + n_V'' = n_V \tag{4.21}$$

gilt [1], ergeben sich die Leerstellenkonzentrationen für die beiden Ladungszustände zu

$$n_V' = 2\,n_V - n_D ,$$

$$n_V'' = n_D - n_V . \tag{4.22}$$

Die hier dargestellten Zusammenhänge gelten für den eingefrorenen Zustand, der allerdings im gesamten für den Einsatz von Kaltleitern interessierenden Temperaturbereich sicher vorliegt. Abweichungen bei sehr hohen Temperaturen, die durch zunehmende thermische Dissoziation der Leerstellen bedingt sind, können hier ebenfalls unberücksichtigt bleiben.

4.3.3 Die Entstehung der Sperrschichten

Die im letzten Abschnitt geschilderten Erkenntnisse über Bariumleerstellen und ihre Konsequenzen für den elektrischen Leitungsmechanismus ermöglichen eine zwanglose Erklärung für die Ausbildung von Sperrschichten an den Korngrenzen [4.12]. Das bei der Abkühlung von der Sintertemperatur entstehende typische Leerstellenprofil mit einer vom Korninneren zur Korngrenze hin ansteigenden Konzentration n_V führt unter bestimmten Bedingungen dazu, daß im Innenbereich des Kristallits der Fall $n_D > 2\,n_V$ vorliegt, in einer Randschicht entlang der Korngrenze hingegen $n_D < 2\,n_V$ ist. Die Dicke dieser Randschicht, in der die Donatoren voll kompensiert sind, kann durch die Abkühlgeschwindigkeit gesteuert werden, und zwar wird sie um so größer, je langsamer man abkühlt (Bild 4.8).

An die Stelle der negativen Oberflächenladung in der Theorie nach [4.6] tritt jetzt eine negative Raumladung innerhalb der Randschicht.

---

[1] Streng genommen müßten in Gl. (4.21) auch neutrale Bariumleerstellen berücksichtigt werden. Deren Konzentration ist jedoch in jedem Fall vernachlässigbar klein.

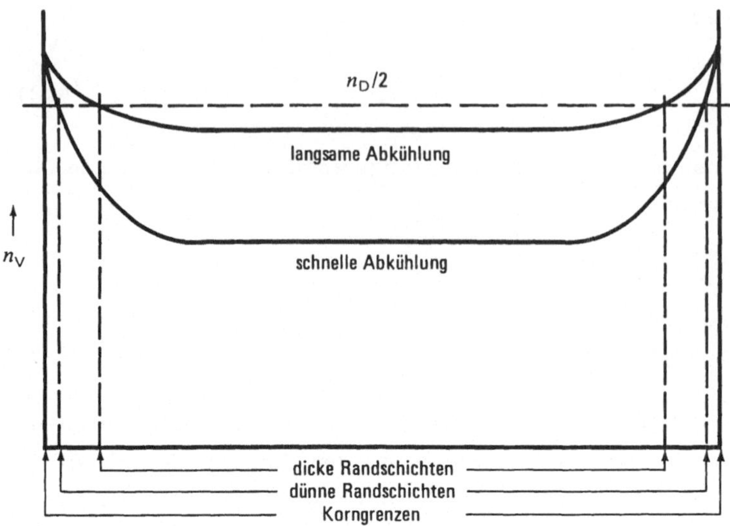

Bild 4.8. Bariumleerstellenkonzentration n_V in einem Korn für verschiedene Abkühlgeschwindigkeiten bei gegebener Donatorenkonzentration n_D

Dadurch ändert sich prinzipiell nichts an den Verhältnissen, solange diese Raumladung die ganze Randschicht ausfüllt. Reicht aber die negative Raumladungszone nicht bis an die Korngrenze heran, so daß dort noch eine raumladungsfreie Schicht besteht, so kann überhaupt kein Kaltleitereffekt auftreten. Es liegt dann vielmehr ein Zustand vor, der dem im letzten Abschnitt bereits erwähnten Sperrschichtkondensator entspricht. Eine Verfeinerung der Theorie zeigt, daß dieser Fall auch beim Kaltleiter auftreten muß, sobald die Temperatur einen bestimmten Wert überschreitet [4.13]. Dieser Wert entspricht dem Widerstandsmaximum des Kaltleiters, das damit eine neue Erklärung findet. Vor allem wird hierdurch auch der Temperaturgang des Widerstands oberhalb der Temperatur des Maximalwiderstands besser wiedergegeben.

Der früher erörterte Einfluß von Fremdstoffakzeptoren erklärt sich nach diesem Modell durch eine Verschiebung des Leerstellengleichgewichts. Es bedarf nun aber nicht mehr einer Anreicherung dieser Akzeptoren an den Korngrenzen.

Bei Sinterung in reduzierender Atmosphäre wird die Bildung von Bariumleerstellen stark behindert. Es kommt daher nicht zur Ausbildung der für den Kaltleitereffekt notwendigen Randschichten. Außerdem entstehen Sauerstoffleerstellen, die als zusätzliche Donatoren wirken. Selbst durch nachträgliche reduzierende Einflüsse weit unterhalb der Sintertemperatur können so die Randschichten zerstört werden. Kaltleiter sollen daher auch während ihres Betriebs nicht mit stark reduzierenden Substanzen in Kontakt kommen, wie sie z.B. in Vergußmassen oder Umhüllungsmaterialien enthalten sein können.

4.4 Anwendungen

4.4.1 Der keramische Kaltleiter als Temperatursensor

Die in Bild 4.1 gezeigte Widerstands-Temperatur-Kennlinie eines keramischen Kaltleiters läßt bereits klar erkennen, worin der besondere Vorteil dieses Bauelements als Temperatursensor liegt, nämlich in der Überwachung einer fest vorgegebenen Grenztemperatur. Dies ist in der Praxis von großer Bedeutung, z.B. wenn es darum geht, eine Maschine vor Überschreitung einer zulässigen Höchsttemperatur zu schützen. Für Temperaturmessungen in einem größeren Bereich wäre dagegen ein Bauelement mit einem monotonen Kennlinienverlauf, wie etwa der Heißleiter, vorzuziehen.

Ein konkretes Beispiel für eine Temperaturüberwachung der genannten Art ist der sogenannte Motorvollschutz. Die übliche Methode für den Überlastungsschutz eines Motors verwendet als Abschaltkriterium die Stromstärke. Durch entsprechende Verzögerung der Auslöseorgane läßt sich zwar eine grobe Anpassung an die thermischen Eigenschaften des Motors erreichen, die aber bei intermittierendem Betrieb mit häufigen kurzzeitigen Überlastungen (z.B. in Kranantrieben) nicht voll befriedigt. In diesem Fall ist es vorteilhaft, als Abschaltkriterium die Temperatur unmittelbar am Ort der Wärmeentstehung heranzuziehen, also in der Motorwicklung selbst. Dadurch kann der Motor besser ausgenutzt und in vielen Fällen sogar kleiner dimensioniert werden. Durch entsprechende Wahl der Bezugstemperatur des Kaltleiters wird erreicht, daß die zulässige Höchsttemperatur des Motors, die durch dessen Bauart festgelegt ist, in den steilsten Bereich der Kennlinie zu liegen kommt. So wird eine besonders hohe Ansprechempfindlichkeit erzielt, die sehr einfache Auswerte-

schaltungen ermöglicht. Zudem kommt das positive Vorzeichen des
Temperaturkoeffizienten der Eigensicherheit der Schutzeinrichtung
zugute, denn deren wahrscheinlichste Störung, eine Unterbrechung
in Überwachungsstromkreis, führt ebenso zur Abschaltung wie eine
Überhitzung des Motors. Drehstrommotoren werden in der Regel mit
mindestens drei Kaltleitern ausgerüstet, so daß auch lokale Überhitzungen, z.B. bei Ausfall einer Phase, sicher erfaßt werden können,
was durch einfache Reihenschaltung sämtlicher Kaltleiter gewährleistet ist.

Wichtig für die einwandfreie Funktion jedes Temperatursensors ist
sein guter Wärmekontakt zum umgebenden Medium, dessen Temperatur registriert werden soll. Dem steht häufig die Forderung nach
elektrischer Isolierung oder Schutz vor korrosiven Einflüssen, insbesondere in flüssigen Medien, entgegen. In der Praxis müssen daher mitunter Kompromisse eingegangen werden. In diesem Zusammenhang ist auch eine etwaige Eigenerwärmung des Sensors durch
den Meßstrom zu beachten, die unter Umständen das Meßergebnis
erheblich verfälschen kann. Durch Wahl entsprechend kleiner Betriebsspannungen kann dies vermieden werden, was auch den Vorteil
hat, daß dann der jedem keramischen Kaltleiter anhaftende Varistoreffekt noch keine Rolle spielt.

4.4.2 Die stationäre Strom-Spannungs-Kennlinie

Die Anwendung keramischer Kaltleiter ist keineswegs auf Temperaturmessungen beschränkt. Gerade die im letzten Abschnitt als stö-
render Effekt erwähnte Eigenerwärmung bietet die Möglichkeit, auch
andere Meßgrößen zu erfassen. Liegt am Kaltleiter eine Spannung U
und durchfließt ihn ein Strom I, so wird in ihm eine Leistung

$$P = U\,I \tag{4.23}$$

umgesetzt, die sich in Wärmeentwicklung äußert. Die Temperatur
des Kaltleiters ϑ_K steigt nun so lange an, bis ein Zustand erreicht
ist, in dem in gleicher Zeit ebensoviel Wärme erzeugt wie an die Umgebung abgeführt wird. Der Kaltleiter befindet sich nun im thermischen Gleichgewicht mit seiner Umgebung. Es gilt dann die Beziehung

$$P = \frac{\vartheta_K - \vartheta_U}{W} \qquad\qquad (4.24)$$

worin ϑ_U die Umgebungstemperatur und W den Wärmewiderstand bedeuten. Letzterer ist eine Kenngröße für den Wärmeübergang, die
sowohl vom Kaltleiter selbst abhängt als auch von der Beschaffenheit
des ihn umgebenden Mediums. Ändert sich diese, so verschiebt sich
auch die Gleichgewichtstemperatur. Reicht die elektrische Leistung
aus, um den Kaltleiter unter den vorliegenden Umgebungsbedingungen
bis zu einer Temperatur zu erwärmen, die im Bereich des steilen
Verlaufs der Widerstands-Temperatur-Kennlinie liegt, so wird sich
eine Verschiebung der Gleichgewichtstemperatur sehr empfindlich auf
den Kaltleiterwiderstand und damit auf den bei gegebener Spannung
fließenden Strom auswirken. Die Stromstärke ist dann ein Maß für
Art und Zustand des umgebenden Mediums.

Soll ein Kaltleiter in der beschriebenen Weise eingesetzt werden, so
muß der Arbeitspunkt richtig gewählt werden. Da die Kaltleitertem-
peratur in einem solchen Fall der direkten Messung nicht ohne weiteres zugänglich ist, kann man hierzu nicht die Widerstands-Temperatur-Kennlinie heranziehen. In den Datenunterlagen sind daher "stationäre Strom-Spannungs-Kennlinien" angegeben, die jeweils für bestimmte Umgebungsbedingungen gelten. Jeder Punkt einer solchen
Kennlinie entspricht einem thermischen Gleichgewichtszustand. Ihr
prinzipieller Verlauf geht aus Bild 4.9 hervor. Auf einen annähernd
geradlinigen Kurvenast folgt mit steigender Spannung nach Durchlaufen eines Strommaximums ein hyperbelähnlicher Abfall. Dies ist der
für die praktische Anwendung eigentlich interessierende Bereich. Bei
einer bestimmten Spannung U_{max} geht die Kurve in eine Heißleiterkennlinie über (im Bild 4.9 gestrichelt). Hier wird die Temperatur
des Widerstandsmaximums überschritten. Oberhalb dieser Spannung
existiert überhaupt kein thermischer Gleichgewichtszustand mehr, so
daß sich der Kaltleiter bis zur Selbstzerstörung aufheizt.

Da das thermische Gleichgewicht von der Wärmeabgabe des Kaltleiters an das umgebende Medium abhängt, muß dessen Zustand für die
Strom-Spannungs-Kennlinie eindeutig definiert werden. Dies erfordert die Angabe von vier Parametern, nämlich stoffliche Beschaffenheit, Temperatur, Druck und Bewegungszustand. Damit sind aber zu-

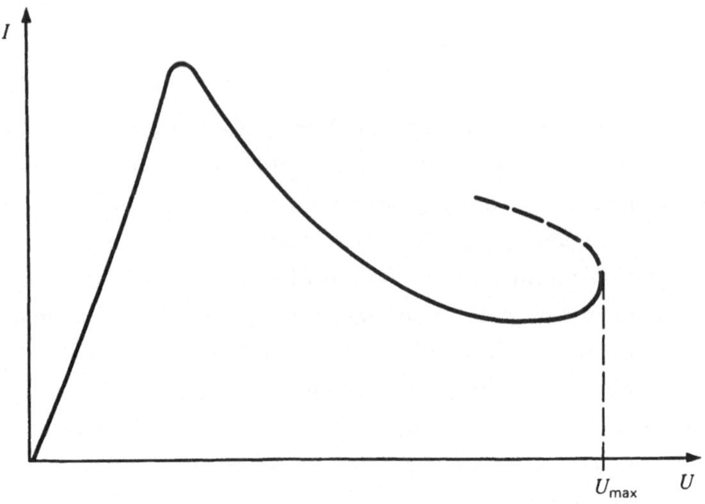

Bild 4.9. Prinzipieller Verlauf einer stationären Strom-Spannungs-
Kennlinie bei gegebenem Wärmewiderstand W

gleich auch die vier Größen genannt, die durch den Kaltleiter meßtech-
nisch erfaßt werden können. Die praktische Ausnutzung dieser Zusammenhänge führt zu den im folgenden beschriebenen Anwendungsfällen.

4.4.3 Niveau- und Strömungssensoren

Ein Wechsel in der stofflichen Beschaffenheit des umgebenden Mediums tritt ein, wenn ein Kaltleiter, der sich zunächst in Luft befun-
den hat, in eine Flüssigkeit eintaucht oder umgekehrt. Die unterschiedliche Wärmeleitfähigkeit der Medien führt dabei zu einer Verschiebung des thermischen Gleichgewichts und damit zu einer Änderung der Stromstärke. Jedem der beiden Zustände entspricht eine
Strom-Spannungs-Kennlinie (Bild 4.10), wobei die obere Kennlinie
für den kleineren Wärmewiderstand gilt, im vorliegenden Fall also
für den "eingetauchten" Zustand. Auf diese Weise lassen sich sehr
einfache Anordnungen zur Überwachung von Flüssigkeitsniveaus aufbauen. Dabei muß man allerdings beachten, daß auch Schwankungen
der Umgebungstemperatur die Strom-Spannungs-Kennlinie verschieben. Dies kann natürlich kompensiert werden, wenn ein weiterer
Sensor zur Temperaturmessung eingesetzt wird. Wenn der Niveaufühler entsprechend bemessen ist, kann aber in vielen Fällen auf ei-

ne Kompensation verzichtet werden, da es bei dieser Anwendung nur auf eine Ja/Nein-Aussage ankommt. Ein Beispiel für eine solche Lösung ist die elektronische Überfüllsicherung von Heizöltanks, die seit vielen Jahren in großem Umfang mit Kaltleitern realisiert wird [4.14].

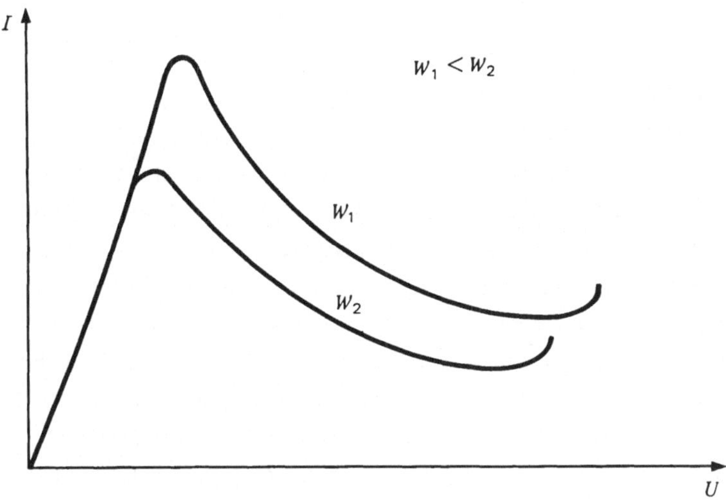

Bild 4.10. Stationäre Strom-Spannungs-Kennlinien desselben Kaltleiters für zwei verschiedene Werte des Wärmewiderstands W_1 und W_2

Bewegt sich das umgebende Medium relativ zum Kaltleiter, so wird diesem durch Konvektion zusätzlich Wärme entzogen. Auch dies bewirkt eine Verschiebung der Strom-Spannungs-Kennlinie nach höheren Stromwerten. Als praktische Konsequenz ergibt sich daraus eine Meßmethode für die Strömungsgeschwindigkeit. In neuerer Zeit gewinnt dies z.B. Bedeutung für die kontinuierliche Messung des Kraftstoffverbrauchs in Fahrzeugen [4.15]. Hier ist eine Temperaturkompensation unumgänglich. Es gibt jedoch auch Fälle, in denen der Temperatureinfluß sogar erwünscht ist, nämlich dann, wenn es sich bei dem strömenden Medium um ein Kühlmittel handelt. Wird z.B. zur Kühlluftüberwachung ein Kaltleiter im Abluftstrom angeordnet, so reagiert er auf eine Verminderung der Strömungsgeschwindigkeit in gleicher Weise wie auf eine Erhöhung der Ablufttemperatur. Es werden also mit einem einzigen Sensor sowohl Defekte der Kühleinrichtung selbst als auch zu hohe Wärmeproduktion in der zu kühlenden Anlage oder zu hohe Zulufttemperatur erfaßt.

Schließlich ist die Möglichkeit zu erwähnen, den Druck bzw. die Dichte eines gasförmigen Mediums mit Hilfe keramischer Kaltleiter zu
messen. Dies ist jedoch bisher noch nicht in größerem Umfang ausgenutzt worden.

4.4.4 Selbstregelnde Heizelemente

Wegen seiner steilen R-ϑ-Kennlinie und seiner ausgezeichneten Langzeitstabilität eignet sich der keramische Kaltleiter vor allem als Temperatursensor für hochkonstante Thermostaten [4.16]. Bei den meisten Temperaturregelschaltungen werden allerdings wesentlich geringere Ansprüche an die Regelgenauigkeit gestellt und daher die genannten Vorteile gar nicht ausgenutzt, doch bieten sich hier besonders
elegante Lösungen an, bei denen der Kaltleiter nicht nur als Sensor
wirkt, sondern zugleich die Funktion des Heizkörpers übernimmt. Er
regelt sich selbst, denn eine Erhöhung der Umgebungstermpatur bewirkt eine Verminderung der aufgenommenen Leistung (Bild 4.11).
Im Kaltleiterkörper ist also der gesamte Regelkreis einschließlich

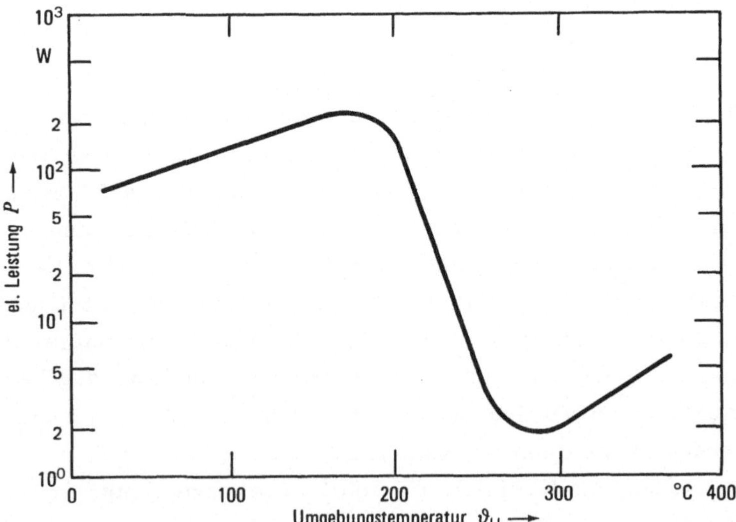

Bild 4.11. Leistungsaufnahme eines Kaltleiters an 220 V $\sim$ als Funktion der Umgebungstemperatur ($\vartheta_B \approx 220\ {}^{\circ}C$)

Sensor und Aktor integriert. Die einwandfreie Funktion solcher selbstregelnder Heizelemente hängt entscheidend von der guten Wärmeabfuhr aus dem Kaltleiter ab. Dies ist im wesentlichen ein konstruktives Problem [4.17].

Ein besonderer Vorteil derartiger Heizelemente besteht darin, daß auch Schwankungen der Betriebsspannung weitgehend ausgeregelt werden. Dies ist aus dem prinzipiellen Verlauf der Strom-Spannungs-Kennlinie (Bild 4.9) zu verstehen, deren abfallender Ast annähernd einer Kurve konstanter Leistung entspricht. Bei geeigneter Dimensionierung eignen sich solche Elemente für den Einsatz bei verschiedenen Betriebsspannungen (z.B. wahlweise 110 oder 220 V) ohne Umschaltung.

4.4.5 Überlastschutz

Die Integration von Sensor und Aktor spielt aber auch auf einem völlig anders gearteten Anwendungsgebiet eine Rolle, nämlich beim Überlastschutz für elektrische Geräte. Die Temperatur selbst ist hier nicht von Interesse, sondern dient lediglich als Hilfsgröße. Der Kaltleiter registriert letzten Endes die Stromstärke und wirkt zugleich als "Schalter", der bei zu starkem Absinken des Verbraucherwiderstands den Strom auf einen ungefährlichen Wert begrenzt. In Bild 4.12 ist die Strom-Spannungs-Kennlinie eines Kaltleiters mit zwei Arbeitsgeraden dargestellt, deren Neigung jeweils einem bestimmten Verbraucherwiderstand entspricht. Der Kaltleiter ist mit dem Verbraucher in Reihe geschaltet, die untere Gerade bezieht sich auf den Normalbetrieb (Stromstärke I_1). Die am Kaltleiter liegende Spannung U_1 ist klein gegen die gesamte Betriebsspannung U_B. Im Überlastfall gilt die Gerade mit der größeren Neigung, entsprechend dem kleineren Verbraucherwiderstand. Der Arbeitspunkt liegt jetzt auf dem hyperbelähnlichen Ast der Kennlinie, die Stromstärke ist auf I_2 begrenzt und ein großer Teil der Betriebsspannung fällt jetzt am Kaltleiter ab (U_2). Natürlich wird die Funktion dieser Schaltung auch durch die Umgebungstemperatur beeinflußt. Deren Erhöhung bewirkt eine Absenkung der I-U-Kennlinie und damit der Ansprechschwelle für den Überlastschutz, ein in den meisten Fällen erwünschter Effekt. Man kann diesen Einfluß noch verstärken, indem man durch geeignete Anordnung des Kaltleiters eine thermische Kopplung mit dem Stromverbraucher herstellt.

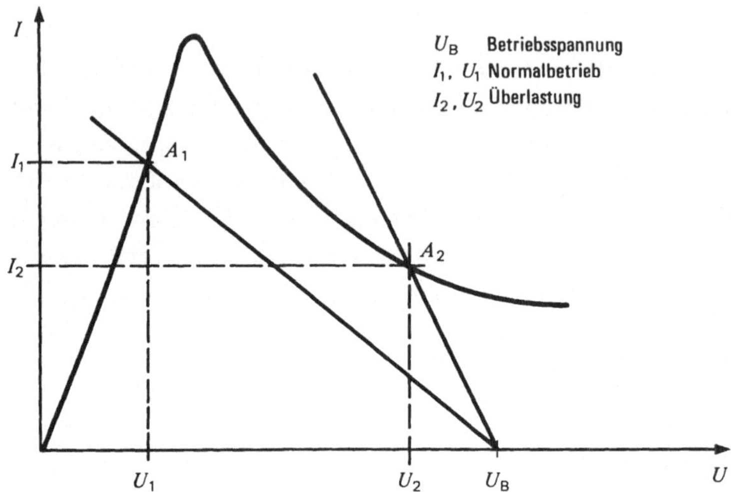

Bild 4.12. Arbeitspunkte A_1 und A_2 für den Überlastschutz elektrischer Geräte mittels Kaltleiter

4.4.6 Der keramische Kaltleiter als Verzögerungsglied

Für die Einstellung eines stationären Zustands ist stets eine gewisse Zeit erforderlich, die im wesentlichen von der Wärmekapazität des Kaltleiterkörpers abhängt. Dies läßt sich für Verzögerungsschaltungen ausnutzen, z.B. in Verbindung mit Relais. Besonders einfache Lösungen ermöglichen Kaltleiter dann, wenn nur kurzzeitig ein relativ hoher Strom durch einen Lastwiderstand fließen soll. In solchen Fällen können Kaltleiter direkt als Zeitschalter eingesetzt werden und man kann auf mechanische Kontakte oder zusätzliche elektronische Schaltelemente völlig verzichten, falls der geringe Reststrom, der nach Erreichen des stationären Endzustands noch fließt, die Funktion der Anlage nicht stört. In den meisten Fällen genügt hierbei eine einfache Reihenschaltung von Kaltleiter und Lastwiderstand.

Der wichtigste Anwendungsfall dieser Art ist der Start von Einphasenmotoren: Derartige Motoren, die z.B. in Kühlaggregaten sehr häufig verwendet werden, benötigen zum Anlaufen eine Hilfswicklung, die einen gegenüber der Hauptwicklung phasenverschobenen Strom

führt. Die Phasenverschiebung entsteht dabei durch die Induktivität
der Hilfswicklung in Reihenschaltung mit einem ohmschen Widerstand
oder einem Kondensator. Da diese Wicklung immer nur kurzzeitig
belastet wird, kann sie sehr sparsam dimensioniert werden, wenn
man dafür sorgt, daß sie nach dem Anlaufen des Motors abgeschaltet
wird. Dies geschah früher durch ein Relais, dessen Wicklung in
Reihe zur Hauptwicklung des Motors lag. Durch einen keramischen
Kaltleiter im Hilfsstromkreis läßt sich nicht nur das Relais ersetzen,
sondern zugleich auch der zur Phasenverschiebung nötige Widerstand
(Bild 4.13). Der Wegfall mechanischer Kontakte vermindert die
Störanfälligkeit.

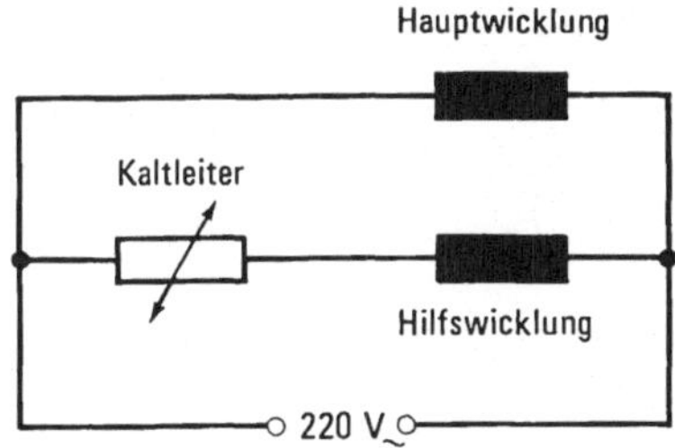

Bild 4.13. Schaltbild für den Einphasenmotorstart

Besonders gut eignen sich Kaltleiter für Entmagnetisierungsschal-
tungen. Hierbei besteht die Aufgabe stets darin, einen Wechselstrom,
der durch eine Entmagnetisierungsspule fließt, allmählich abklingen
zu lassen. Mechanische Kontakte sind hier also prinzipiell ungeeignet. Durch eine Reihenschaltung von Spule und Kaltleiter kann jedoch
dieses Problem auf einfache Weise gelöst werden. Besondere Bedeutung haben solche Schaltungen für Farbfernsehgeräte gewonnen. Die
Lochmaske von Farbbildröhren ist sehr empfindlich gegen magnetische Felder. Schon eine Lageänderung des Fernsehempfängers in Be-
zug auf das magnetische Erdfeld kann zu Störungen der Farbkonver-
genz führen, weshalb von Zeit zu Zeit eine Entmagnetisierung nötig
ist. Die Spule besteht in diesem Falle aus wenigen großflächigen
Drahtwindungen, die die Bildröhre umgeben, und liegt über einen
Kaltleiter am 220-V-Wechselstromnetz, wenn der Netzschalter des
Gerätes geschlossen ist. Bei jedem Einschalten fließt zunächst ein
kräftiger Strom durch die Spule (ca. 5 A), der sodann infolge Er-

wärmung des Kaltleiters rasch abklingt und einem stationären Endwert zustrebt. Schwierigkeiten können in der Praxis bei der Dimensionierung des Kaltleiters auftreten, weil einerseits ein hoher Anfangsstrom im Interesse einer wirksamen Entmagnetisierung ge-
fordert wird, andererseits der Reststrom sehr klein sein muß, damit er keine Bildstörungen verursacht. Man versieht daher den Kaltleiter mit einer Fremdheizung, wodurch sein Widerstandshub besser
ausgenutzt werden kann. Als Heizkörper wird dabei ebenfalls ein
Kaltleiter verwendet, dessen Bezugstemperatur über der des Spulenkaltleiters liegt. Die in Abschn. 4.4.4 beschriebene Thermostaten-
wirkung verhindert Überhitzungen des Spulenkaltleiters. Es ergibt
sich damit eine Schaltung nach Bild 4.14. Der Spulenstrom als Funktion der Zeit ist in Bild 4.15 dargestellt.

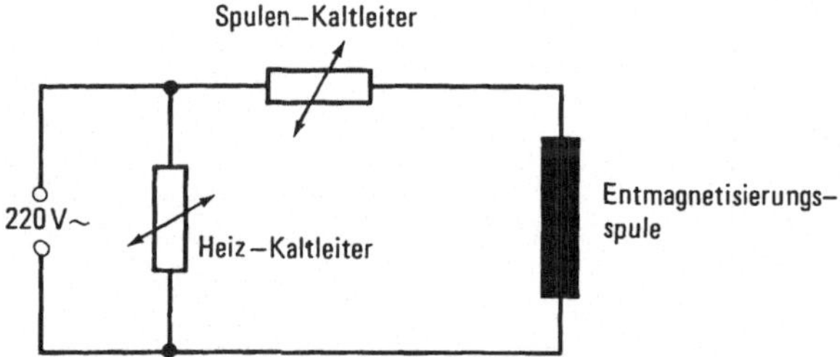

Bild 4.14. Schaltbild für die Entmagnetisierung von Farbbildröhren

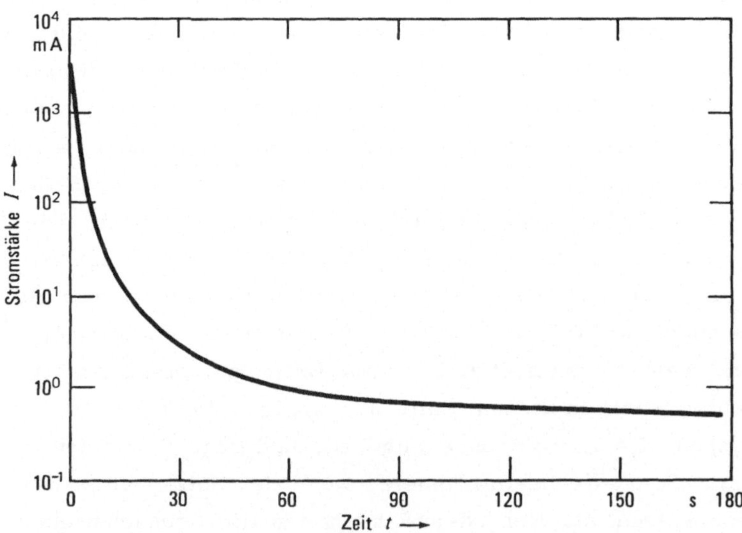

Bild 4.15. Spulenstrom als Funktion der Zeit für eine Schaltung nach
Bild 4.14

Die beiden Kaltleiter sind in einem gemeinsamen Gehäuse eingebaut
und stehen untereinander in gutem Wärmekontakt.

4.4.7 Allgemeine Hinweise für den Einsatz keramischer Kaltleiter

Einige für die einwandfreie Funktion keramischer Kaltleiter wichtige
Gesichtspunkte wurden bereits erwähnt, nämlich die Notwendigkeit
eines guten Wärmekontakts zur Umgebung sowie der Vermeidung che-
mischer Einflüsse, die zu einer Reduktion der Keramik führen können.

Besonders zu beachten ist der Umstand, daß eine Reihenschaltung
mehrerer Kaltleiter grundsätzlich nur mit der für einen einzelnen
Kaltleiter zulässigen Betriebsspannung belastet werden darf, da in
diesem Fall stets nur ein Kaltleiter fast die gesamte Spannung übernimmt, während die anderen praktisch kalt bleiben. Dagegen ist eine
Parallelschaltung mehrerer Kaltleiter unbegrenzt möglich. Man kann
also theoretisch beliebig hohe Stromstärken beherrschen, nicht aber
beliebig hohe Spannungen, auch nicht durch Verwendung entsprechend
langer Kaltleiterkörper, da sich diese wegen des relativ geringen
Wärmeleitvermögens der Keramik ähnlich verhalten wie mehrere in
Reihe geschaltete kürzere Elemente. Immerhin sind Kaltleiter für den
Einsatz in Niederspannungsnetzen (also bis etwa 380 V) verfügbar.

Daß die Einstellung eines stationären Zustands eine bestimmte Zeit
benötigt, was ja die Verwendung von Kaltleitern als Zeitglieder ermöglicht, spielt auch dann eine Rolle, wenn letztlich nur stationäre
Zustände interessieren. So treten z.B. beim Einsatz von Kaltleitern
als Niveaufühler oder selbstregelnde Heizelemente unmittelbar nach
dem Einschalten häufig Stromstärken auf, die weit über dem Maximum
der Strom-Spannungs-Kennlinie liegen, da ja letztere nur stationäre
Zustände beschreibt. Dies ist bei der Dimensionierung von Sicherun-
gen und nachgeschalteten Stromverbrauchern zu berücksichtigen.
Falls erforderlich, muß der Einschaltstrom begrenzt werden, z.B.
durch einen zusätzlichen Widerstand oder durch Verwendung eines
Kaltleiters mit höherem Kaltwiderstand.

Literaturverzeichnis

4.1 Haayman, P. W.; Dam, R. W.; Klasens, H. A.: Verfahren
zur Herstellung halbleitenden Materials. DBP 929 350 (1955).

4.2 Heywang, W.: Resistivity anomaly in doped barium titanate. J.
Am. Ceram. Soc. 47 (1964) 484-490.

4.3 Rehme, H.: Abbildung elektrischer Mikrofelder im Emissions-
Elektronenmikroskop. Z. Angew. Phys. 29 (1970) 173-180.

4.4 Levin, E. M.; Robbins, C. R.; Mc Murdie, H. F.: Phase
Diagrams for ceramists. Am. Ceram. Soc. 1964, Fig. 213;
Suppl. 1975, Fig. 4302.

4.5 Gerthsen, P.; Groth, R.; Härdtl, K. H.: Halbleitereigenschaften des $BaTiO_3$ im Polaronenbild. Phys. Status Solidi
11 (1965) 303-311.

4.6 Heywang, W.: Bariumtitanat als Sperrschichthalbleiter. Solid
State Electron. 3 (1961) 51-58.

4.7 Jonker, G. H.: Some aspects of semiconducting barium titanate. Solid State Electron. 7 (1964) 895-903.

4.8 Brauer, H.: Korngrenzsperrschichten in $BaTiO_3$-Keramik mit
hoher effektiver Dielektrizitätskonstante. Z. Angew. Phys.
29 (1970) 202-287.

4.9 Brauer, H.: Zur Frage der Oberflächenterme in $BaTiO_3$-Kalt-
leitern. Z. Angew. Phys. 23 (1967) 373-376.

4.10 Daniels, J.; Härdtl, K. H.: Electrical conductivity at high
temperatures of donor-doped barium titanate ceramics.
Philips Res. Rep. 31 (1976) 489-504.

4.11 Wernicke, R.: The kinetics of equilibrium restoration in barium
titanate ceramics. Philips Res. Rep. 31 (1976) 526-543.

4.12 Daniels, J.; Wernicke, R.: New aspects of an improved PTC
model. Philips Res. Rep. 31 (1976) 544-559.

4.13 Hanke, L.: Theorie der Sperrschichteffekte in halbleitender
Bariumtitanat-Keramik. Siemens Forsch.- u. Entwickl.-Ber.
8 (1979) 209-213.

4.14 Hatzinger, G.: Elektronische Überfüllsicherung für Kraftstoff-
tanks. Siemens Bauteile-Inform. (1965) 4-6, 20-23.

4.15 Bonnet, K. F.: Kaltleiter ermöglichen die kontrinuierliche
Kraftstoffverbrauchsmessung in Fahrzeugen. Automobiltech. Z.
80 (1978) 291-292.

4.16 Kupka, K.; Ramisch, E.; Reebs, H.-J.: Langzeitkonstanz
von Temperaturfühlern aus Kaltleiterkeramik für Quarzthermo-
state. Int. Elektron. Rundsch. (1969) 284-286.

4.17 Meixner, H.: Heizeinrichtung mit einem optimierten Heizele-
ment aus Kaltleitermaterial. DBP 27 43 880 (1979).

Bezeichnungen und Symbole

Größe	Bedeutung	Einheit
A	Fläche	m^2
C	Kapazität	$As\ V^{-1} \equiv F$
C_S	Sperrschichtkapazität	$As\ V^{-1} \equiv F$
c	Curie-Konstante	K
E	elektrische Feldstärke	$V\ m^{-1}$
E_A	Aktivierungsenergie der Akzeptoren	eV
e	elektrische Elementarladung $(1,6 \cdot 10^{-19}\ As)$	As
f	Frequenz	s^{-1}
I	elektrische Stromstärke	A
k	Boltzmann-Konstante $(8,6 \cdot 10^{-5}\ eV\ K^{-1})$	$eV\ K^{-1}$
N_A	Anzahl der Akzeptoren	1
N_A'	Anzahl der negativ geladenen Akzeptoren	1
N_C	Zustandsdichte im Leitungsband	m^{-3}
n	Konzentration der Leitungselektronen	m^{-3}
n_D	Konzentration der Donatoren	m^{-3}
n_V	Konzentration der Bariumleerstellen	m^{-3}
P	elektrische Leistung	$VA \equiv W$

Größe	Bedeutung	Einheit
R	elektrischer Widerstand	$V\,A^{-1} \equiv \Omega$
R_S	Sperrschichtwiderstand	Ω
R_{max}	Maximalwiderstand	Ω
R_{min}	Minimalwiderstand	Ω
R_V	Volumenwiderstand	Ω
s	Dicke der Raumladungsschicht	m
T	Temperatur	K
t	Zeit	s
U	elektrische Spannung	V
W	Wärmewiderstand	$K\,V^{-1}\,A^{-1}$
Z	Scheinwiderstand	$V\,A^{-1}$
α_R	Temperaturkoeffizient des elektrischen Widerstands	K^{-1}
ε_r	Permittivitätszahl	1
ε_0	elektrische Feldkonstante $(8,86 \cdot 10^{-12}\ As\,V^{-1}\,m^{-1})$	$As\,V^{-1}\,m^{-1}$
ϑ	Temperatur	$^\circ C$
ϑ_B	Bezugstemperatur	$^\circ C$
ϑ_C	Curie-Temperatur	$^\circ C$
ϑ_K	Kaltleitertemperatur	$^\circ C$
ϑ_U	Umgebungstemperatur	$^\circ C$
μ_n	Beweglichkeit der Leitungselektronen	$m^2\,V^{-1}\,s^{-1}$
ρ	Raumladungsdichte	$As\,m^{-3}$
σ	elektrische Leitfähigkeit	$A\,V^{-1}\,m^{-1}$
φ	elektrostatisches Potential	V
φ_0	Potentialschwelle an den Korngrenzen	V
ω	Kreisfrequenz $(\omega = 2\pi f)$	s^{-1}

5 Varistoren

5.0 Einleitung

Varistoren sind elektrische Widerstände, die durch eine starke Spannungsabhängigkeit gekennzeichnet sind. Die Bezeichnung "Varistor" wurde aus den englischen Begriffen variable resistor gebildet. Eine gleichbedeutende Bezeichnung ist "VDR", die Abkürzung für engl. voltage dependent resistor. Varistoreigenschaften besitzen zunächst alle Halbleiterdioden, zu denen auch die früher als Varistoren verwendeten Kupferoxydul- und Selengleichrichter gezählt werden. Hier sollen jedoch nur die beiden in der heutigen Technik gebräuchlichsten Varistorbauelemente mit zentralsymmetrischer U-I-Kennlinie behandelt werden, der SiC-Varistor und der ZnO-Varistor. Es sind dies Formkörper aus polykristallinen Halbleitermaterialien, bei denen die einzelnen Körner untereinander in elektrischem Kontakt liegen. Die nichtlineare Leitfähigkeit beruht auf Potentialbarrieren im Bereich der Korngrenzen. Unterhalb einer kritischen Feldstärke bleibt die Leitfähigkeit gering, oberhalb nimmt sie überproportional zu.

Der wesentliche Vorteil gegenüber monolithischen Halbleiterdioden liegt in der hohen elektrischen Belastbarkeit des polykristallinen Gefüges. Während bei Einkristalldioden der pn-Übergang durch energiereiche Spannungsspitzen leicht zerstört wird, verteilt sich die Belastung bei polykristallinen Varistoren auf eine Vielzahl von mikroskopisch kleinen Energieabsorbern. Ihre hauptsächliche Anwendung liegt beim Überspannungsschutz. Daneben können Varistoren auch zur Spannungsregelung eingesetzt werden.

Der Anwendungsbereich umfaßt alle Gebiete der Elektrotechnik. Wegen der relativ einfachen Formbarkeit keramischer Körper können Keramikvaristoren an vielfältige Aufgaben angepaßt werden. Zinkoxidvaristoren (ZnO) haben wachsende Bedeutung im Bereich der Halbleiterelektronik, wo empfindliche Schaltkreise durch ein hochwirksames Bauelement geschützt werden müssen. ZnO-Scheibchen mit einer Fläche von 1 cm^2 vertragen kurzzeitige Stromstöße von einigen Kiloampere und begrenzen die Überspannung auf Werte, die nur knapp über der Betriebsspannung liegen.

Nichtlineare Siliziumkarbid-(SiC)-Widerstände werden vorwiegend in der Hochspannungstechnik eingesetzt. Kombiniert mit Funkenstrecken ergeben sie sogenannte Ableiter, welche Stromversorgungsnetze vor Überspannungen infolge Blitzschlag oder Schalteinwirkungen schützen. Dabei müssen sie Stromstößen bis zu 100 kA während Zeiten der Größenordnung 10 μs bei Spannungen von mehreren hundert Kilovolt standhalten.

5.1 Varistor-Grundmaterialien

5.1.1 Siliziumkarbid

Das Grundmaterial für SiC-Varistoren ist technisches Siliziumkarbid, das in Elektroöfen bei Temperaturen über 2000 $^\circ$C durch Reduktion von Quarzsand mittels Kohle gewonnen wird gemäß der Reaktionsgleichung

$$SiO_2 + 3C \rightarrow SiC + 2CO\uparrow - 526 \text{ kJ}.$$

Die Reaktion ist stark endotherm, je Kilogramm SiC werden rund 10 kWh benötigt. Dabei wachsen SiC-Kristallite in sogenannten Drusen, welche anschließend zerkleinert werden. Die so erhaltenen SiC-Splitter werden chemisch gereinigt und nach Korngrößen im Bereich zwischen 50 und 200 μm ausgesiebt.

Siliziumkarbid ist ein Halbleiter, der in polymorphen Formen kristallisiert, z.B. in der hexagonalen α-SiC-Hochtemperaturmodifikation oder im kubischen Zinkblendegitter (β-Typ). Das großtechnisch her-

gestellte SiC besteht aus einem Gemisch beider Typen, wobei polyty-
pe hexagonale Formen stark überwiegen [5.0].

Aus der Kenntnis der Kristallsymmetrie kann das Bändermodell berechnet werden. Kobayasi [5.1] erhielt für kubisches SiC, dessen
Bändermodell dem von Silizium stark ähnelt, einen indirekten Bandabstand von E_g = 2,2 eV. Experimentelle Werte von Choyke [5.2]
stimmen hiermit überein. Berechnungen des Bandabstands für hexagonale Formen stammen von Junginger und van Haeringen [5.3].
Hiernach hat der Bandabstand für die technisch wichtigste Form 6H
den Wert 2,45 eV. Demnach ist undotiertes SiC nichtleitend. Dotierungsstoffe mit Elementen der Gruppe V (N, P, As, Sb, Bi) erzeugen n-leitendes SiC, das je nach Dotierungskonzentration gelb bis
grün gefärbt ist. Elemente der II. Gruppe (z.B. Ca, Mg) und der
III. Gruppe (z.B. B, Al, Ga, In) bewirken p-Leitung und blaue
bis schwarze Färbung.

Für Varistorbauelemente findet meist p-Typ-SiC Verwendung. Bestimmte Korngrößenfraktionen werden mit einem Bindemittel versetzt und zu Formkörpern, meist zylindrischen Scheiben, verpreßt.
Anschließend folgt ein Brennprozeß, der den Binder verfestigt. Der
Binder hat die Aufgabe, die SiC-Kristallite in Kontakt zueinander zu
halten und dem Gebilde mechanische Festigkeit zu verleihen. Er besteht aus porzellanartigen Massen oder Wasserglas. Die SiC-Kristallite verändern beim Brennen ihre geometrische Form nicht. Es

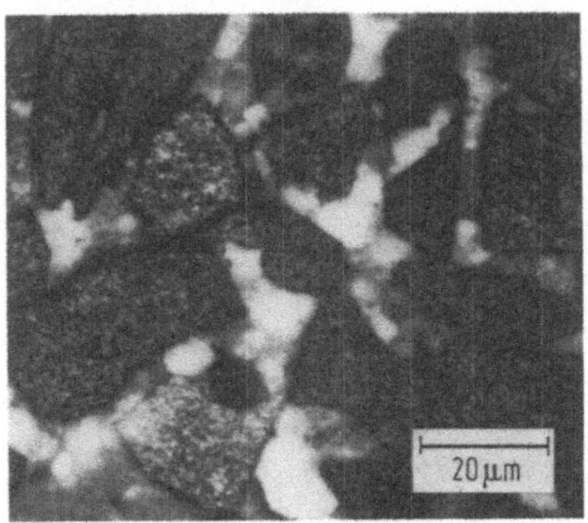

Bild 5.1. Schliffbild eines SiC-Varistors

handelt sich also nicht um einen Sinterprozeß im eigentlichen Sinne,
bei dem ein Materialtransport von SiC-Korn zu SiC-Korn und damit
eine Neuordnung des polykristallinen Gefüges zu erwarten wäre. Die
Zahl der SiC-Einzelkontakte und damit die elektrischen Eigenschaften
sind durch die Kornfraktion und weitere Parameter wie Bindergehalt
und Preßdruck vorbestimmt. Sie streut zunächst erheblich. Durch
Formierstromstöße werden unsichere Kontaktstellen stabilisiert und
dort neue Kontaktstellen geschaffen, wo sehr dünne Binderschichten
zwischen den miteinander verbackenen SiC-Kristalliten eingelagert
sind. Bild 5.1 zeigt ein Schliffbild eines SiC-Varistors.

5.1.2 Zinkoxid

Zinkoxid ist ein Halbleiter aus der Verbindungsgruppe II-VI. Es kristallisiert im Wurtzitgitter. Der Bandabstand beträgt bei Raumtemperatur 3,2 eV. Trotz des hohen Bandabstands ist ZnO wegen einer
Nichtstöchiometrie in Richtung Sauerstoffdefizit stets n-leitend.

ZnO-Varistoren, auch Metalloxidvaristoren genannt, bestehen im
Gegensatz zum SiC-Varistor aus echter Sinterkeramik. Zu ihrer Herstellung wird ZnO-Pulver mit einer Körnung im Submikrometerbe-
reich und eine Anzahl weiterer Metalloxide miteinander vermischt.
Zusätze sind z.B. Oxide von Wismut, Kobalt, Mangan, Antimon
und Chrom, deren Funktion einerseits in der Steuerung des Sinterprozesses und andererseits in der Beeinflussung der nichtlinearen
elektrischen Leitfähigkeit besteht. Nach Herstellung eines preßfähi-
gen Granulats und Ausformung bei einem spezifischen Druck von
$5000 \ kN/cm^2$ folgt ein mehrere Stunden dauernder Brennprozeß bei
Temperaturen zwischen 1200 und 1300 °C.

Dabei findet unter Mitwirkung reaktiver Schmelzphasen ein Materialtransport von ZnO-Körnern hoher Oberflächenenergie zu Körnern
geringerer Oberflächenenergie statt. Größere Kristallite wachsen
auf Kosten kleiner Kristallite, diese werden sozusagen "aufgefres-
sen". Die Formkörper verdichten sich beim Sinterprozeß, gegenüber dem Ausgangszustand entsteht eine völlig neue polykristalline
Gefügeordnung.

Bild 5.2 zeigt ein Schliffbild einer ZnO-Varistorkeramik. Die Größe
der entstehenden ZnO-Kristallite hängt von der Konzentration der

Wachstumskeime bei Sinterbeginn sowie von der Sintertemperatur
und -dauer ab. Sie wirkt sich umgekehrt proportional auf die Kenngröße "Ansprechspannung" aus, da über die Korngröße die Zahl der
pro Längeneinheit in Serie liegenden ZnO-Kontakte bestimmt wird.
Ist das gewünschte Gefüge erreicht, so läßt man die Ofentempera-
tur mit definiertem Temperatur-Zeit-Profil auf Raumtemperatur
absinken. Dabei entstehen an den ZnO-Korngrenzen dünne, isolierende Zonen, die den Varistoreffekt bewirken.

Bild 5.2. Schliffbild einer ZnO-Varistorkeramik, leicht angeätzt

Jedes untereinander in Kontakt stehende Kornpaar bildet einen sogenannten "Mikrovaristor". Die Keramik stellt ein kompliziertes Netzwerk aus parallel und seriell geschalteten Mikrovaristoren dar.

5.2 Kenngrößen und Eigenschaften von Varistoren

5.2.1 Kenngrößen

Bild 5.3 zeigt eine schematische Strom-Spannungs-Kennlinie eines
Varistors. Sie ist punktsymmetrisch zum Koordinatenursprung. Der
elektrische Widerstand im Arbeitspunkt K ist gegeben durch $R_K = U_K/I_K$. Der differentielle Widerstand ist $R_d = dU/dI$. Das Verhältnis $R_K/R_d = U_K/I_K \cdot dI/dU = \alpha$ heißt Nichtlinearitätskoeffizient des
Widerstands. Er soll für die meisten Anwendungsfälle möglichst
hoch sein.

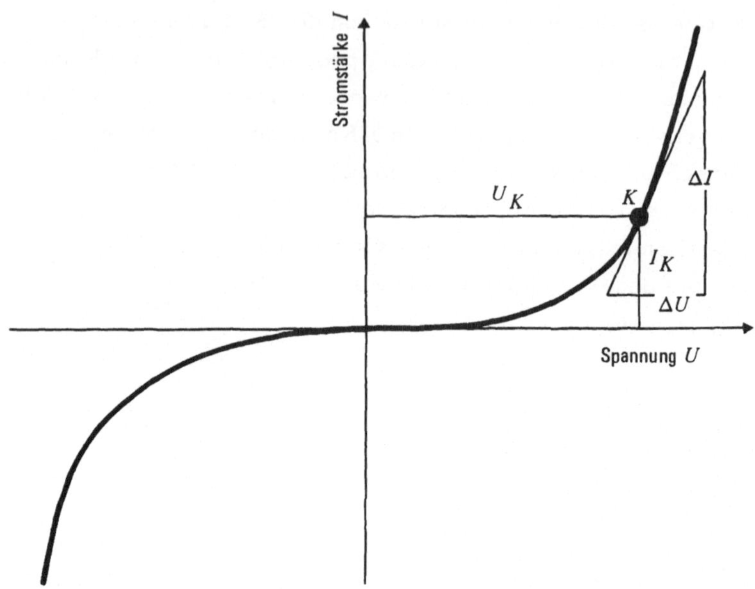

Bild 5.3. Schematische I-U-Kennlinie

Nimmt man an, daß α unabhängig vom Arbeitspunkt ist, so folgt aus

$$\alpha = \frac{dI}{dU}\,\frac{U}{I},$$

$$\int \frac{dI}{I} = \alpha \int \frac{dU}{U},$$

$$\ln \frac{I}{I_0} = \alpha \ln \frac{U}{U_0},$$

$$\frac{I}{I_0} = \left(\frac{U}{U_0}\right)^{\alpha}. \tag{5.1}$$

I_0 ist eine beliebige Bezugsstromstärke, U_0 ist die Spannung, die beim Strom I_0 anliegt.

Der Koeffizient der Nichtlinearität α kann bestimmt werden durch zwei benachbarte Kennlinienpunkte 1 und 2:

$$\alpha = \frac{\ln(I_2/I_1)}{\ln(U_2/U_1)} = \frac{\ln(I_2/I_0) - \ln(I_1/I_0)}{\ln(U_2/U_0) - \ln(U_1/U_0)}.$$

Bild 5.4 stellt theoretische Strom-Spannungs-Kennlinien dar, die
der Gl. (5.1) mit verschiedenen Werten von α genügen. I_0 ist hier
gleich 1A gewählt.

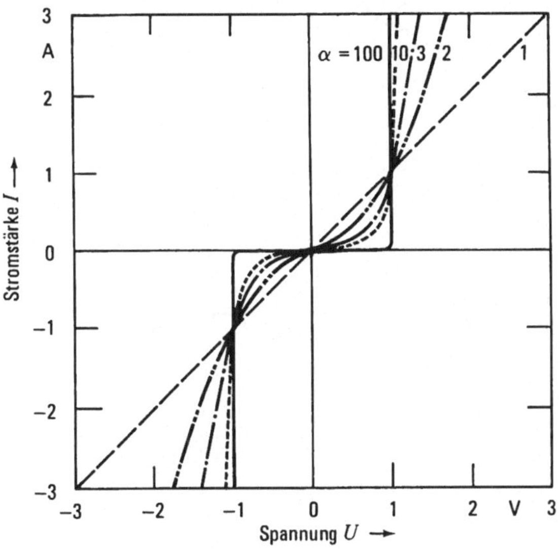

Bild 5.4. Theoretische I-U-Abhängigkeit bei verschiedenen α-Werten

Mit steigendem α bildet sich in der linearen Darstellung ein zunehmend scharfer Kennlinienknick aus, bei dem relativ zur Stromskala
ein merklicher Stromzuwachs einsetzt. Diese "Knick"- oder "Ansprechspannung" hängt jedoch vom I-Achsenmaßstab ab, wie Bild 5.5
zeigt. In Bild 5.5a ist in doppellogarithmischer Darstellung eine
U-I-Kennlinie mit konstantem α gezeigt, die sich als Gerade abbil-
det. In Bild 5.5b ist dieselbe Kennlinie in linearer Darstellung für
zwei unterschiedliche Strommaßstäbe dargestellt. Es zeigt sich, daß
die Ansprechspannung für die Ampere-Skala bei 240 V, für die Kilo-
ampere-Skala bei 275 V liegt. Im strengen Sinne kann also keine
Ansprechspannung definiert werden, denn der Spannungsanstieg in
einem varistorgeschützten Stromkreis hängt vom Strom ab, der über
den Varistor fließt. Dessen Wert wird aber von der Höhe der Überspannung und dem Innenwiderstand des Kreises bestimmt.

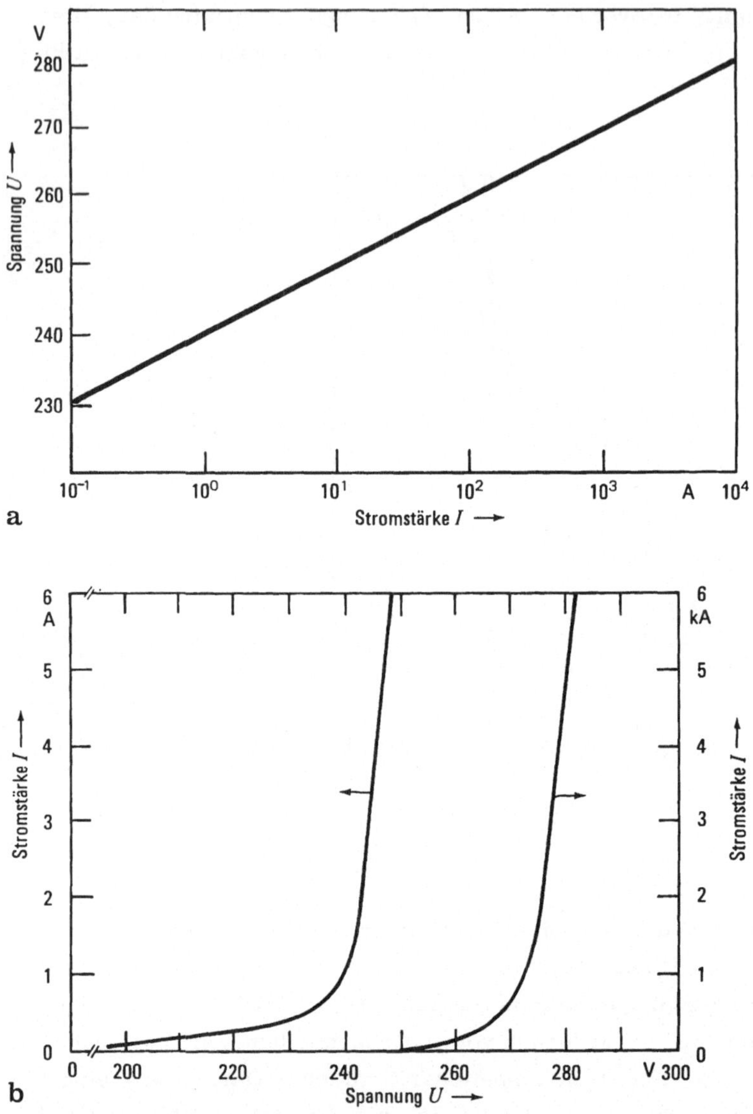

Bild 5.5. a) Doppellogarithmische Darstellung einer U-I-Kurve mit konstantem Koeffizienten α der Nichtlinearität; b) lineare U-I-Darstellung von Teilbild a) mit verschiedenem Stromstärkemaßstab

Zur Kennzeichnung von Bauelementen hat man vereinbart, eine "Varistorspannung" zu benennen. Dies ist die Spannung, bei der über den Varistor ein bestimmter Strom fließt, z.B. 1 mA.

U-I-Kennlinien von Varistoren ändern sich mit der Temperatur. Der
Temperaturkoeffizient wird entweder für konstante Spannung oder
konstanten Strom angegeben:

$$Tk_U = \frac{\partial U}{\partial T}\,\frac{1}{U} \qquad (I = const),$$

$$Tk_I = \frac{\partial I}{\partial T}\,\frac{1}{I} \qquad (U = const).$$

5.2.2 Eigenschaften

Die wesentliche Eigenschaft eines Varistors ist sein nichtlinearer,
spannungsabhängiger Widerstand. Bild 5.6 stellt den Vergleich zweier Varistoren aus SiC und ZnO dar, zusätzlich ist ein ohmscher Widerstand ($\alpha = 1$) eingezeichnet. Zunächst zeigt sich, daß bei realen
Varistoren $\alpha \neq const$ ist. Bei ZnO-Varistoren ist ein Leckstrombe-
reich erkennbar, in dem der Koeffizient der Nichtlinearität, auch
"Steilheit" genannt, kontinuierlich zunimmt und schließlich in einen
Kennlinienbereich mit hoher Steilheit übergeht. In diesem Bereich,

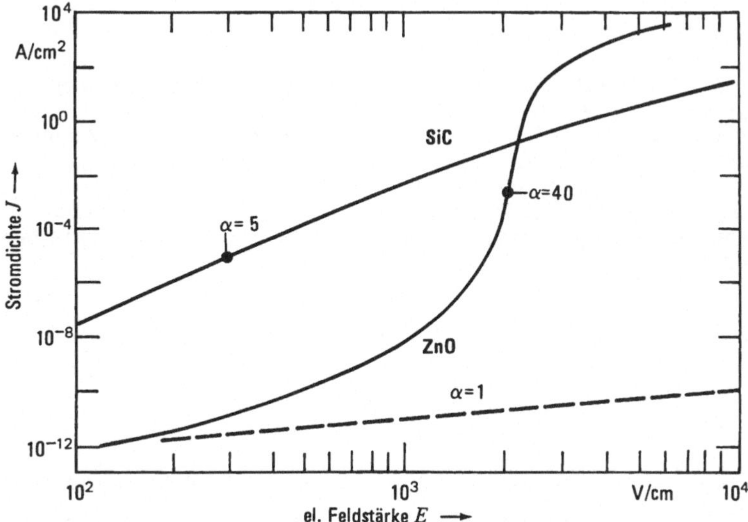

Bild 5.6. Vergleich der J-E-Kennlinien eines SiC-Varistorbauele-
ments, eines ZnO-Bauelements und eines ohmschen Widerstands
($\alpha = 1$)

der etwa 10 Stromdichtedekaden überdeckt, ist der ZnO-Varistor
dem SiC-Varistor weit überlegen. ZnO-Varistoren erreichen derzeit
maximale α-Werte von 70, während die Steilheit bei SiC-Varistoren
auf $\alpha \leqslant 7$ begrenzt bleibt. Aus diesem Grund gewinnt der ZnO-Varistor gegenüber seinem Vorläufer mehr und mehr an Bedeutung. Seine hervorragende Schutzwirkung ist in Bild 5.7 demonstriert [5.16].

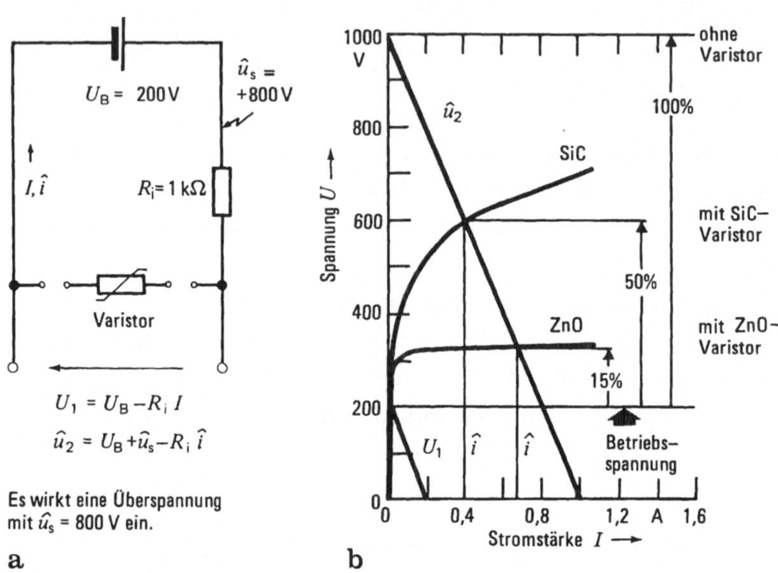

Bild 5.7. a) Schaltbild aus Spannungsquelle U_B mit Innenwiderstand
R_i und Varistor. Es wirkt eine Überspannung mit Scheitelwert
$\hat{u}_s = 800\,V$ ein; b) lineare Darstellung der Spannungs-Strom-Abhängigkeit mit SiC- bzw. ZnO-Varistor bei Betrieb nach Schaltbild a). Die
Geraden U_1 und $\hat{u}_2$ sind Lastkurven zwischen Leerlauf und Kurzschluß. Die Schnittpunkte mit den Kennlinien SiC und ZnO ergeben
die sogenannten Restspannungen, auf welche die Spannung jeweils begrenzt wird

Das Schaltbild 5.7a ist zunächst ohne Varistor zu denken. Die Gleichspannungsquelle U_B besitzt einen Innenwiderstand $R_I = 1\,k\Omega$. Die
Klemmenspannung U_1 ergibt sich aus

$$U_1 = U_B - R_i \cdot I = 200\ V - 1000\ \Omega \cdot I.$$

Bild 5.7b zeigt die Lastkurve. Der Kurzschlußstrom ist 0,2 A, die Leerlaufspannung 200 V. Wird nun im Leerlauf eine Überspannung $\hat{u}_s$ (z.B. 800 V) eingekoppelt, so addieren sich beide Werte zu

$$\hat{u}_2 = U_B + \hat{u}_s = 200\ V + 800\ V = 1000\ V.$$

Eine Variation des Lastwiderstands von unendlich bis null ergibt eine Überspannung an den Klemmen von

$$\hat{u}_2 = U_B + \hat{u}_S - R_i \cdot \hat{\imath} = 200\ V + 800\ V - 1000\ \Omega \cdot \hat{\imath}.$$

Diese Lastkurve ist in Bild 5.7b ebenfalls eingezeichnet. Wird nun als Überspannungsschutz ein SiC-Varistor mit $\alpha \approx 5$ eingesetzt, so steigt die Überspannung nur mehr bis zum Schnittpunkt mit der SiC-Kennlinie bei 600 V. Dies sind 50% des ursprünglichen Überspannungswerts. Die am Varistor anliegende Spannung nennt man Restspannung.

Wird jedoch anstelle des SiC-Bauelements ein ZnO-Varistor mit $\alpha \approx 40$ eingesetzt, so ergibt der Schnittpunkt mit der Lastkurve eine Restspannung von 320 V. Sie enthält nur noch 15% der ursprünglichen Überspannung.

Der lineare Maßstab von Bild 5.7 läßt nur die Darstellung eines kleinen Strom-Spannungsbereichs zu. Bild 5.8 dagegen zeigt in doppellogarithmischer Darstellung ein ähnliches Beispiel mit $R_i = 10\ \Omega$ und einer Überspannung von 9,8 kV. Die Varistorkennlinien bilden sich als Geraden ab, die Lastkurven sind gekrümmt. Während der SiC-Varistor die Überspannung auf 25% begrenzt und mit 2,7 kV eine gefährliche Restspannung zuläßt, bleibt beim Beschalten mit ZnO-Varistor die Restspannung auf 480 V begrenzt, das sind 3% der ursprünglichen Überspannung.

Der Temperaturkoeffizient Tk_U beträgt im steilen Kennlinienbereich

$$\text{bei SiC-Varistoren} \qquad Tk_U \leq -0,1\ \%/K,$$
$$\text{bei ZnO-Varistoren} \qquad Tk_U \leq -0,02\%/K,$$

Das negative Vorzeichen besagt, daß die am Bauelement anliegende Spannung bei Temperaturerhöhung absinkt. Bei der Schaltungsdimensionierung ist ein Sicherheitsabstand zwischen Varistorspannung und dauernd anliegender Betriebsspannung einzuhalten. Hier ist auch noch die Zunahme des temperaturabhängigen Leckstroms zu beachten.

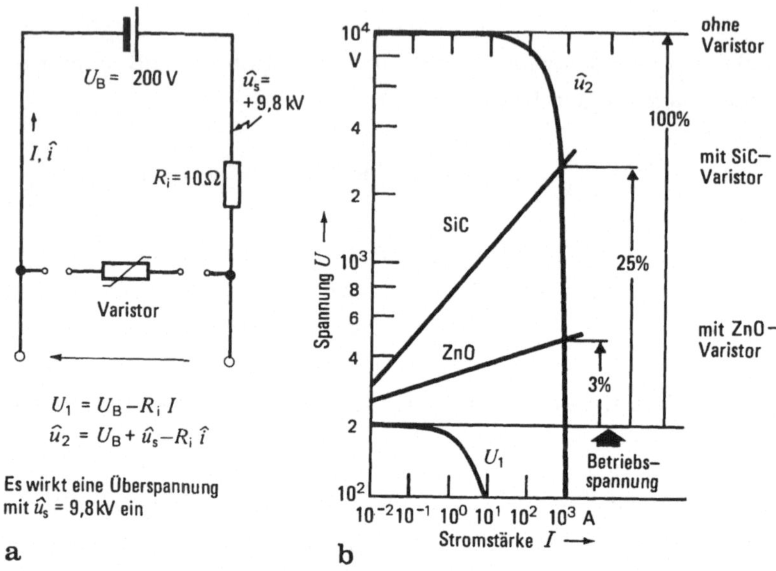

Bild 5.8. a) Schaltbild aus Spannungsquelle U_B mit Innenwiderstand R_i und Varistor. Es wirkt eine Überspannung mit $\hat{u}_s$ = 9800 V ein; b) doppellogarithmische Darstellung der Spannungs-Strom-Abhängigkeit mit SiC- bzw. ZnO-Varistor bei Betrieb nach Schaltbild a). Die U-I-Kennlinien bilden sich hier als Geraden ab (α ist im angegebenen Bereich konstant). Die Lastkurven sind gekrümmt, die Restspannungen sind an den Schnittpunkten ablesbar

5.3 Leitfähigkeitsmechanismen

5.3.1 SiC-Varistor

Die elektrische Leitfähigkeit eines Preßkörpers aus Kristalliten, die sich untereinander berühren, ist durch die Gesamtfläche der Berührungsstellen bestimmt. Infolge der geringen Packungsdichte der SiC-Körner (Abschn. 5.2.1) ist zu erwarten, daß sich die Stromlinien an den relativ zum Korndurchmesser kleinen Berührungsflächen zusammendrängen und dort der wesentliche Spannungsabfall stattfindet. Ei-

ne Nichtlinearität ist hieraus jedoch noch nicht ableitbar. Es wurden
verschiedene Deutungsansätze veröffentlicht, von denen zunächst das
Deckschichtmodell von Busch [5.4] zu nennen ist. Hiernach überzie-
hen sich die SiC-Kristallite während des Herstellungsprozesses (beim
Zerbrechen der Drusen) mit einer SiO- oder SiO_2-Deckschicht, die
bei geringen Feldstärken als hochohmige Barriere wirkt und bei hohen Feldstärken durch Tunneleffekt überwunden wird.

Die spontane Ausbildung einer Fremdschicht ist jedoch unwahrschein-
lich, da SiC chemisch sehr träge reagiert. Zudem konnte Hagen
[5.5] zeigen, daß auch im Ultrahochvakuum gebrochene Kristallite
die charakteristische Nichtlinearität besitzen.

Ein Modell von Heywang [5.6] vermeidet diese Diskrepanz. Hier spielen Oberflächenzustände an den Korngrenzen die entscheidende Rolle.
An der Oberfläche eines Halbleiters können durch Bindung von Fremd-
atomen aus dem umgebenden Medium Oberflächendonatoren oder -ak-
zeptoren gebildet werden. Hier sei auf den Band 3 dieser Buchreihe
verwiesen.

Bei Oberflächendonatoren in p-leitendem SiC mit definiertem energetischen Abstand vom Fermi-Niveau an der Oberfläche ist die Konzentration ionisierter Störstellen (Fermi-Statistik):

$$n_{\dot{O}} = n_O \left(1 - \frac{1}{1 + \exp\left(\dfrac{E_O - E_{FO}}{kT}\right)} \right). \qquad (5.2)$$

n_O Flächendichte der Oberflächendonatoren, $n_{\dot{O}}$ Flächendichte ionisierter Oberflächendonatoren, $E_O - E_{FO}$ Abstand der Oberflächendonatoren vom Fermi-Niveau E_{FO} an der Oberfläche.

Geht man nicht von monoenergetischen Donatortermen aus, sondern
beispielsweise von einer gleichmäßigen Verteilung über die verbotene
Zone, so läßt sich die Besetzungsdichte berechnen aus

$$n_{O}^{'} = \int_{E_V}^{E_C} \frac{n_O}{E_C - E_V} \; \frac{dE}{1 + \exp\left(-\dfrac{E - E_{FO}}{kT}\right)} \, , \qquad (5.3)$$

$$n_{O}^{'} = n_O \left[1 + \frac{kT}{E_C - E_V} \; \ln \frac{1 + \exp\left(-\dfrac{E_C - E_{FO}}{kT}\right)}{1 + \exp\left(-\dfrac{E_V - E_{FO}}{kT}\right)} \right] . \qquad (5.4)$$

Die in den Oberflächentermen lokalisierte Ladung führt zu einer Verarmung der gleichsinnig geladenen frei beweglichen Ladungsträger in der näheren Umgebung, hier also zu einer Absenkung der Löcherkonzentration. Der Verlauf der potentiellen Energie in der Verarmungszone läßt sich mit Hilfe der Poisson-Gleichung berechnen.

Im eindimensionalen Fall gilt:

$$\frac{\partial^2 \Phi}{\partial x^2} = - \frac{\rho \, e}{\varepsilon_r \, \varepsilon_0} = - \frac{(n_A^{'} + p(x)) e^2}{\varepsilon_r \, \varepsilon_0} \, , \qquad (5.5)$$

($n_A^{'}$ Akzeptorkonzentration, vollständig ionisiert).

Die Raumladung in der Verarmungszone wird von den ortsfesten Akzeptoren und den beweglichen Defektelektronen gebildet. Die Defektelektronendichte ist aber für den wesentlichen Teil der ausgeräumten Zone vernachlässigbar, so daß sich Gl. (5.5) vereinfacht zu

$$\frac{\partial^2 \Phi}{\partial x^2} = - \frac{n_A^{'} \, e^2}{\varepsilon_r \, \varepsilon_0} \, . \qquad (5.6)$$

Eine erste Integration liefert die elektrische Feldstärke, welche ihr Maximum an der Oberfläche hat und im Korninneren bei $x = b$ verschwindet:

$$E(x) = - \frac{d\Phi}{e \, dx} = - \frac{e}{\varepsilon_r \, \varepsilon_0} \; n_A^{'} (x - b) \, . \qquad (5.7)$$

Den Verlauf der potentiellen Energie erhält man nach nochmaliger Integration mit der Randbedingung $\Phi = 0$ bei $x = b$:

$$\Phi(x) = \frac{e^2}{2\,\varepsilon_r\,\varepsilon_0}\, n_A'\, (x - b)^2 . \tag{5.8}$$

Die in den Oberflächentermen gespeicherte Ladungs-Flächendichte muß im Gleichgewicht zur Gesamtladung in der Verarmungszone sein

$$e\, n_O^{\cdot} = e \int_0^b n_A'(x)\,dx . \tag{5.9}$$

Mit $n_A'(x) = $ const folgt $n_O^{\cdot} = n_A'\, b$ und für die Breite der Randschicht

$$b = \frac{n_O^{\cdot}}{n_A'} . \tag{5.10}$$

An der Oberfläche bei $x = 0$ gilt $\Phi = \Phi_0$, so daß sich mit Gl. (5.8) schreiben läßt

$$\Phi_0 = \frac{e^2}{2\,\varepsilon_r\,\varepsilon_0}\, \frac{n_O^{\cdot\,2}}{n_A'} . \tag{5.11}$$

Hiermit kann man die Breite der Randschicht auch ausdrücken in

$$b = \frac{2\,\Phi_0\,\varepsilon_r\,\varepsilon_0}{e^2\, n_O^{\cdot}} = \left(\frac{2\,\Phi_0\,\varepsilon_r\,\varepsilon_0}{e^2\, n_A'} \right)^{1/2} . \tag{5.12}$$

Mit Meßwerten für schwarzes SiC $\varepsilon_r = 7$, $n_A' = 3 \cdot 10^{19}$ cm^{-3}, $\Phi_0 = 2$ eV ergibt sich eine Breite der Randschicht von $b \approx 6$ nm bei einer Oberflächenladungsdichte von $\approx 2 \cdot 10^{13}$ cm^{-2}.

Die Breite des gesamten, aus zwei symmetrischen Randschichten $\pm\, b$ gebildeten Potentialwalles ist $B = 2b$.

Legt man eine elektrische Spannung an den SiC-SiC-Kontakt, so werden die beweglichen Löcher im positiv gepolten Korn in Richtung der Korngrenze gedrängt. Die Breite der Verarmungszone nimmt in diesem Korn ab. Im negativ gepolten Korn nimmt sie dagegen zu. Bild

5.9 zeigt den Vorgang schematisch. Aus der räumlichen Verschiebung der Raumladung resultiert eine Asymmetrie der elektrischen Feldstärke, aus der sich wiederum ein Abbau der potentiellen Energie der Barriere für Löcher, vom Valenzbandrand des positiv gepolten Korns aus gesehen, ableiten läßt. Deshalb können thermisch angeregte Löcher die Barriere leichter überwinden als im spannungslo-

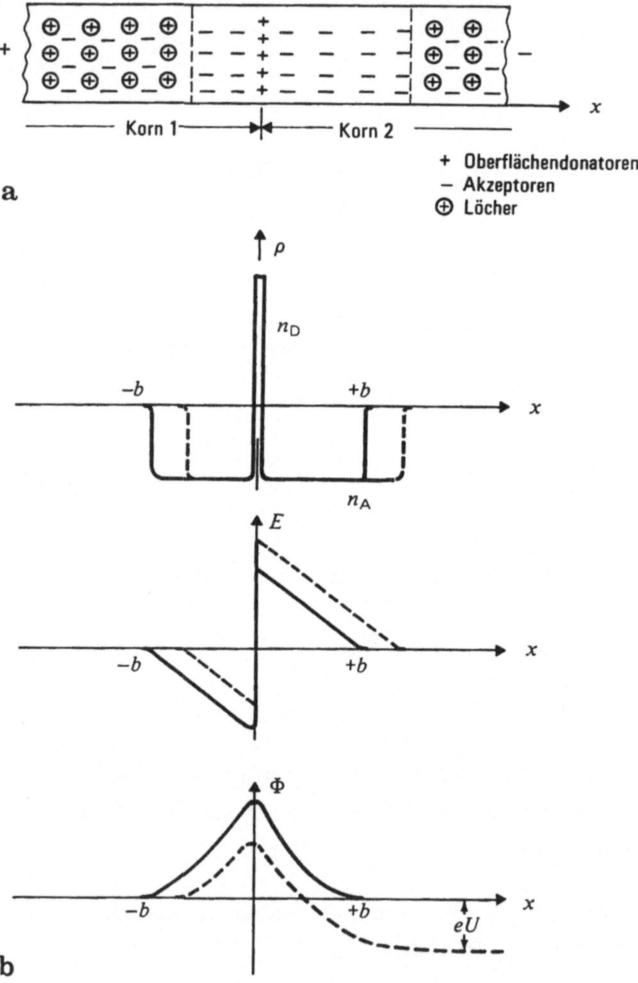

Bild 5.9. a) p-Typ-SiC-SiC-Kontakt bei angelegter Spannung; b) schematischer Verlauf der Raumladung ρ, Feldstärke E und potentiellen Löcherenergie Φ an einem p-Typ-SiC-SiC-Kontakt mit Oberflächendonatoren. ——— : ohne angelegte Spannung; - - - - : mit angelegter Gleichspannung, Minuspol rechts

sen Zustand. Zusätzlich nimmt bei angelegter Spannung die Breite
der Raumladungszone bei der Energie des Bandrandes und bei höheren Defektelektron-Energien ab. Damit erhöht sich die Wahrscheinlichkeit, daß Ladungsträger den Potentialwall per Tunneleffekt durch-
dringen können.

Letzteres stellt sich als wesentliche Ursache für die nichtlineare
Leitfähigkeit heraus. Zur Berechnung der Strom-Spannungsabhängigkeit
bestimmt man die Tunnelströme, die in beiden Richtungen die Barriere durchlaufen. Die Differenz beider Anteile ergibt die resultie-
rende Tunnelstromdichte

$$J_T = \vec{J}_T - \overleftarrow{J}_T. \tag{5.13}$$

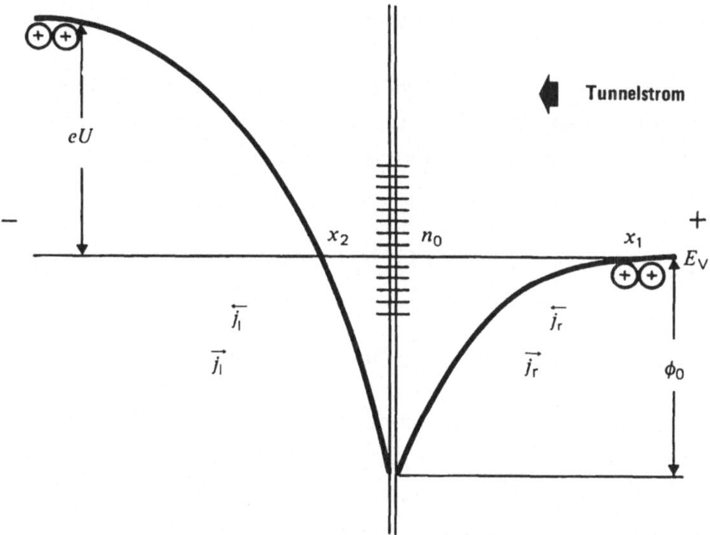

Bild 5.10. Valenzbandrand eines SiC-SiC-Kontakts. $\vec{j}_l$ und $\vec{j}_r$ nach
rechts laufende Tunnelteilströme im linken und im rechten Korn,
$\overleftarrow{j}_l$ und $\overleftarrow{j}_r$ linksgerichtete Teilströme im linken und rechten Korn. n_0
Dichte der Oberflächenterme, die als "Trittsteine" für die Ladungs-
träger dienen. Die Valenzbandzustände liegen unterhalb des Bandrandes. Φ_0 ist die potentielle Energie an der Korngrenze. Die potentielle Löcherenergie nimmt nach unten zu. x_1 und x_2 sind die klassischen Umkehrpunkte eines Ladungsträgers, der bei der Energie E_V
in die Barriere einläuft

Dabei teilt man den Tunnelweg in zwei Teilabschnitte auf, jeweils vom
Bandrand zu den Oberflächentermen und von dort zum gegenüberliegenden Band. Die Oberflächenterme werden von den Ladungsträgern
gewissermaßen als "Trittsteine" benutzt. In Bild 5.10 ist dies schematisch dargestellt.

Eine wichtige Größe ist die quantenmechanische Durchlässigkeit T der
Barriere. Sie ergibt sich nach einer von Wentzel, Kramers und
Brillouin angegebenen Näherung (WKB-Methode) [5.7] als Integral
über den Betrag des Wellenvektors im Tunnelbereich

$$T = \exp\left[- 2 \int_{x_1}^{x_2} |k(x)|\,dx\right] = \exp\left\{\frac{- 2 \sqrt{2m^*}}{\hbar} \int_{x_1}^{x_2} [\Phi(x) - E_k(x)]^{1/2}\,dx\right\}.$$

$$(5.14)$$

Die Integrationsgrenzen x_1 und x_2 sind die Umkehrpunkte eines an
der Potentialwand reflektierten klassischen Teilchens.

Neben der Durchlässigkeit der Barriere ist für die Tunnelstromdichte
die Konzentration der Ladungsträger im Ausgangszustand 1 sowie die
Konzentration freier Plätze im angestrebten Zustand 2 bestimmend

$$J_T^{1 \to 2} \sim \int^{\Phi} f_1(\Phi)N_1(\Phi)T\,\{1 - f_2(\Phi)\}N_2(\Phi)\,d\Phi. \qquad (5.15)$$

(f_1, f_2 Besetzungsfunktion; N_1, N_2 Zustandsdichte).

Zudem ist zu beachten, daß die Konzentration der positiv geladenen
Oberflächendonatoren abnimmt, die Zahl der "Trittsteine" also zunimmt, wenn das Löcher-Quasi-Fermi-Niveau beim Anheben des linken Bandrandes die Termverteilung n_O durchläuft.

Mit den genannten Voraussetzungen ergibt eine Rechnung, die in [5.6]
durchgeführt wurde, die Tunnelstromdichte in Relation zu angelegten
(hohen) Spannungen

$$J = J_0 \exp\left(\frac{- 4}{3\,e\hbar} \sqrt{\frac{\varepsilon\,\varepsilon_0\,m^*_p}{n'_A}}\,\frac{\Phi_0^{3/2}}{U^{1/2}}\right). \qquad (5.16)$$

Bild 5.11 zeigt gerechnete Kurven nach [5.6]. Sie erfüllen bereichsweise die empirische Varistorbeziehung $J \sim U^{\alpha}$. Mit $\Phi_0 = 2$ eV folgt $\alpha \approx 7$ in Übereinstimmung mit der Steilheit von Bauelementen aus SiC.

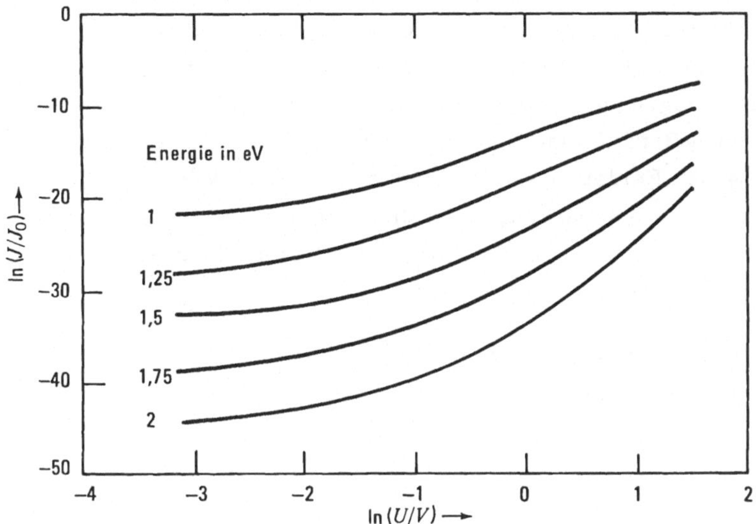

Bild 5.11. Berechnete J-U-Kennlinien nach dem Modell von Heywang. Nach [5.6]

5.3.2 ZnO-Varistor

Der Mechanismus der nichtlinearen Leitfähigkeit des Zinkoxidvaristors ist erst in seinen Grundzügen geklärt. Eine Reihe von Modellansätzen, welche im Laufe der Zeit seit seinem Bekanntwerden um 1970 gemacht wurden, kann die Varistoreigenschaft nur unvollkommen deuten. Die wesentliche Schwierigkeit liegt in der hohen Steilheit von $20 < \alpha < 70$. Ein erstes Modell von Matsuoka [5.8] beruht auf dem Mechanismus des raumladungsbeschränkten Stroms [5.9] in Fremdoxidschichten, die zwischen ZnO-Körnern eingelagert sind. Es läßt zwar derart hohe Werte der Nichtlinearität zu. Die Beteiligung von Fremdoxidschichten an der nichtlinearen Leitfähigkeit ist prinzipiell jedoch in Frage gestellt worden [5.10, 5.11].

Sodann wurden und werden derzeit Leitungsmechanismen diskutiert, die auf dem Tunneleffekt beruhen. Die geringe Temperaturabhängigkeit $\mathrm{Tk_U}$ und ihr Vorzeichen sind mit dem Tunnelmechanismus am besten konsistent. Es wurde aber gezeigt [5.12], daß der Tunneleffekt ohne Zusatzannahmen die hohe Steilheit nicht erklären kann.

Bild 5.12 [5.13] stellt berechnete J-U-Kennlinien eines ZnO-ZnO-Kontaktes im Vergleich zu einer gemessenen, auf ein Kornpaar bezogenen Bauelementkennlinie dar. Der Rechnung liegt eine ähnliche Verfahrensweise zugrunde, wie sie in Abschn. 5.3.1 skizziert wurde. Hier ist jedoch Band-Band-Tunneln vorausgesetzt. Infolge eines starken elektrischen Feldes von der Größenordnung 10^6 V/cm gelangen Elektronen aus Valenzbandzuständen ins Leitungsband. Dies ist der bekannte Zener-Effekt. Die WKB-Näherung liefert für die Tunnelstromdichte [5.14]

$$J_T = \frac{\sqrt{2m_n^*}\; e^3\; E\; U}{4\,\pi^2\,\hbar^2\, E_g^{1/2}} \exp\left(-\frac{4\sqrt{2m_n^*}\; E_g^{3/2}}{3\,e\,E\,\hbar}\right). \qquad (5.17)$$

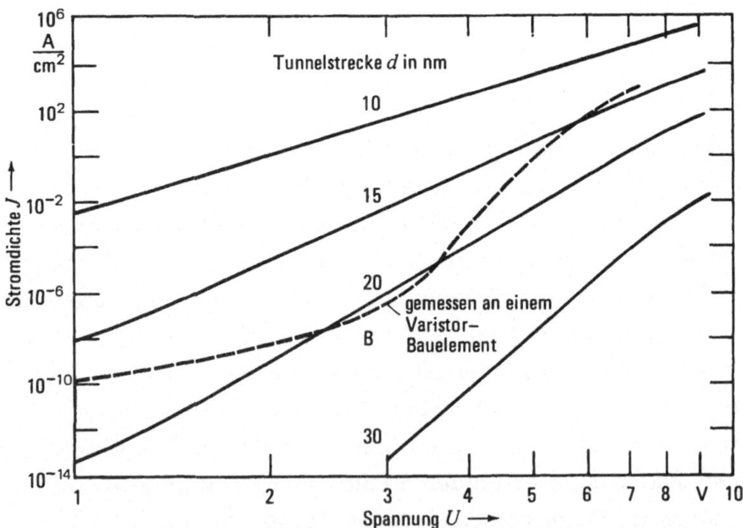

Bild 5.12. Berechnete J-U-Kennlinien gemäß Band-Band-Tunneleffekt im Vergleich zu einer gemessenen, auf ein Kornpaar reduzierten Bauelementkennlinie. Nach [5.13]

Die hiermit gerechneten Kurven erreichen die Steilheit α_{max} = 40 der
gemessenen Kurve nicht. Dieser und höhere Werte werden aber dann
erzielt, wenn ein kontinuierlicher Übergang von einer theoretischen
Kurve zur nächsten mit der Variation des Parameters Tunnelstrecke
zugelassen wird. Dies käme einer feldabhängigen Verkürzung der
Tunnelstrecke gleich.

Ein Mechanismus mit Verkürzung der Tunnelstrecke wird in [5.15]
diskutiert. Bild 5.13 zeigt eine Doppel-Schottky-Barriere mit einer
dünnen Zwischenschicht aus einem Fremdoxid. Die Ladungsträger tunneln vom Leitungsband des linken Korns über Zwischenschichtzustände
ins Leitungsband des rechten Korns. Dies ist zunächst der in Abschn.
5.3.1 skizzierte Mechanismus, mit dem nur eine relativ geringe
Steilheit erklärt werden kann. Ein beträchtlicher Steilheitsanstieg
wird wieder dadurch erzielt, daß sich die Tunnelstrecke feldabhängig
verringert. Dies kommt dadurch zustande, daß auf der rechten Seite
Löcher entstehen, wenn dort der Leitungsbandrand unter den Valenzbandrand des linken Korns abgesenkt wird. Der Potentialverlauf folgt
in diesem Bereich nicht mehr der in Abschn. 5.3.1 abgeleiteten pa-
rabolischen Form, sondern läuft spitzwinkeliger in den schraffierten
Bereich der Zwischenschichtzustände ein. Dadurch wird die Tunnelstrecke verkürzt.

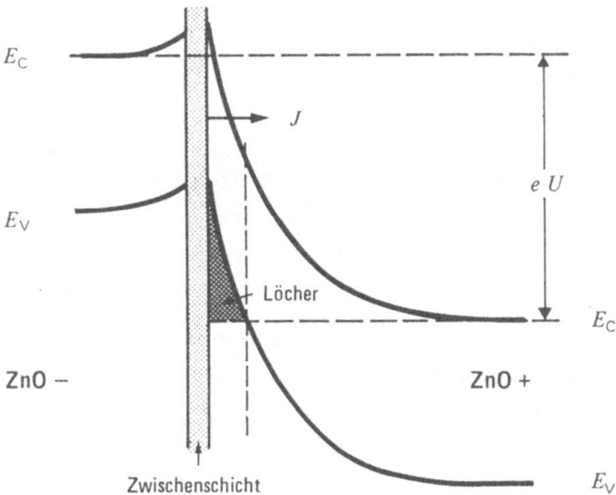

Bild 5.13. Modell einer Verkürzung der Tunnelstrecke durch Band-
verzerrung infolge feldabhängig induzierter Löcherkonzentration.
Nach [5.15]. Das rechte ZnO-Korn ist positiv gepolt. Die Tunnelstrom durchläuft die verkürzte Strecke auf der rechten Seite der
Zwischenschicht

Die Berechnung des Potentialverlaufs und der quantenmechanischen
Durchlässigkeit wird in der Literatur dargestellt, es müssen numerische Methoden zu Hilfe genommen werden [5.15]. Bild 5.14 [5.15]
zeigt berechnete U-J-Kennlinien eines ZnO-ZnO-Kontakts, welche
die gemessene hohe Steilheit, den Temperaturgang sowie die Ansprechspannung von 3 bis 4 V richtig wiedergeben.

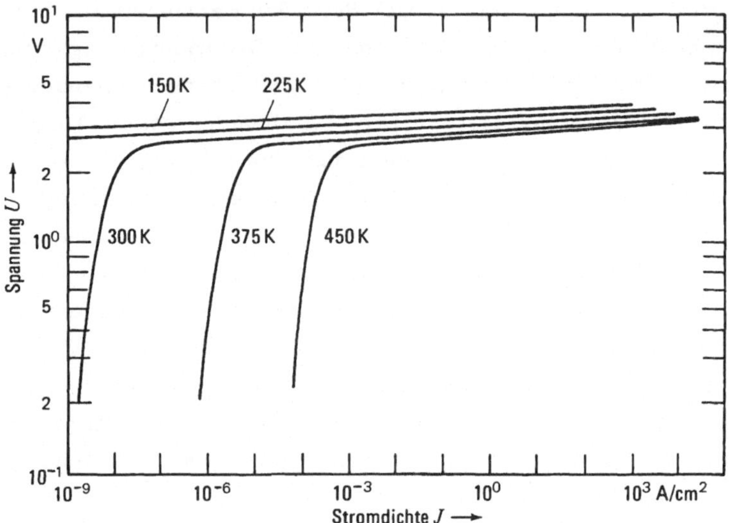

Bild 5.14. Berechnete U-J-Kennlinien gemäß dem in Bild 5.13 dargestellten Modell für verschiedene Temperaturen. Nach [5.15]

Nach derzeitigem Kenntnisstand wird der Varistoreffekt von Materialeigenschaften des Grundstoffs Zinkoxid selbst bewirkt. Bestimmte
Fremdstoffzusätze in verschiedenartigen Materialsystemen beeinflussen den Grundstoff ZnO in gleichartiger Weise, so daß varistorwirk-
same Sperrschichten mit gleichem Verhalten entstehen. Nachfolgend
wird gezeigt, wie eine Verschiebung der Gleichgewichtskonzentratio-
nen von Gitterdefekten infolge Fremdstoffeinbau zur Ausbildung von
Sperrschichten innerhalb der ZnO-Körner führen kann [5.17].

Reines ZnO ist n-leitend aufgrund eines Sauerstoffdefizits im Kristallgitter. Die Abweichung von der stöchiometrischen Zusammensetzung
kann entweder mit Hilfe von Zink auf Zwischengitterplatz (Frenkel-
Defekt des Zinkteilgitters) oder mittels Lücken V_O im Sauerstoffteil-

gitter (Schottky-Defekt) verstanden werden. Hierüber besteht in der Fachwelt noch keine Einigung [5.18, 5.19]. In beiden Fällen entstehen flache Donatoren, die bei Raumtemperatur ionisiert sind und n-Typ-Leitfähigkeit auslösen.

Nachfolgend wird aufgrund von Elektronspin-Resonanz-Untersuchungen (ESR) das Schottky-Defekt-Modell zugrundegelegt [5.18]. Hier stehen die Sauerstofflücken V_O im Gleichgewicht mit Zinklücken V_{Zn}, wobei ein Massenwirkungsgesetz gilt

$$\left[V_O^x\right]\left[V_{Zn}^x\right] = K_s, \qquad\qquad V_O^x,\; V_{Zn}^x \quad \text{neutrale Defekte.}$$

Die Gleichgewichtskonstante K_s ist temperaturabhängig gemäß

$$K_s = \exp\left(-\frac{G}{kT}\right), \qquad\qquad G \quad \text{Gibbsche Energie.}$$

Die Defektkonzentrationen hängen neben der Temperatur auch noch vom Sauerstoffpartialdruck p_{O_2} der umgebenden Atmosphäre ab:

$$\left[V_O^x\right] = \frac{K_s}{K_{O_2V}}\, p_{O_2}^{-1/2},$$

$$\left[V_{Zn}^x\right] = K_{O_2V}\, p_{O_2}^{1/2}. \qquad\qquad K_{O_2V} \quad \begin{array}{l}\text{Gleichgewichtskonstante}\\ \text{[5.20].}\end{array}$$

Die gitterneutralen Leerstellen V_O^x sind mit zwei Elektronen besetzt, die Zinklücken V_{Zn}^x mit zwei Defektelektronen.

Das Bänderschema Bild 5.15 zeigt, daß die beweglichen Ladungsträger in zwei Ionisierungsstufen an die jeweiligen Bänder abgegeben werden. Demnach wird V_O^x zu $V_O^{\cdot}$ ionisiert gemäß

$$V_O^x \xrightarrow{E_{D_1}} V_O^{\cdot} + e, \qquad\qquad E_{D_1},\; E_{D_2} \quad \begin{array}{l}\text{Ablösearbeit für erstes,}\\ \text{zweites Elektron.}\end{array}$$

$$\frac{[V_O^{\cdot}]n}{\left[V_O^x\right]} = K_{C_1}, \qquad\qquad K_{C_1},\; K_{C_2} \quad \begin{array}{l}\text{Massenwirkungskonstan-}\\ \text{ten für Elektronenabgabe}\\ \text{an Leitungsband.}\end{array}$$

sowie

$$V_{\dot{O}} \xrightarrow{E_{D_2}} V_{\ddot{O}} + e, \qquad\qquad K_{C_1} = N_C \exp\left(-\frac{E_{D_1}}{kT}\right),$$

$$\frac{[V_{\ddot{O}}]n}{[V_{\dot{O}}]} = K_{C_2}, \qquad\qquad N_C = 2\left(\frac{2\pi\, m_n^*\, kT}{m_0\, h^2}\right)^{3/2}.$$

Sauerstofflücken sind Donatoren. Derselbe Ansatz mit Defektelektronen ist für Zinklücken gültig:

$$V_{Zn}^x \xrightarrow{E_{A_1}} V_{Zn}' + p, \qquad\qquad E_{A_1},\ E_{A_2} \quad \text{Ablösearbeit für erstes, zweites Defektelektron.}$$

$$V_{Zn}' \xrightarrow{E_{A_2}} V_{Zn}'' + p, \qquad\qquad K_{V_1},\ K_{V_2} \quad \text{Massenwirkungskonstanten für Löcherabgabe ans Valenzband.}$$

$$\frac{[V_{Zn}']p}{[V_{Zn}^x]} = K_{V_1}, \qquad\qquad K_{V_1} = N_V \exp\left(-\frac{E_{A_1}}{kT}\right),$$

$$\frac{[V_{Zn}'']p}{[V_{Zn}']} = K_{V_2}, \qquad\qquad N_V = 2\left(\frac{2\pi\, m_p^*\, kT}{m_0\, h^2}\right)^{3/2}.$$

Zinklücken sind Akzeptoren.

Mit $n \cdot p = N_C\, N_V \exp\left(\dfrac{-E_g}{kT}\right)$ lassen sich alle Ladungsträgerkonzentrationen als Funktion der temperaturabhängigen Massenwirkungskonstanten, des Sauerstoffpartialdrucks und der Elektronendichte n ausdrücken und in die Ladungsbilanz

$$n + V_{Zn}' + 2\,V_{Zn}'' = p + V_{\dot{O}} + 2\,V_{\ddot{O}}$$

einbringen, die eine Gleichung vierten Grades in n ergibt. Ihre Lösung erlaubt die Berechnung der Konzentrationen geladener Defekte V_{Zn}', V_{Zn}'', $V_{\dot{O}}$, $V_{\ddot{O}}$ sowie der beweglichen Ladungsträger n und p.

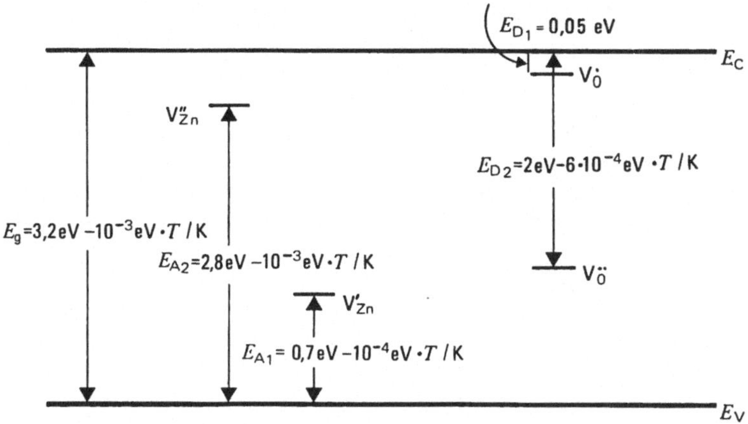

Bild 5.15. Bänderschema von Zinkoxid mit Schottky-Defekten. Nach [5.20]

Die elektrische Leitfähigkeit von reinem ZnO ist somit durch das Dichteverhältnis ionisierter Donatoren und Akzeptoren sowie durch die Beweglichkeit der Ladungsträger bestimmt.

Bei hohen Temperaturen, z.B. Brenntemperatur 1200 $^\circ$C, sowie normalem p_{O_2}, liegt das Gleichgewicht deutlich auf der Donatorseite. Wie Bild 5.16 für $\vartheta = 1200\,^\circ$C zeigt, geht n konform mit $V_{\ddot{O}}$, bis bei höheren Partialdrücken die V'_{Zn} mehr und mehr zum Tragen kommen. Der Inversionspunkt n = p liegt bei unpraktikabel hohen Drücken.

Bei tieferen Temperaturen sinken die Defekt- und Ladungsträgerkonzentrationen ab. Bild 5.17 zeigt berechnete Werte bei $p_{O_2} = 0,2$ bar in Abhängigkeit von der Temperatur. Beim Abkühlen von hoher Temperatur auf Raumtemperatur ist der Kristall bemüht, das jeweilige Gleichgewicht mit geringeren Defektkonzentrationen einzustellen. Dazu müssen Defekte an die Kristalloberfläche wandern bzw. Zink- und Sauerstoffatome von der Oberfläche in den Kristall eindiffundieren. Da die Diffusionskonstanten stark temperaturabhängig sind und bei sinkender Temperatur rasch sehr klein werden, frieren im Kristallinnern Hochtemperaturgleichgewichte ein. Die Ladungsverteilung hingegen stellt sich wegen der vergleichsweise hohen Elektronen- und Löcherbeweglichkeit temperaturgerecht ein. So wird verständlich, daß reines ZnO bei Raumtemperatur Elektronendichten in der Größen-

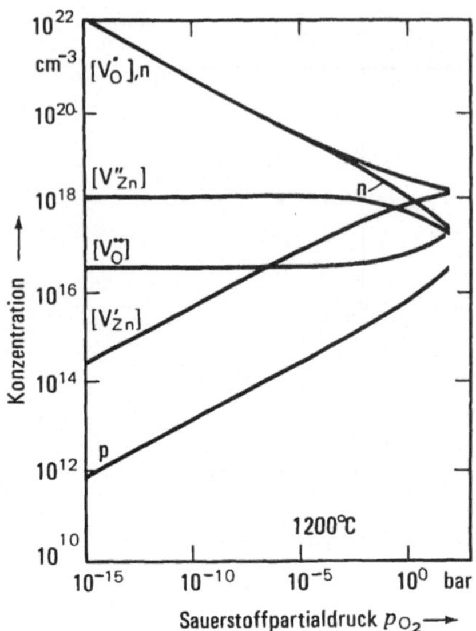

Bild 5.16. Berechnete Konzentration der ionisierten Fehlstellen, Elektronen und Löcher in reinem ZnO bei 1200 °C in Abhängigkeit vom Sauerstoffpartialdruck

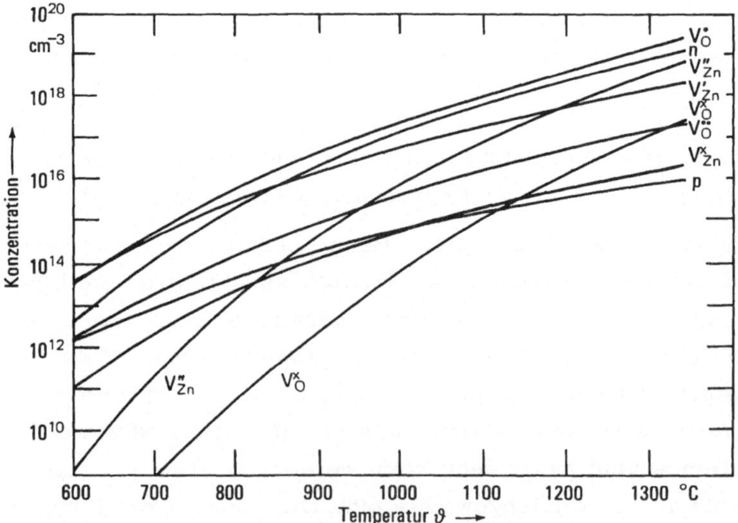

Bild 5.17. Berechnete Fehlstellen- und Ladungsträgerkonzentrationen in Abhängigkeit von der Temperatur bei p_{O_2} = 0,2 bar, reines ZnO.

226

ordnung 10^{17} cm^{-3} besitzt und mit üblichen Herstellungsmethoden stets n-leitend wird.

Im Korngrenzbereich hingegen können Nichtgleichgewichtsverhältnisse mit geringerer Leitfähigkeit eingefroren werden. Reine ZnO-Keramik ist aber niederohmig, so daß hier keine oder nur schwach ausgeprägte Potentialbarrieren anzunehmen sind.

In diesem Zusammenhang ist der Einfluß von Dotierungen zu betrachten. Zunächst könnte eine direkte Beeinträchtigung der elektrischen Leitfähigkeit dadurch stattfinden, daß ein Fremstoffakzeptor eingebaut wird. Bei in Frage kommenden Fremdstoffen, wie z.B. Mangan, ist jedoch ein Einbau als Akzeptor nicht wahrscheinlich. Mangan sitzt nach ESR-Untersuchung [5.21] zweiwertig auf dem regulären Zinkplatz. Aus Messungen der Leitfähigkeit ist abzulesen, daß eine Donatorwirkung in der Form

$$Mn^{2+} \rightarrow Mn^{3+} + e$$

stattfindet, mit der Aktivierungsenergie $E_D = 0,7$ eV. Bei Raumtemperatur beteiligt sich folglich der tiefliegende Donator nicht an der elektrischen Leitfähigkeit. Eine indirekte Beeinflussung ist jedoch über das Fehlstellengleichgewicht möglich. Bei hoher Temperatur wird durch die Elektronenabgabe die Ladungsbilanz modifiziert zu

$$n + V_{Zn}' + 2\,V_{Zn}'' = p + V_O^{\cdot} + 2\,V_O^{\cdot\cdot} + D^{\cdot}.$$

Das System versucht, die vom Donator $D^{\cdot}$ stammende Elektronenkonzentration auszugleichen, indem die Konzentration der Eigendonatoren $V_O^{\cdot}$ ($V_O^{\cdot\cdot}$ ist vernachlässigbar) zurückgedrängt wird. Dadurch wird das Defektgleichgewicht in Richtung höherer Zinklückenkonzentration verschoben. In Bild 5.18 ist dieser Effekt für die Konzentration $n_D = 5 \cdot 10^{19}$ cm^{-3} erkennbar, wenn das Donatorniveau weniger als 1 eV vom Leitungsbandrand entfernt ist. Für $n_D = 10^{17}$ cm^{-3} tritt keine Abweichung vom Hochtemperatur-Defektgleichgewicht des reinen ZnO auf. Die Konzentration der Ladungsträger bei Raumtemperatur zeigt Bild 5.19. Die Berechnung ist für den Fall des bei 1200 °C eingefrorenen Hochtemperaturgleichgewichts durchgeführt. Die Verschiebung des Defektgleichgewichts durch einen Fremddona-

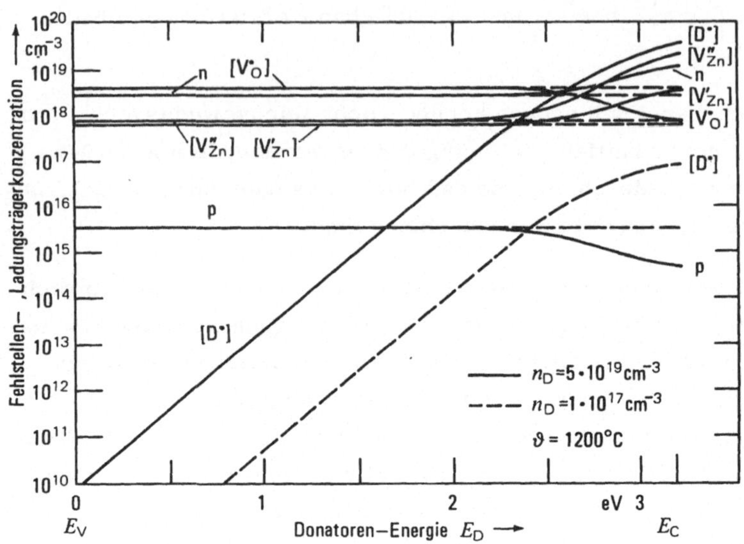

Bild 5.18. Berechnete Fehlstellen- und Ladungsträgerkonzentrationen bei Fremddotierung mit Donatoren in Abhängigkeit vom Donatorniveau E_D, $\vartheta = 1200\,°C$

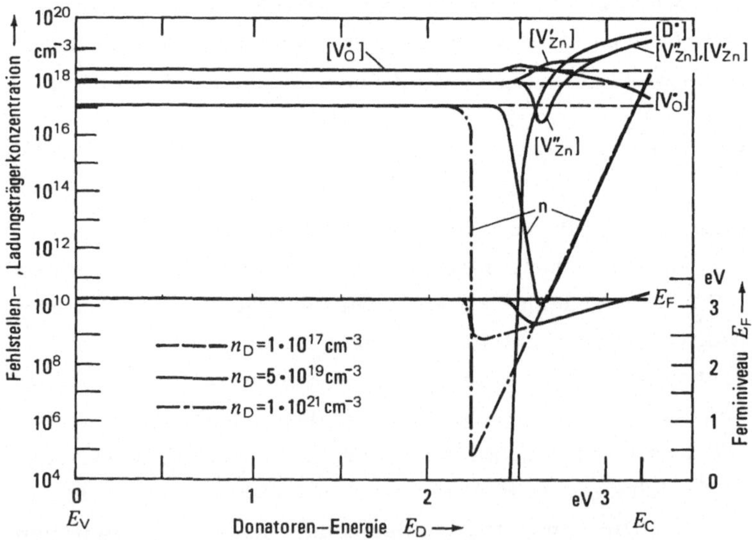

Bild 5.19. Berechnete Fehlstellen- und Ladungsträgerkonzentrationen bei Raumtemperatur mit eingefrorenen Hochtemperaturgleichgewichten aus Bild 5.18. Mit eingetragen ist der Verlauf der Fermi-Energie E_F

tor wirkt sich auf die Raumtemperaturkonzentration der Leitungselektronen vernichtend aus, wenn das Donatorniveau nicht zu tief und nicht zu flach liegt. Verschiedene Fremdstoffe, die derartige Donatorniveaus erzeugen, bewirken den gleichen Effekt der Leitfähigkeitsvergiftung.

In Varistorkeramik soll jedoch das Korninnere leitfähig bleiben. Nur eine dünne Korngrenzzone bildet die Sperrschicht. Dies ist dann erreichbar, wenn das Defektgleichgewicht nur in die Nähe des Leitfähigkeitseinbruchs verschoben wird. Dann reicht eine geringfügige Abweichung vom Gleichgewicht aus, um die elektrische Leitfähigkeit drastisch abzusenken. Geringe Abweichungen vom Gleichgewicht sind aber gerade im Korngrenzbereich vorhanden, indem beim Abkühlen Diffusionsprofile der Zink- und Sauerstofflücken individuell eingefroren werden.

Berechnete Diffusionsprofile zeigt Bild 5.20 für ein Korn, in das Mangan mit unterschiedlicher Konzentration eingebaut und das verschieden schnell abgekühlt wird.

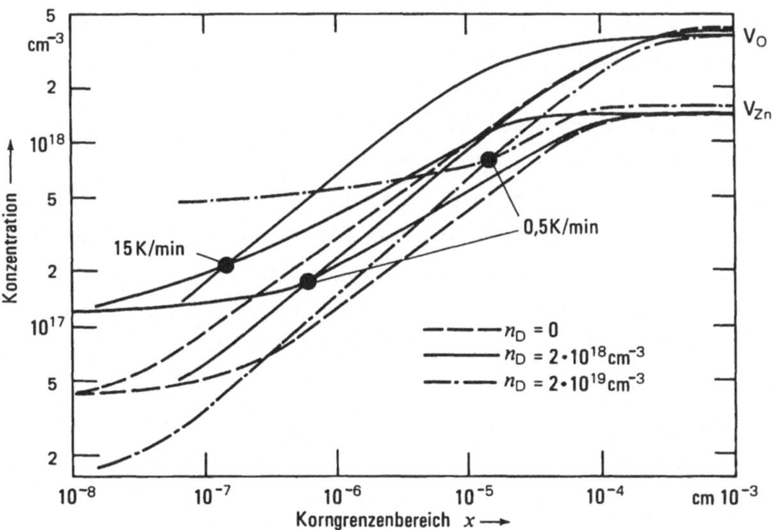

Bild 5.20. Konzentrationsprofile für Zn- und O-Leerstellen im Korngrenzbereich von undotiertem und mangandotiertem ZnO, für verschiedene Mangankonzentrationen und Abkühlgeschwindigkeiten in Abhängigkeit vom Abstand x von der Korngrenze

Infolge der Verschiebung des Defektgleichgewichts zu höheren V_{Zn}-
Konzentrationen verlaufen die V_{Zn}-Profile bei steigender Mangankonzentration flacher. Die Sauerstofflücken nehmen dagegen in ihrer
Konzentration ab, so daß die Diffusionsprofile steiler werden. Er-
steres hat eine Überschneidung der V_{Zn}- und V_O-Profile zur Folge.
Dadurch überwiegen in Korngrenznähe die V_{Zn}-Akzeptoren gegenüber
den V_O-Donatoren. Bei fehlender Fremddotierung dagegen überwiegen
die Donatoren bis an die Korngrenze. Demnach wird durch indirekte
Leitfähigkeitssteuerung mittels Fremdstoffdonator ein n-i-Homoüber-
gang nahe der Korngrenze erzeugt. Dort invertiert der Leitungstyp
deshalb nicht, weil das Fermi-Niveau beim Fremddonatorniveau festgehalten wird. Für Mangandotierung läßt sich, in Übereinstimmung
mit dem Experiment, eine Potentialaufbäumung von 0,6 eV berechnen. Korn-Korn-Paare sind somit als n-i-n-Homoübergänge zu be-
handeln, wobei "i" für einen endlich ausgedehnten isolierenden Bereich zu beiden Seiten der Korngrenze steht.

Eine feldabhängige Verkürzung der Tunnelstrecke folgt direkt aus
diesem Modell. Sie beruht auf der in Bild 5.21 dargestellten berech-
neten Form der Potentialbarriere, die einen Zentralberg und zwei
vorgelagerte Vorschultern beinhaltet. Diese Form ergibt sich aus
den Beiträgen der geladenen Zinklücken, Sauerstofflücken und Fremd-
donatoren zur örtlichen Raumladungsverteilung.

Die sukzessive Verkürzung der Tunnelstrecke bei steigender angelegter Spannung ist in Bild 5.22 skizziert. Bei U_1 = 3,2 V - φ/e beinhaltet die Tunnelstrecke l_1 die gesamte Breite einer Vorschulter.
Die Vorschulter hat einen beträchtlichen Anteil an der Gesamtbreite
und reicht nach Modellrechnungen bei Mangandotierung mit
$[D_{Mn}]$ = 2 · 10^{18} cm^{-3} und 0,5 K/min Abkühlgeschwindigkeit rund
50 nm weit ins Korn hinein. Dies bedeutet, daß noch kaum nennens-
werter Tunnelstrom fließt. Bei geringfügig steigender Spannung
durchläuft aber das Leitungsband im Bereich der Vorschulter das
Niveau des Valenzbandmaximums mit schleifendem Schnitt, so daß
eine beträchtliche Abnahme der Tunnelstrecke (z.B. auf l_2 bei U_2)
stattfindet, aus der ein sehr steiler Zuwachs der Tunnelstromdichte
resultiert. Letztlich ist die Vorschulter für den Tunneleffekt überhaupt nicht mehr maßgebend, sondern nur noch der schmale Zentral-
potentialberg.

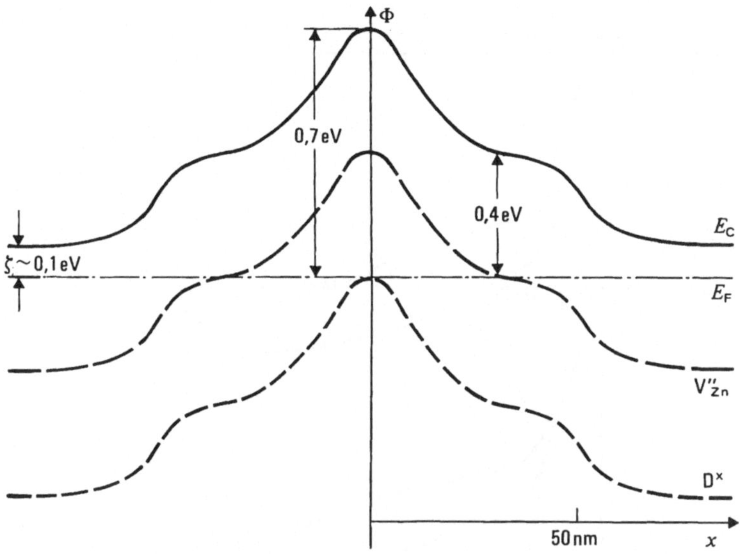

Bild 5.21. Berechnete Potentialbarriere eines ZnO-ZnO-Kontakts, Mangankonzentration $n_D = 2 \cdot 10^{18}$ cm^{-3}, Abkühlgeschwindigkeit 0,5 K/min; ζ Abstand des Fermi-Niveaus von der Leitungsbandkante im Korninneren

Da sich die Form der Potentialbarriere zu beiden Seiten der Korngrenze individuell ausbildet und damit der Verkürzungsmechanismus individuell abläuft, sind mit diesem Modell die experimentell festgestellten Kennlinienasymmetrien und asymmetrischen Überlastungserscheinungen von ZnO-Varistoren verständlich. Ebenso macht es klar, daß die Breite der isolierenden Zone, die sich aus Kleinsignal-Kapazitätsmessungen ergibt, nicht der vom Tunneleffekt betroffenen Breite entspricht. Kapazitätsmessungen mit kleinen Spannungen schließen beide Vorschultern ein. Für den Tunneleffekt ist aber höchstens noch ein Teil der Vorschulter wirksam.

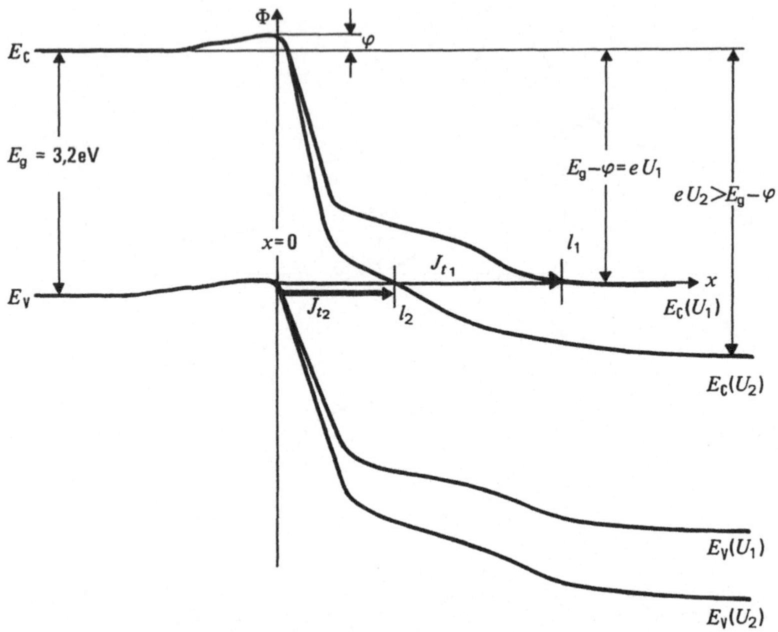

Bild 5.22. Potentialbarriere eines ZnO-ZnO-Kontakts bei angelegter äußerer Spannung U_1 bzw. U_2. Die Tunnelstrecke verkürzt sich bei steigender Spannung durch sukzessive Ausschaltung der Vorschulter. Bei U_1 fließt ein Tunnelstrom der Dichte J_{t_1}, bei U_2 fließt J_{t_2} mit $J_{t_2} \gg J_{t_1}$.

5.4 Bauarten und Anwendungsgebiete

Varistoren für Überspannungsschutz und Anwendungen in der Regelungstechnik der Elektronik und Niederspannungselektrotechnik werden meist in Form bedrahteter zylindrischer Scheiben oder als Stäbe ausgeführt. Bild 5.23 zeigt einige Bauformen von ZnO-Varistoren. Die Überspannungsschutzfunktion wird vorwiegend ausgenutzt für empfindliche Halbleiterbauelemente wie Transistoren, Thyristoren und Gleichrichter, bei mechanischen Schaltern mit induktiven Lasten als Schutz gegen Kontaktabbrand und gegen Einkopplung der entstehenden Überspannung in benachbarte Einrichtungen. Blitzeinwirkung infolge induktiver oder kapazitiver Einkopplung in Verbindungs- oder Versor-

gungsleitungen zu elektronischem Gerät kann mit Varistoren ebenfalls weitgehend reduziert werden.

Bild 5.23. Bauformen von ZnO-Varistoren.

Damit ist das Gesamtgebiet der "Elektromagnetischen Verträglich-
keit" angesprochen, das sich mit der wechselseitigen und fremdsei-
tigen Störbarkeit elektrotechnischer Einrichtungen sowie mit geeigneten Gegenmaßnahmen befaßt.

Als Beispiel zeigt Bild 5.24 den zeitlichen Spannungsverlauf an einem
Telefonrelaiskontakt ohne und mit Varistorbeschaltung. Beim Öffnen
des ungeschützten Relaisspulenkontakts treten Überspannungsspitzen
von mehreren hundert Volt auf, die zu Kontaktabbrand und Störspan-
nungen im Telefonnetz führen können. Die Beschaltung mit einem
ZnO-Varistor reduziert die Überspannung erheblich.

In der Hochspannungstechnik bilden zylindrische oder quaderförmige
Siliziumkarbidelemente bis zu 100 mm Durchmesser nur einen Teil
der kompletten Ableitgeräte. Die Varistorelemente werden zusammen mit Plattenfunkenstrecken oder magnetfeldgesteuerten Funkenstrecken und Steuerwiderständen oder -kondensatoren in Porzellan-
gefäße eingebaut, wobei je nach Spannungsebene mehrere Meter hohe
Ableitersäulen entstehen [5.22]. Bild 5.25 zeigt Ableiter in dieser
konventionellen Technik.

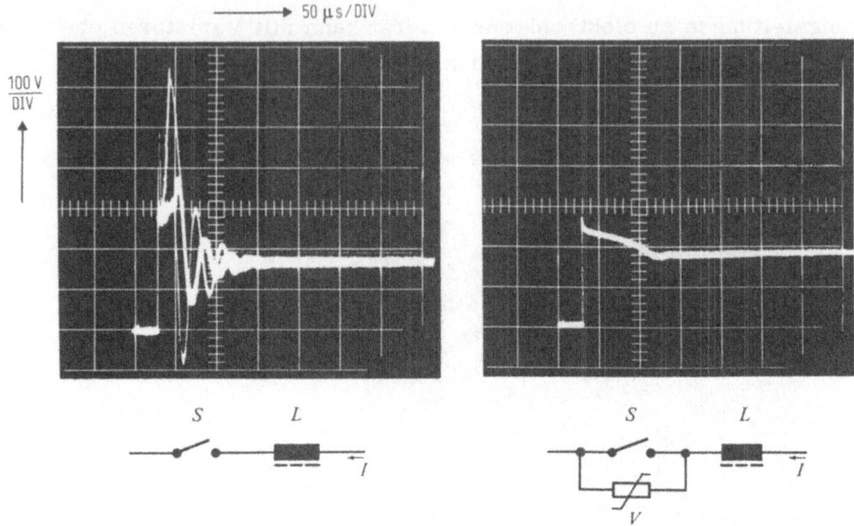

Bild 5.24. Zeitlicher Spannungsverlauf beim Öffnen eines Telefonrelais mit induktiver Last, ohne und mit Varistorbeschaltung

Bild 5.25. **Hochspannungsableiter** in einem Energieverteilungsnetz

Der Einsatz von ZnO-Varistorkeramik erlaubt den Verzicht auf die
Serienfunkenstrecken, da wegen der wesentlich höheren U-I-Kenn-
liniensteilheit gegenüber SiC ein sehr kleiner Leckstrom fließt.
SiC-Widerstände müssen wegen hoher Leckströme, die zu unzulässi-
ger Eigenerwärmung führen würden, durch Funkenstrecken von der
Betriebsspannung abgetrennt werden. Im Überspannungsfall zünden
die Funkenstrecken, werden niederohmig und leiten die Überspannungsenergie in die SiC-Widerstände. Danach muß sicheres Löschen
der Funkenstrecken erfolgen. Die gesamte Anordnung muß im Bean-
spruchungsfall einen geeigneten Wellenwiderstand darstellen, der
möglichst viel Überspannungsenergie absorbiert. Andernfalls läuft
die Überspannungswelle zu wenig abgeschwächt weiter, oder sie wird
reflektiert. Letzteres kann bei Mehrfachreflexion zu langdauernden
Überlastungszuständen führen.

Ein gleichmäßiges Ansprechen aller in Serie liegenden Funkenstrek-
ken wird durch resistive oder kapazitive Spannungsteilung mit zusätzlichen Bauelementen erreicht. Prinzipiell kann diese Maßnahme bei
ZnO-Ableitern, die ohne Funkenstrecken arbeiten, entfallen.

Dadurch ergibt sich mit ZnO-Keramik ein einfacherer Aufbau von
Ableitgeräten, die zudem als Festkörperbauelemente keinem Ver-
schleiß infolge Kontaktabbrand, wie bei SiC-Funkenstreckenableitern,
unterliegen.

Eine wichtige Aufgabe beim Aufbau von ZnO-Hochspannungsableitern
liegt in der Beherrschung von Überhitzungsphänomenen. Sonneneinstrahlung im Freifeld kann beträchtliche Betriebstemperaturen bis zu
80 °C erzeugen. Der temperaturabhängige Leckstrom muß dann noch
weit unterhalb des Wertes bleiben, der thermisches Weglaufen und
damit eine progressive Eigenerwärmung durch die Leckstrom-Verlust-
leistung bewirken kann. Die Wärmeableitung zur Umgebung muß zudem so gut sein, daß ein Wiederabkühlen der durch Überspannungsvor-
gänge zusätzlich aufgeheizten Varistorelemente gewährleistet ist.
Hierzu werden z.B. Kunststoffe, die mit wärmeleitenden Oxiden gefüllt sind, als Wärmebrücken zwischen Varistorkörper und Porzel-
langefäß eingesetzt.

Mikroskopische Überhitzung innerhalb der Keramik in Form heißer
Stromkanäle ist bei ZnO-Keramik durch ein homogenes Gefüge be-
herrschbar. Vorteilhaft sind hier die flächigen Berührungszonen der
ZnO-Kristallite, im Vergleich zu den Spitzenkontakten bei SiC-Varistoren (vgl. Bild 5.1 und 5.2). Andererseits muß ZnO-Keramik gegen "Degradationserscheinungen" stabilisiert werden, die auf einer
Veränderung der in Abschn. 5.3.2 behandelten Diffusionsprofile unter Feldeinfluß und bei erhöhter Temperatur beruhen. Dies gelingt
mit speziellen Zusätzen und Temperprozessen.

Literaturverzeichnis

5.0 Jagodzinski, H.; Arnold, H.: Anomalous silicon carbide structures. Silicon carbide, a high temperatur semiconductor.
London: Pergamon Press 1960, pp 136-145.

5.1 Kobayasi, S.: Calculation of the energy band structure of the
β-SiC crystal by the orthogonalized plane wave method. J. Phys.
Soc. Jap. 13 (1958) 261-268.

5.2 Choyke, W. J.; Hamilton, D. R.; Patrick, U.: Optical properties of cubic SiC: Luminescence of nitrogen-exciton complexes
and interband absorption. Phys. Status Solidi 37 (1970) 709-719.

5.3 Junginger, H.-G.; van Haeringen, W.: Energy band structures
of four polytypes of silicon carbide calculated with the empirical
pseudopotential method. Phys. Status Solidi 37 (1970) 709-719.

5.4 Busch, G.: Über den Mechanismus spannungsabhängiger Widerstände. Habilitation ETH Zürich 1942.

5.5 Hagen, S. H.: The conduction mechanism in silicon carbide
voltage-dependent resistors. Philips Res. Rep. 26 (1971)
486-518.

5.6 Heywang, W.: Zum Mechanismus des spannungsabhängigen
Kontaktwiderstands in Silizium-Karbid. Z. Angew. Phys. 8
(1956) 398-405.

5.7 Landau, W.; Lifschitz: Quantum mechanics. London: Addison
Wesley 1958, p 174.

5.8 Matsuoka, M.: Nonohmic properties of zinc oxide ceramics.
Jap. J. Appl. Phys. 10 (1971) 736-746.

5.9 Lampert, M. A.: Phys. Rev. 103 (1956) 1648.

5.10 Einzinger, R.: Metal oxide varistor action - a homojunction
breakdown mechanism. App. Surf. Sci. (1978) 329-340.

5.11 Clarke, D. R.: The microstructural location of the intergranu-
lar metal-oxide phase in a zinc oxide varistor. J. Appl. Phys.
49 (1978) 2407-2411.

5.12 Bernasconi, J.; Klein, H. P.; Strässler, S.: Investigation of various models for metal oxide varistors. J. Electron. Mater. 5 (1976) 473–495.

5.13 Einzinger, R.: Grain junction properties of ZnO varistors. Appl. Surf. Sci. 3 (1979) 390–408.

5.14 Sze, S. M.: Physics of Semiconductor Devices. New York: Wiley 1969, p 111.

5.15 Mahan, G. D.; Levinson, L. M.; Philipp, H. R.: Theory of conduction in ZnO varistors. J. Appl. Phys. 50 (1979) 2799.

5.16 Siemens Datenbuch: SIOV Metalloxid-Varistoren 1978/79.

5.17 Einzinger, R.: Grain boundary phenomena in zinc oxide varistors. Proc. 1981 Ann. Meet. MRS Soc., Boston (in preparation).

5.18 Hausmann, A.; Utsch, B.: Sauerstofflücken als Donatoren in Zinkoxid. Z. Phys. B 21 (1975) 217–220.

5.19 Neumann, G.: Phys. Status Solidi (b) 105 (1981) 605.

5.20 Kröger, F. A.: The chemistry of imperfect crystals. Amsterdam: North Holland 1964, p 701.

5.21 Hausmann, A.; Huppertz, H.: Paramagnetic resonance of ZnO: Mn^{++}-single crystals. J. Phys. Chem. Sol. 29 (1968) 1369–1375.

5.22 Siemens Katalog HG21: Überspannungsschutzgeräte, 1981.

Bezeichnungen und Symbole

Größe	Bedeutung	Einheit
E	elektrische Feldstärke	$V\ m^{-1}$
E_V	Energie der Valenzbandkante	eV
E_C	Energie der Leitungsbandkante	eV
E_F	Fermi-Niveau	eV
E_D	Donatoren-Energieniveau	eV
E_A	Akzeptoren-Energieniveau	eV
E_g	Bandabstand	eV
E_k	kinetische Energie	eV
e	Elementarladung	As
h $\hbar = h/2\pi$	Plancksches Wirkungsquantum	$V\ As^2$
I	Strom	A
$\hat{\imath}$	Scheitelwert des Stromes	A
J	Stromdichte	$A\ m^{-2}$
k	Boltzmann-Konstante	$eV\ K^{-1}$
m_0	Ruhemasse des Elektrons	kg
m_n^*	effektive Masse der Elektronen	kg
m_p^*	effektive Masse der Löcher	kg
$n_D = [D]$	Donatorendichte	m^{-3}

Größe	Bedeutung	Einheit
$n_A = [A]$	Akzeptorendichte	m^{-3}
N_V	äquivalente Zustandsdichte an der Valenzbandkante	m^{-3}
N_C	äquivalente Zustandsdichte an der Leitungsbandkante	m^{-3}
n	Elektronendichte	m^{-3}
p	Löcherdichte	m^{-3}
p_{O_2}	Sauerstoffpartialdruck	bar
T	absolute Temperatur	K
U	Spannung, Potentialdifferenz	V
$\hat{u}$	Scheitelwert der Spannung	V
x	Ortskoordinate	m
α	Steilheit, Nichtlinearitätskoeffizient	
ϑ	Celsius-Temperatur	$^{\circ}C$
ε_0	elektrische Feldkonstante	$As\,V^{-1}\,m^{-1}$
ε_r	Permittivitätszahl des Halbleiters	
ρ	Ladungsdichte	$As\,m^{-3}$
Φ	potentielle Energie	eV

Sachverzeichnis

Halbleiter-Elektronik

Herausgeber: **W. Heywang, R. Müller**

Band 15
R. Müller
Rauschen
1979. 188 Abbildungen. 247 Seiten
DM 68,–. ISBN 3-540-09379-6

Inhaltsübersicht: Einleitung. – Beschreibung des
Rauschens im Zeitbereich. – Beschreibung des
Rauschens im Frequenzbereich. – Thermisches
Rauschen. – Schrotrauschen. – Generations-
Rekombinations-Rauschen. – Übertragung von
Rauschen über elektrische Netzwerke. – Kenngrö-
ßen rauschender linearer Vierpole. – Rauschmeß-
technik. – Dioden. – Bipolare Transistoren. – Fel-
deffekttransistoren. – Empfang optischer Signale. –
Oszillatorrauschen. – Anhang. – Literatur. – Sach-
verzeichnis.

Band 14
H. Weiss, K. Horninger
Integrierte MOS-Schaltungen
1982. 181 Abbildungen. 344 Seiten
DM 74,–. ISBN 3-540-11545-5.

Inhaltsübersicht: Bezeichnungen und Symbole. –
Einleitung. – MOS-Bauelemente. – MOS-Techni-
ken. – MOS-Grundschaltungen. – Entwurfstechnik
für integrierte MOS-Schaltungen. – Schaltungsar-
ten. – Ausblick. – Sachverzeichnis.

Band 13
H.-M. Rein, R. Ranfft
Integrierte Bipolarschaltungen
1980. 198 Abbildungen, 8 Tabellen. 320 Seiten
DM 68,–. ISBN 3-540-09607-8

Inhaltsübersicht: Einleitung. – Herstellung integrierter Schaltungen. – Elemente integrierter Schaltungen – Aufbau, Eigenschaften, Dimensionierung.
– Integrierte Digitalschaltungen. – Integrierte Ana-
logschaltungen. – Anhang. – Literaturverzeichnis. –
Sachverzeichnis.

Band 12
W. Gerlach
Thyristoren
Berichtigter Nachdruck. 1981. 184 Abbildungen.
426 Seiten
DM 68,–. ISBN 3-540-09438-5

Inhaltsübersicht: Einleitung. – Funktionsprinzip
des Thyristors. – Statisches Verhalten des Thyristors bei Vorwärtspolung. – Theorie der Durchlaß-
charakteristik. – Sperrvermögen. – Methoden zur
Analyse der Schaltvorgänge. – Einschaltverhalten. –
Die Steuerstromzündung großflächiger Thyristoren.
– Das Ausschaltverhalten. – Vom Thyristor abgelei-
tete Bauelemente und spezielle Gate-Konfiguratio-
nen. – Literaturverzeichnis. – Sachverzeichnis.

Band 10
G. Winstel, C. Weyrich
Optoelektronik I
Lumineszenz- und Laserdioden
Berichtigter Nachdruck. 1981. 152 Abbildungen.
315 Seiten
DM 68,–. ISBN 3-540-09598-5

Inhaltsübersicht: Einführung und Überblick. –
Strahlende und nichtstrahlende Rekombination in
Halbleitern. – Physik der Lumineszenzdioden. –
Materialherstellung und -technologie. – Lumines-
zenzdioden. – Halbleiterlaser. – Anwendungen von
Lumineszenz- und Laserdioden. – Langzeitverhal-
ten von Lumineszenz- und Laserdioden. – Sach-
zeichnis.

Band 9
W. Harth, M. Claassen
Aktive Mikrowellendioden
1981. 117 Abbildungen. 190 Seiten
DM 68,–. ISBN 3-540-10203-5

Inhaltsübersicht: Bezeichnungen und Symbole. –
Einleitung. – Lawinenlaufzeitdioden. – Barittdio-
den. – Elektronentransfer-(Gunn-)-Elemente. –
Tunneldioden. – Sachverzeichnis.

Band 8
G. Kesel, J. Hammerschmitt, E. Lange
Signalverarbeitende Dioden
1982. 113 Abbildungen. 224 Seiten
DM 74,–. ISBN 3-540-11144-1

Inhaltsübersicht: Symbolverzeichnis. – Einführung.
– Die PIN-Diode. – Der Speichervaraktor. – Der
Sperrschichtvaraktor. – Der MIS-Varaktor. –
Schottky-Diode. – Zener- und Lawinen-Diode (Z-
Diode). – Anhang. – Sachverzeichnis.

Springer-Verlag
Berlin
Heidelberg
New York
Tokyo

Halbleiter-Elektronik

Eine aktuelle Buchreihe
für Studierende und Ingenieure

Halbleiter-Bauelemente beherrschen heute einen großen Teil der Elektrotechnik. Dies äußert sich einerseits in der großen Vielfalt neuartiger Bauelemente und andererseits in den enormen Zuwachsraten der Herstellungsstückzahlen. Ihre besonderen physikalischen und funktionellen Eigenschaften haben komplexe elektronische Systeme z. B. in der Datenverarbeitung und der Nachrichtentechnik ermöglicht. Dieser Fortschritt konnte nur durch das Zusammenwirken physikalischer Grundlagenforschung und elektrotechnischer Entwicklung erreicht werden.

Um mit dieser Vielfalt erfolgreich arbeiten zu können und auch zukünftigen Anforderungen gewachsen zu sein, muß nicht nur der Entwickler von Bauelementen, sondern auch der Schaltungstechniker das breite Spektrum von physikalischen Grundlagenkenntnissen bis zu den durch die Anwendung geforderten Funktionscharakteristiken der Bauelemente beherrschen.

Dieser engen Verknüpfung zwischen physikalischer Wirkungsweise und elektrotechnischer Zielsetzung soll die Buchreihe „Halbleiter-Elektronik" Rechnung tragen. Sie beschreibt die Halbleiter-Bauelemente (Dioden, Transistoren, Thyristoren usw.) in ihrer physikalischen Wirkungsweise, in ihrer Herstellung und in ihren elektrotechnischen Daten.

Um der fortschreitenden Entwicklung am ehesten gerecht werden und den Lesern ein für Studium und Berufsarbeit brauchbares Instrument in die Hand geben zu können, wurde diese Buchreihe nach einem „Baukastenprinzip" konzipiert:

Die ersten beiden Bände sind als Einführung gedacht, wobei Band 1 die physikalischen Grundlagen der Halbleiter darbietet und die entsprechenden Begriffe definiert und erklärt. Band 2 behandelt die heute technisch bedeutsamen Halbleiterbauelemente in einfachster Form. Ergänzt werden diese beiden Bände durch die Bände 3 bis 5, die einerseits eine vertiefte Beschreibung der Bänderstruktur und der Transportphänomene in Halbleitern und andererseits eine Einführung in die technologischen Grundverfahren zur Herstellung dieser Halbleiter bieten. Alle diese Bände haben als Grundlage einsemestrige Grund- bzw. Ergänzungsvorlesungen an Technischen Universitäten.

Fortsetzung und Übersicht über die Reihe: 3. Umschlagseite

Über diese Basisbände hinaus sind weitere Einzelbände erschienen bzw. in Vorbereitung (unten mit * gekennzeichnet), die den technisch wichtigen Halbleiterbauelementen, Schaltungen und Sonderthemen gewidmet sind. Alle diese von Spezialisten verfaßten Bände sind so aufgebaut, daß sie bei entsprechenden Vorkenntnissen auch einzeln verwendet werden können.

Nachstehendes Schema gibt einen Überblick über die Konzeption der Buchreihe, die bei Bedarf einen weiteren Ausbau zuläßt.

Einführung	1 Grundlagen der Halbleiter-Elektronik	2 Bauelemente der Halbleiter-Elektronik
Vertiefung	3 Bänderstruktur und Stromtransport	5 pn-Übergänge
Technologie	4 Halbleiter-Technologie	19 Mikrotechnologie *
Einzelhalbleiter	6 Bipolare Transistoren	7 Feldeffekttransistoren
	8 Signalverarbeitende Dioden	9 Aktive Mikrowellendioden
	10 Optoelektronik I: Lumineszenz- und Laserdioden	11 Optoelektronik II: Fotodioden und Solarzellen *
	12 Thyristoren	16 GaAs-MESFET *
Integrierte Schaltungen	13 Integrierte Bipolarschaltungen	14 Integrierte MOS-Schaltungen
Sonderthemen	15 Rauschen	17 Sensorik
	18 Amorphe und polykristalline Halbleiter	20 Meß- und Prüftechnik *

Springer-Verlag Berlin Heidelberg New York Tokyo